U0257004

权威·前沿·原创

皮书系列为
"十二五""十三五""十四五"时期国家重点出版物出版专项规划项目

BLUE BOOK

智库成果出版与传播平台

上海蓝皮书

BLUE BOOK OF SHANGHAI

上海资源环境发展报告（2023）

ANNUAL REPORT ON RESOURCES AND ENVIRONMENT OF SHANGHAI (2023)

"双碳"背景下上海全面推进绿色低碳转型研究

主　编╱周冯琦　程　进　胡　静

社会科学文献出版社
SOCIAL SCIENCES ACADEMIC PRESS (CHINA)

图书在版编目（CIP）数据

上海资源环境发展报告 . 2023 ："双碳"背景下上
海全面推进绿色低碳转型研究 / 周冯琦，程进，胡静主
编 . --北京：社会科学文献出版社，2023.3
（上海蓝皮书）
ISBN 978-7-5228-1478-0

Ⅰ . ①上… Ⅱ . ①周… ②程… ③胡… Ⅲ . ①自然资
源-研究报告-上海-2023②环境保护-研究报告-上海
-2023 Ⅳ . ①X372.51

中国国家版本馆 CIP 数据核字（2023）第 036669 号

上海蓝皮书

上海资源环境发展报告（2023）
——"双碳"背景下上海全面推进绿色低碳转型研究

主　　编 / 周冯琦　程　进　胡　静

出 版 人 / 王利民
组稿编辑 / 邓泳红
责任编辑 / 王　展
责任印制 / 王京美

出　　版 / 社会科学文献出版社 · 皮书出版分社（010）59367127
　　　　　地址：北京市北三环中路甲 29 号院华龙大厦　邮编：100029
　　　　　网址：www. ssap. com. cn
发　　行 / 社会科学文献出版社（010）59367028
印　　装 / 天津千鹤文化传播有限公司

规　　格 / 开　本：787mm×1092mm　1/16
　　　　　印　张：20.5　字　数：305 千字
版　　次 / 2023 年 3 月第 1 版　2023 年 3 月第 1 次印刷
书　　号 / ISBN 978-7-5228-1478-0
定　　价 / 158.00 元

读者服务电话：4008918866

▲ 版权所有 翻印必究

上海蓝皮书编委会

总　编　权　衡　王德忠

副总编　王玉梅　朱国宏　王　振　干春晖

委　员（按姓氏笔画排序）

朱建江　阮　青　杜文俊　杨　雄　李安方

李　骏　沈开艳　邵　建　周冯琦　周海旺

姚建龙　徐锦江　徐清泉　屠启宇

主要编撰者简介

周冯琦 上海社会科学院生态与可持续发展研究所所长，研究员，博士研究生导师；上海社会科学院生态与可持续发展研究中心主任；上海市生态经济学会会长；中国生态经济学会副理事长。国家社会科学基金重大项目"我国环境绩效管理体系研究"首席专家。主要研究方向为绿色经济、区域绿色发展、环境保护政策等。相关研究成果获得上海市哲学社会科学优秀成果二等奖、上海市决策咨询二等奖及中国优秀皮书一等奖等奖项。

程　进 上海社会科学院生态与可持续发展研究所副所长。主要从事生态城市与区域生态绿色一体化发展等领域研究。担任国家社会科学基金重大项目"我国环境绩效管理体系研究"子课题负责人，先后主持国家社科基金青年项目、上海市人民政府决策咨询研究重点课题、上海市哲社规划专项课题、上海市"科技创新行动计划"软科学重点项目等相关课题。研究成果获皮书报告二等奖等奖项。

胡　静 上海市环境科学研究院低碳经济研究中心主任，高级工程师。主要从事低碳经济与环境政策研究。先后主持开展科技部、生态环境部、上海市科委、上海市生态环境局等相关课题和国际合作项目 40 余项，公开发表科技论文 20 余篇。

摘　要

本报告从降碳、减污、扩绿、增长、保障五个方面对上海促进经济社会发展全面绿色转型展开分析。评价指标研究显示，上海经济社会发展全面绿色转型综合得分位居长三角城市群第一，上海在降碳、减污、增长三个维度的得分靠前，但受人口密度、城市开发强度等因素影响，目前上海在扩绿维度尚未形成竞争优势。在降碳领域，上海需要重点推进煤炭清洁高效利用，提升可再生能源替代率并扩大利用规模，强化能源科技创新支撑，构建协同互补的区域能源合作体系。注重绿色标准、设计的引领作用，提升制造业数字化水平和循环水平。扩大建筑碳排放实时监测平台覆盖面，开展高精准的建筑能效和碳排放预评价。以一次能源的低碳化和终端能源消费的电气化为方向，降低交通领域碳排放强度。在减污领域，上海需要以 NOx 和 VOCs 协同减排为主要对象，以结构优化和源头控制为主要驱动，通过优化能源消费结构、强化 VOCs 源头防控、实施移动源智慧监管、增强面源管控水平等实现协同减排。上海推进生态环境协同治理需要重点完善行政合作框架、强化多元协作载体、增强技术创新赋能和构建协同治理网络。在扩绿领域，上海在世界级滨水空间功能优化改造过程中应将滨水空间特色、环境质量以及基础设施建设等作为重点，并引入多元主体开发模式，针对不同类型企业制定资金扶持政策。上海应推进公园体系结构的多层次、多样化、一体化发展，提升公园绿地布局的连通性、可达性、公平性，增强公园服务功能的复合性、特色性、生态性，实现公园建设政策标准的统一性、创新性、统筹性。在增长领域，上海需要在产业空间布局、产业生态构建、创新激励手段、绿色低碳转型引导、充电基础设施管理等方面优化新能源汽车产业政策；促进氢能供给侧全面降本，推动氢能全产业链协同与跨区域协作，构建氢能全链条安全管理制度；加强绿色低碳新材料产业提质增效及其协同应用，将绿色低碳新材料产业融入全国和全球高端制造产业链和价值链。为保障降碳、减污、扩绿、增长的协同推进，本报告从科技、金融、统计核算体系等方面探讨了相关保障措施。

关键词： 全面绿色转型　减污降碳　"双碳"目标　人与自然和谐共生

目 录 ⤵

Ⅰ 总报告

Ⅱ 降碳篇

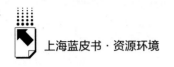

皮书数据库阅读**使用指南**

总 报 告

General Report

B.1

上海经济社会发展全面绿色
转型评价与提升对策

周冯琦 程 进 林 珑*

摘 要： 作为一座国际化程度高的超大城市，上海以更高站位、更严标
准、更宽视野，推进高水平开放、高标准引领、高效能创新、
高品质福祉的全面绿色转型。本文从降碳、减污、扩绿、增长
四个方面建立经济社会发展全面绿色转型评价指标体系，对长
三角城市群的分析结果表明，上海经济社会发展全面绿色转型
综合得分位居长三角城市群第一，但四个维度发展不均衡。面
对城市能源消费仍会持续增加、生态环境治理更加复杂艰巨、
基础设施建设多重任务叠加、绿色低碳赛道发力尚需时日等挑
战，上海促进经济社会发展全面绿色转型需要强化统筹规划的

---

* 周冯琦，上海社会科学院生态与可持续发展研究所所长，研究员，研究方向为低碳绿色经
济、环境经济政策等；程进，上海社会科学院生态与可持续发展研究所副研究员，研究方向
为生态城市与区域发展；林珑，上海社会科学院生态与可持续发展研究所硕士研究生，研究
方向为生态城市与区域发展。

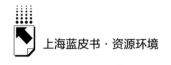
引领作用、重点领域的带动作用、基础设施的支撑作用、协同配合的推动作用。

关键词： 绿色发展　绿色低碳　生态文明　上海市

上海市第十二次党代会报告指出，扎实推进生态文明建设，加快建设人与自然和谐共生的美丽家园。生态环境问题归根结底是发展方式和生活方式问题，率先建设人与自然和谐共生的现代化国际大都市，必须大力促进经济社会发展全面绿色转型。早在2010年，上海就明确将"低碳世博"理念贯穿世博会筹备举办全过程，并以此为契机大力推进城市绿色低碳转型。党的十八大以来，上海坚持走生态优先、绿色发展之路，探索城市和自然交融的最佳实践，努力建设人与自然和谐共生的美丽上海。"双碳"战略提出推动经济社会发展全面绿色转型新任务，作为一座国际化程度高的超大城市，上海实现全面绿色转型的基础、内涵、目标、任务与其他城市有所区别，需要结合上海实际，明确上海全面绿色转型的现状、挑战和提升路径。

一　上海促进经济社会发展全面绿色转型的内涵与进展

上海是我国综合经济实力最强、国际化水平最高的城市之一，与其他城市相比，上海的经济社会发展全面绿色转型既具有共性特征，又具有自己的特色。以"生态之城"建设目标为引领，并在服务国家战略中发挥特殊优势，是上海经济社会发展全面绿色转型面临的主要任务。

（一）上海促进经济社会发展全面绿色转型的内涵

上海要以更高站位、更严标准、更宽视野推进经济社会发展全面绿色转型，在全国发挥引领示范作用。上海促进经济社会发展全面绿色转型的内涵体现在以下四个方面。

一是高水平开放的全面绿色转型。上海在国家对外开放的格局中肩负着特殊使命，上海的"五个中心"都带有"国际"或"全球"字样，这也决定了上海的经济社会发展全面绿色转型是开放的转型、国际化的转型。上海推进高水平开放的经济社会发展全面绿色转型，重点是稳步推动生态环境治理与绿色发展领域相关规则、规制、管理、标准等制度型开放，通过对接高标准国际生态环境治理与绿色发展规则，形成与国际通行标准相对接的制度体系和治理模式，深度参与全球城市生态治理，以开放促转型，以转型助开放。

二是高标准引领的全面绿色转型。上海是我国综合发展水平最高的城市之一，城市全面转型要有高度，应率先高标准推进经济社会发展全面绿色转型，探索具有超大城市特点的全面绿色转型的制度和路径创新，协同推进产业结构升级、环境污染治理、生态系统保护、应对气候变化等工作，使更多具有基础性和引领性作用的"上海标准""上海方案"成为经济社会发展全面绿色转型的参照系，为更多城市实现经济社会发展全面绿色转型做出贡献。

三是高效能创新的全面绿色转型。促进经济社会发展全面绿色转型离不开高效能创新驱动，上海正深入推进具有全球影响力的科技创新中心建设，应集聚全球高端创新资源，营造高效能创新生态，打造全面绿色转型科技创新策源地、成果转化地，加强全面绿色转型领域关键技术攻关，促进绿色低碳技术创新成果的推广应用，从技术及应用的角度来支撑上海经济社会发展全面绿色转型，促进绿色低碳领域创新技术转移扩大溢出效应，为推动长三角乃至全国经济社会发展全面绿色转型做出更大贡献。

四是高品质福祉的全面绿色转型。良好生态环境是最普惠的民生福祉，满足城市居民的绿色需求、守护城市居民的绿色福祉、维护城市居民的绿色权益，是促进经济社会发展全面绿色转型的出发点和落脚点，也是经济社会发展全面绿色转型的实践取向。上海作为"两城"理念①的诞生地，应努力践行人民城市理念，在促进经济社会发展全面绿色转型过程中以人民为中心，着眼于不断

---

① "两城"理念：习近平总书记2019年11月考察上海时提出的"人民城市人民建，人民城市为人民"重要理念。

满足居民日益增长的生态需要，把促进经济社会发展全面绿色转型转化为城市居民自觉行动，增强人民群众对绿色转型的获得感、幸福感、安全感。

（二）上海促进经济社会发展全面绿色转型的进展

上海积极探索"两山"与"两城"重要理念的深度融合与实践，协同推进降碳、减污、扩绿、增长，加快建设人与自然和谐共生的美丽上海。

1. 以环境质量提升厚植绿色转型基底

为解决城市发展进程中的生态环境问题，厚植城市绿色发展基底，上海积极推动形成全社会大环保格局，生态环保工作由污染物减排转向环境质量改善和生态服务功能提升。近年来，上海制定修订《上海市环境保护条例》等地方生态环保法规，发布 30 余项地方性环保标准，全面实施排污许可、环评改革，滚动实施八轮环保三年行动计划，率先推行环境污染第三方治理试点，开展全方位的长三角区域生态环境保护协作，碳排放权交易市场连续 8 年实现企业履约清缴率 100%，持续提升生态环境治理的现代化水平。在全国各省区市污染防治攻坚战考核中，上海连续两年为优秀，其中，2020 年度排名全国第一。2021 年上海的 $PM_{2.5}$ 年均浓度降至 27 微克/米^3，为有监测记录以来的最低值，2022 年上半年上海空气质量进一步改善，多数指标为近 8 年来同期最低。上海于 2020 年基本消除劣 V 类水体，河道污染得到有效治理，2021 年主要水体水质好于Ⅲ类水的比重已超过 80%。

2. 以核心技术创新提升绿色转型效能

为应对经济社会发展全面绿色转型过程中面临的新问题、新挑战，上海瞄准关键核心技术，打造高效能的绿色转型技术支撑体系。一方面，上海加强绿色低碳技术创新的顶层设计。2022 年，《中共上海市委上海市人民政府关于完整准确全面贯彻新发展理念做好碳达峰碳中和工作的实施意见》提出了"加强基础研究和前沿技术布局""积极推动绿色低碳技术研发和示范推广"两方面的发展要求，《上海市碳达峰实施方案》则对绿色低碳重大科技攻关和推广应用的相关要求做了进一步的细化。之后公布的《上海市科技支撑引领碳达峰碳中和实施方案》，进一步明确在能源、工业、建筑、交通等重点行业和领域突破100项低碳关键核心技术。另一方面，绿色低碳技术创新研发和推广应用取得积极进展。中国人民大学发布的《长江经济带绿色创新发展指数报告（2021）》显示，上海绿色创新投入指数在长江经济带110个城市中排名第一，上海的创新制度和创新转化优势十分突出。2022年，零壹智库发布的《中国绿色技术创新指数报告（2021）》显示，上海绿色技术创新指数已反超北京。2022年11月，上海低碳技术创新功能型平台获得中国合格评定国家认可委员会颁发的实验室认可证书，反映了上海绿色低碳创新平台在硬件设施、质量管理、检测能力等领域已达到国际认可水平。

3. 以新旧动能转换布局绿色转型赛道

为增强经济社会发展全面绿色转型的持久动力，上海的新旧动能转换不断提速，2017年率先发布"巩固提升实体经济能级50条"，2018年以来制定实施了两轮打响"上海制造"品牌三年行动计划，推动产业链、价值链向高端发展。一是大力发展战略性新兴产业。2021年集成电路、生物医药、人工智能三大先导产业总规模达到1.27万亿元。其中集成电路产业规模约占全国的25%，集聚了全国40%的集成电路人才。生物医药产业规模达到7000亿元，人工智能产业规模达到3056亿元，产业人才占全国的1/3。电子信息、生命健康、汽车、高端装备、先进材料、时尚消费品六大重点产业实现集群化发展，2021年六大重点产业工业总产值达到2.87万亿元。截至2021年底，累计推广新能源汽车67.7万辆。二是推进重点区域转型发展。上海紧紧围绕城市功能布局战略性调整，加快推进南北转型，桃浦、南大、吴泾等重点区域绿色转型取得显著进展，推动区域内制造业从"基础性"转向"战略性"。据统计，2010~2020年，上海共完成了1万多项产业结构调整项目，重点区域呈现"退二优二""退二进三"的整体转型发展趋势。三是布局绿色低碳、元宇宙和智能终端等新赛道。上海发布新赛道行动方案，绿色低碳、元宇宙和智能终端三大领域2025年产业规模将分别达到5000亿元、3500亿元、7000亿元。其中绿色低碳领域聚焦能源清洁化、原料低碳化、材料功能化、过程高效化、终端电气化和资源循环化等趋势，加快培育绿色企业、零碳示范工厂、绿色产业。

4. 以能源低碳发展激发绿色转型动力

为增强城市能源安全保障能力，为全面绿色转型提供清洁能源支撑，上海从供需两侧发力，努力推动能源新旧动能转换。一是推进传统化石能源清洁高效利用。煤电仍是当前和未来一段时间上海电力供应的主要来源，上海加强推广成熟先进技术，推动煤炭清洁高效利用，具有代表性的外高桥第三发电厂，是全国唯一的国家节能减排示范基地，被国际清洁煤能源署称为"全球最清洁的火电厂"。二是不断提高清洁能源比重。上海推动实施"光伏+"工程，利用建筑、土地资源发展分布式光伏，推进奉贤、南汇和金山地区的近海风电开发项目建设，推动氢能全产业链发展。"十三五"期间，上海非化石能源消费占比由14%上升到18%，目前上海已建成10座加氢站，工业产氢供氢能力接近每年50万吨。三是积极开展跨区域绿电交易。上海通过扩大绿电交易规模，进一步降低碳排放，推动城市绿色转型。绿电交易试点启动以来，上海已经开展了甘肃—上海、宁夏—上海的跨省绿色电力交易，其中，上海多家行业龙头企业签订协议采购宁夏连续5年总计15.3亿千瓦时的光伏发电量。

5. 以生态空间建设筑牢绿色转型屏障

为更好满足城市居民生态休闲需求，不断提升城市生态服务功能，上海市持续加强生态空间建设和管理。一方面，努力扩大生态空间增量。上海努力克服土地资源瓶颈，见缝插针建设口袋公园、乡村公园、主题公园、涵养林、防护林、护岸林、生态廊道等绿地类型，先后启动"千座公园"、环城生态公园带、环廊森林片区等项目建设，推动形成"环、楔、廊、园、林"的生态空间格局。截至2021年底，上海森林覆盖率增加至19.4%，公园数量达到532座，人均公园绿地面积升至8.8平方米，建成黄浦江滨江绿道、苏州河绿道和外环绿道等共计1306公里。另一方面，努力提升生态空间服务功能。由于土地资源紧缺，上海生态空间增长潜力有限，提升生态空间质量和生态系统服务转化率亦是工作重点。上海注重加强生物多样性保护，加强崇明世界级生态岛建设，黄浦江、苏州河、淀山湖等重要河湖水生生物多样性指数呈增长趋势，多个保护案例入选COP15联合国"生物多样性100+

全球典型案例"，大大提升了上海生物多样性保护的全球影响力。拓展公园绿地主体功能，推进有条件的公园实现免费开放，有序推进公园全年全天延长开放，不断完善公园的配套服务设施。研究显示，上海的森林生态系统服务价值由"十二五"时期末的 117 亿元增加到"十三五"时期末的 165 亿元[①]。

6. 以增进民生福祉凝聚绿色转型共识

推动经济社会发展全面绿色转型，既可以满足居民对物质文化生活的更高要求，也可以满足居民日益增长的优美生态环境需要。上海坚持"人民城市人民建、人民城市为人民"的理念，把增进民生福祉与激励居民自觉行动相结合，不断凝聚绿色转型共识。一是增加优质生态产品供给。上海持续推进生态空间的开放共享，先后完成黄浦江、苏州河中心城区核心段两岸贯通，开通苏州河水上旅游航线，打造"一江一河"世界级滨水区。静安雕塑公园、中山公园、复兴公园等一大批城市公园的围墙被拆除，公园与周边城市空间融合互通，更好满足居民对公园的休闲需要。二是倡导绿色低碳新时尚。上海是我国第一个开展生活垃圾分类的城市，生活垃圾分类已成为城市居民的自觉行为和习惯。根据 2021 年的评估，全市居民和单位的生活垃圾分类达标率都在 95% 以上，93% 以上的调查对象对生活垃圾分类给出好评。上海拓宽居民参与义务植树的渠道，开展树木"认建认养"活动，2021 年上海有 10 万余棵树木被市民认养。

二 上海促进经济社会发展全面绿色转型的评价与比较

党的二十大报告指出，推进美丽中国建设，协同推进降碳、减污、扩绿、增长，这指明了促进经济社会发展全面绿色转型的关键领域和任务。通过四个领域的测度与比较，可以总结出当前上海促进经济社会发展全面绿色转型的进展和挑战。

---

① 史博臻：《上海造绿，构建宜居宜业宜游"生态之城"》，《文汇报》2022 年 3 月 12 日，第 8 版。

（一）评价指标体系构建

根据经济社会发展全面绿色转型的内涵，本报告采用 PSR 模型，从降碳、减污、扩绿、增长四个方面建立了经济社会发展全面绿色转型评价指标体系，其中绿色转型压力主要集中在能源消耗增大、污染物承载压力、城市开发强度、经济增长动能转换压力等方面；绿色转型状态主要指碳排放水平、排污状态、城市绿化水平、居民生活水平等；绿色转型响应的含义是针对绿色转型状态和压力所采取的措施，主要包括能源结构的改善、环保投入、绿化扩建、增长新动能投入等。根据本研究需要，最终构建的指标体系见表1。

表 1　促进经济社会发展全面绿色转型评价指标体系

一级指标	二级指标		具体指标	单位
经济社会发展全面绿色转型指数	降碳	压力	人均电力消费量	千瓦时
			近三年电力消费量增速	%
		状态	单位 GDP 碳排放量	吨
			近三年碳排放量增速	%
		响应	非化石能源占一次能源消费比重	%
			单位 GDP 能耗	吨
	减污	压力	地均工业废水排放量	万吨
			地均工业废气排放量	亿立方米
		状态	单位工业增加值 COD 排放	吨
			单位工业增加值 SO_2 排放	吨
		响应	人均日污水处理能力	吨
			节能环保投入占 GDP 比重	%
	扩绿	压力	城市常住人口密度	人/公里^2
			城市土地开发强度	%
		状态	建成区绿化覆盖率	%
			人均公园绿地面积	平方米
		响应	城市公园绿地面积增幅	%
			城市绿地面积增幅	%
	增长	压力	工业企业营业收入利润率	%
			近三年 GDP 增速	%
		状态	城镇居民人均可支配收入	万元
			人均 GDP	万元
		响应	科学技术支出占一般公共预算支出的比重	%
			万人拥有的高新技术企业数	家

（二）数据来源及评价方法

本次评价使用数据主要来源于各市统计年鉴、各市国民经济和社会发展统计公报、各市"十四五"生态环境保护规划、中国城市统计年鉴、CEADs 数据库、Wind 数据库。本研究样本对象为长三角城市群，为使分析结果更加具有可靠性，本研究采用数据为最新可得的三年数据的平均值。

本研究构建的指标体系包含了 4 个评价维度的 24 个具体评价指标，各个指标对经济社会发展全面绿色转型程度的影响存在一定差异，因此需要对相关指标权重进行赋权。为了避免人为主观因素影响，本研究采取熵值法对相关指标权重进行计算。为了消除量纲差异带来的影响，首先分别对正向指标和负向指标进行标准化处理，然后将处理后的数据进行熵值法分析，得到各项指标所占权重。从指标权重结果来看，节能环保投入占 GDP 比重、人均日污水处理能力、科学技术支出占一般公共预算支出比重、城市绿地面积增幅是影响经济社会发展全面绿色转型最重要的指标，占比分别为17.22%、9.96%、9.18%、8.58%，由此可以看出相关的响应措施作为经济社会发展全面绿色转型的首要驱动因素正在持续发力，增加绿色投入、提高减排能力、加快绿地空间扩建是绿色转型能力提升的重要基础。从各子系统权重可以看出，降碳、减污、扩绿、增长都是实现全面绿色转型的重要方面，因此要坚持协同推进降碳、减污、扩绿、增长的要求。同时，对于长三角城市群来说，大力推动减污方面的工作是实现经济社会发展全面绿色转型的首要任务。

计算经济社会发展全面绿色转型得分的公式为：$R_j = \sum_{i=1}^{i=24} w_i x_{ij}$，其中 R_j 代表第 j 个城市的经济社会发展全面绿色转型得分，R_j 的取值区间为 [0, 1]；w_i 代表第 i 个指标的权重；x_i 代表第 i 个指标变量。根据熵值法计算分析得到权重，并将 27 个城市经过标准化处理后的样本数据代入 R_j 表达式，可以得出各城市经济社会发展全面绿色转型的量化情况。

（三）评价结果

1. 上海经济社会发展全面绿色转型综合得分位居长三角城市群第一

从综合得分情况来看，排名前五的城市分别为上海、南京、芜湖、宁波、杭州，其中上海和南京的得分均大于0.5，代表长三角地区经济社会发展全面绿色转型的最高水平；此外，湖州、台州、合肥等城市的得分处于0.4~0.5区间，说明其全面绿色转型也取得了一定成效。这些得分较高的城市往往具有以下特征：一是经济增长较快且绿色投入占比较高，具有一定的经济实力且重视绿色技术创新与产业结构升级；二是能源消耗量及污染物排放浓度较低，注重能源结构调整，以实现节能减污的双控制；三是城市绿化建设水平较高，具有优良的绿色生态基底，致力于城市园林、公园绿地等重要载体的规划扩建。

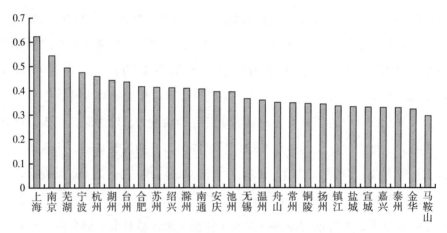

图1 长三角城市群经济社会发展全面绿色转型指数得分

2. 上海经济社会发展全面绿色转型四个维度发展不均衡

从不同维度的得分情况来看，上海在降碳、减污、扩绿、增长四个维度的排名分别为第二、第一、第二十六、第四位，说明虽然上海整体的经济社会发展全面绿色转型水平较高，但仍然存在转型不均衡、不充分的问题。

（1）降碳维度

从降碳维度看，绝大部分城市得分都在 0.4 以上，排名前五的城市得分都在 0.7 以上，分别为台州、上海、温州、湖州、南通。其中，台州得分高达 0.929，主要得益于台州市强力推进能源消费总量和强度"双控"制度，持续加强煤炭消费总量控制，并积极加强助推产业转型升级的监管措施。上海以 0.778 的得分位列第二，在非化石能源的使用以及能源消费量的削减方面成效较为明显。十多年来，上海一直致力于低碳发展相关工作的统筹规划，建立多个低碳发展实践区和低碳社区创建试点，分别从低碳产业、低碳商务、低碳城区、低碳新城等角度探寻低碳发展路径，在坚决淘汰"三高"落后产能、大力推广新能源汽车、大力推广绿色建筑、大力发展绿色生态循环农业、建立碳交易体系等方面都走在前列，全面推动了节能降耗。

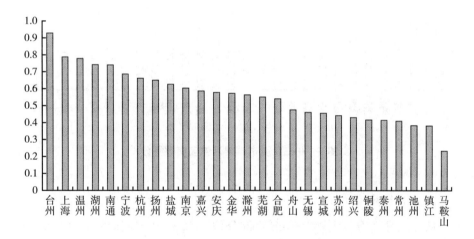

图2　长三角城市群降碳维度指数得分

（2）减污维度

从减污维度看，各城市的得分差距较为明显，只有上海、南京、池州三个城市的得分在 0.4 以上，其中上海以 0.817 的得分位列第一，远高于其他两个城市的得分，在主要污染物排放量的减少以及节能环保投入方面表现突出。蓝天保卫战方面，上海全面取消散煤并完成了燃煤电厂超低排放改造，加强重点 VOCs 排放企业的治理，并率先推进了非道路移动机械的污染治理；碧水保卫战方面，全面完成水源保护区排污口调整，全面落实湖长制；净土保卫战方面，率先完成土壤信息调查及划分，设立土壤修复试点。总的来说，上海对污染物采取了源头减量、过程控制、末端治理的精细化措施，有效减少了污染物的排放。同时，上海是各城市中节能环保投入占 GDP 比重唯一超过 2% 的城市，下达了多批节能减排专项资金的安排计划以推动各项减污工作进行。

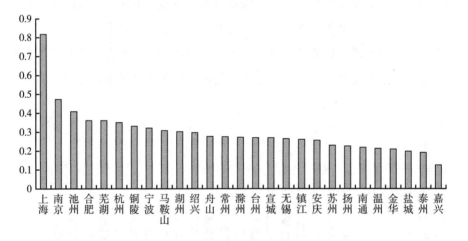

图 3　长三角城市群减污维度指数得分

（3）扩绿维度

从扩绿维度看，大部分城市的得分位于 0.3~0.5 区间，安庆、滁州、芜湖、池州四个城市的得分在 0.6 以上，这些城市都具有较好的生态资源禀赋，人口密度相对较小，同时绿地覆盖率较高。而上海扩绿维度得分仅为 0.227，与其他几个维度相比，上海在扩绿方面任务艰巨，主要原因在于上海是一个地少人多的城市，城市开发强度较高且人均绿化率低。近年来，相关部门采取了包括新造林、"一江一河"治理、口袋公园建设、生态修复在内的一系列措施来推进上海绿化，使得城市绿化覆盖率、绿地面积增幅以及人均公园绿地面积等重要指标均实现了一定程度的增长，但与长三角地区的其他城市相比还有一定差距，需要结合上海市的土地资源、人口分布、城市开发等实际情况创新扩绿增绿方式，打造更加优美的生态环境。

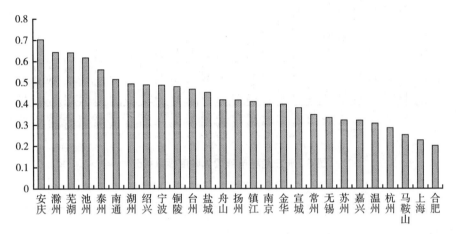

图4　长三角城市群扩绿维度指数得分

（4）增长维度

从增长维度看，排名前五的城市分别为南京、苏州、杭州、上海、合肥，其中南京和苏州的得分超过0.7，杭州和上海的得分超过0.6。上海经济体量大，是长三角地区GDP以及人均可支配收入最高的城市，在全球整体经济增长速度放缓的大环境下，上海的自身结构调整和新旧动能转化无疑面临更大的困难。为了实现经济社会发展全面绿色转型，上海积极践行国家"双碳"战略，大力发展"四新经济"，积极培育战略性新兴产业，促进产业发展新动能的形成；同时不断推进绿色技术创新以及绿色制造业体系建设，以实现产业绿色化发展，使得上海能在产生更少碳排放量的同时创造更高的产值，交出令人满意的绿色增长答卷。

三　上海促进经济社会发展全面绿色转型面临的挑战

经济社会发展全面绿色转型对城市的发展提出更高要求，根据上海未来

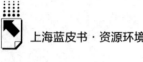

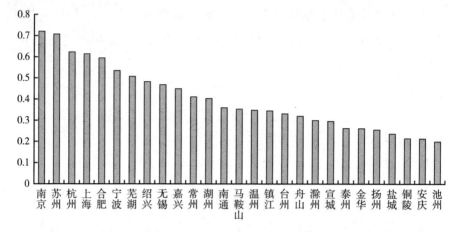

图5 长三角城市群增长维度指数得分

一段时期的发展目标，以及与其他城市的横向比较，可以发现上海促进经济社会发展全面绿色转型仍面临一些挑战。

（一）城市能源消费仍会持续增加

随着经济规模的持续扩大和城市居民生活水平的提高，未来一段时期内上海的能源需求量将呈现增长态势，节能降碳任务仍然十分艰巨。

首先，经济规模的持续扩大将产生新的能源需求。经济增长与能源需求一直息息相关，根据发展规划，"十四五"期间，上海全市生产总值年均增长率预计在5%左右，工业、交通和建筑三大领域将持续稳步增长，未来随着发展的新动能持续释放，经济总量的持续扩大会推动能源需求的增长，给实现"双碳"目标带来挑战。

其次，城市居民生活水平的不断提高，对能源的需求量也逐渐增大。一方面，随着城市居民对生活品质和舒适度的进一步追求，家用耗能产品普及率和使用率不断上升，城市居民人均生活用能量持续增加，2010~2020年，上海居民平均每人生活消费能源由446.28千克标准煤上升到505.70千克标准煤。另一方面，上海城市人口规模持续微增，进一步增加了生活用能需求。2017~2020年，上海常住人口增加了23万人。上海落户条件的放宽，将增加对年轻群体的吸引力，未来城市常住人口将持续保持正增长。

最后，能源结构优化任务艰巨，清洁能源替代任重道远。上海本土可再生能源的规模化发展条件有限，根据上海市能源电力领域碳达峰实施方案，到 2025 年，上海本地可再生能源占全社会用电量比重力争达到 8%。"双碳"目标背景下，周边地区对非化石能源的需求量普遍增加，提高外来电中可再生能源发电占比的难度越来越大。

（二）生态环境治理更加复杂艰巨

近年来上海市生态环境质量得到极大改善，但生态环境保护压力总体上尚未根本缓解，生态环境治理的难度更大。

首先，以 $PM_{2.5}$ 和臭氧为代表的复合型、区域型污染治理难度大。2022年上半年是上海 8 年来空气质量最好的，但是臭氧浓度比上年高。2017 年以来，臭氧对空气质量的影响已经超过 $PM_{2.5}$，成为上海主要的空气污染物。从全球治理臭氧污染的经验来看，臭氧污染的治理难度非常大。臭氧的生成与前体污染物的关系呈非线性，臭氧前体污染物的削减需要符合一定的科学比例，不合理的减排反而可能导致局地臭氧污染的加剧。

其次，进一步扩大绿色空间面临土地资源紧缺挑战。受自然地形条件和人口规模影响，上海的森林覆盖率和人均公园绿地面积与国内其他城市相比并不具有优势。未来为满足城市居民生态需求，上海将努力扩大绿化规模，规划到 2035 年建成的公园力争达到 2000 座，其中"十四五"期间各类公园总量要超过 1000 座。这意味着未来 15 年内年均新增公园需要达到 100 座以上，这对土地资源紧缺的上海而言是一项不小的挑战。此外，上海的公园绿地在考虑城市居民休憩使用与环境的契合度方面，也存在一定的改善空间。

（三）基础设施建设多重任务叠加

基础设施是推进经济社会发展全面绿色转型的物质保障，上海生态环境领域基础设施面临着老旧设施更新、新的末端处置和综合利用设施需求增加、数字赋能环境基础设施、碳基础设施建设等多重任务。

首先，生态环境基础设施建管需求加大。一方面，中心城区环境基础设施存在不同程度的老化现象，需要更新完善。据统计，上海中心城区约有78.4公里的老旧管网，出现供排水管网老化、地下水渗漏等现象，"十四五"期间上海将实施约2000公里老旧供水管网更新改造，再加上对老旧排水管网和污染处理设施的改造，实施难度较大。另一方面，五个新城建设步伐加快，要把生态优先、绿色发展的理念贯穿新城基础设施规划建设运行的各个阶段，确保配套生态环境基础设施建设同步进行。经济发展水平持续上升、城市居民生活水平提升，也将带来生活垃圾、危险废弃物、工业固废等污染物的排放量增长，这对资源末端处置和综合利用能力提出新的要求。

其次，生态环境基础设施的数字化转型需求增大。2020年10月发布的《全球智慧之都报告2020》显示，上海在智慧基础设施分项排名中位列第十七位，与伦敦、纽约、新加坡、东京等城市还存在一定差距。当前上海的生态环境数字基础设施更侧重于建设"数据中心"，还未实现对生态环境治理态势的全面感知、风险监测预警，还需在大数据、智慧监测预警等方面持续投入，为精准、科学、依法治污提供支撑和保障。

最后，碳基础设施建设的新任务增大。随着能耗"双控"向碳排放总量和强度"双控"转变，能源消耗、碳排放量领域的管控逻辑发生变化，相配套的基础设施也需要同步跟进，应构建提供碳相关要素监测、核算、核查、交易的服务系统，发挥"碳"作为下一阶段全面绿色转型核心计量单位的基础性作用。

（四）绿色低碳赛道发力尚需时日

上海正围绕前沿技术、高端装备等领域推进绿色低碳产业创新主体培育，促进产业链协同发展，上海目前总体上还处在新旧动能转换的起步期，产业价值链提升任务仍较为艰巨。

首先，绿色低碳产业市场作用发挥尚不明显。推进产业绿色转型不仅需要节能减排降碳，更需要实现产业结构和生产方式的系统变革。当前上海正处于新旧动能转换当口，绿色低碳产业虽然成长很快，但是体量还不够大，对布局绿色低碳发展新赛道的支撑力还不够强，绿色低碳产业增量培育和存量改造的任务仍较为艰巨。

其次，绿色低碳技术研发和推广应用还处于起步阶段。一方面，上海在绿色低碳发展的关键核心技术研发、工艺流程创新等方面仍有一定的上升空间，如在工业领域关键降碳技术、交通领域绿色出行模式替代、建筑节能改造等方面的绿色技术突破和推广步伐偏缓①。一些绿色低碳关键技术仍处于研发设计或试点阶段，技术创新对绿色低碳发展新赛道的推动作用尚未充分展现。另一方面，上海在深远海风电、光伏晶片等绿色低碳领域的技术水平处于相对领先地位，但由于配套的产业链尚不完整，技术的推广应用受限，尚未形成发展优势。

四 上海促进经济社会发展全面绿色转型的策略建议

促进经济社会发展全面绿色转型是一项系统工程，需要强化统筹规划的引领作用、重点领域的带动作用、基础设施的支撑作用、协同配合的推动作用。

（一）强化统筹规划对全面绿色转型的引领作用

促进经济社会发展全面绿色转型需要协同推进降碳、减污、扩绿、增长等多个领域，要强化统筹规划，明确转型范围、转型愿景、转型目标和转型措施，确保各领域落实全面绿色转型的主要目标、发展方向、重大政策协调一致，形成转型共识、扩大社会影响。

一是通过统筹规划明确经济社会发展全面绿色转型的目标愿景。上海作为一个超大型国际化大都市，需要明确经济社会发展全面绿色转型的共性和个性特征。围绕"创新、引领、绿色、国际化、未来"等关键词，锚定全

---

① 王丹、彭颖、柴慧等：《上海实现碳达峰须关注的重大问题及对策建议》，《科学发展》2022 年第 6 期。

面绿色转型领先城市的发展方向，建设具有国际影响力的绿色低碳技术创新策源地、新旧动能转换先行区、绿色生活方式示范区，统筹制定面向中长期的上海促进经济社会发展全面绿色转型的使命、总体愿景、具体目标，明确全面绿色转型的目标和方向。

二是通过统筹规划明确经济社会发展全面绿色转型的关键领域。全面绿色转型涉及产业、能源、生态、生活各个领域，上海需要根据自身经济社会各组成部分的优势和短板，明确经济社会发展全面绿色转型的重点环节、关键领域，重点在推动形成绿色低碳的生产方式和生活方式领域取得新的突破，塑造引领经济社会发展全面绿色转型的中坚力量，明确全面绿色转型的对象和思路。

三是通过统筹规划明确经济社会发展全面绿色转型的任务措施。以创新发展、绿色发展为方向，加强统筹协调，协同推进降碳、减污、扩绿、增长，明确上海在节能减排、环境治理、科技创新、动能转换、低碳循环、生态建设等方面转型的具体举措，厘清主体责任，明确全面绿色转型的抓手和任务。

（二）强化重点领域对全面绿色转型的带动作用

上海促进经济社会发展全面绿色转型需要发挥重点领域的带动作用，以能源绿色低碳转型、绿色低碳产业发展、生态空间融合发展为着力点，打造经济社会发展全面绿色转型的示范样板。

一是推进能源绿色低碳转型。加强煤炭清洁化、高效化利用，实施"光伏+"推广工程，加快发展近海风电，打造氢能核心技术自主创新高地，构建多元氢能应用生态，形成国际领先的未来能源技术标准创新高地，为经济社会发展全面绿色转型提供"绿色动力"。

二是加快推动绿色低碳产业发展。准确把握发展与减碳的关系、产业结构优化与产业链安全的关系、产业高质量发展与世界影响力提升的关系，进一步完善和优化绿色低碳产业的政策支撑和配套设施，发挥绿色低碳新赛道产业集群效应，实现绿色低碳产业"世界影响力"的能级显著提升。

三是推进生态空间融合发展。推进绿化空间与城市空间的融合，利用建成区碎片化空间扩绿，开展立体挂绿行动，提高中心城区的"绿视率"和"花视率"。拓展郊区生态空间，立足休闲游憩需求，加强郊野公园建设。强化健康、文化、商业等功能与生态空间的融合发展，满足城市居民多样化的生态需求，打造大都市扩绿、护绿、活绿、用绿的上海模式。

（三）强化基础设施对全面绿色转型的支撑作用

提高生态绿色基础设施投入在新基建投入中的占比，推动适度超前、更加完备的生态绿色基础设施建设，更多运用市场化手段，加强生态绿色基础设施系统化、智能化建设，为全面绿色转型提供有力支撑。

一是完善环境治理基础设施。完善城市污水管网建设，加大存量管道更新升级力度，推进老龄管道维护、修复和更新。构建污染处理设施物联网智慧化监控调度平台，推进城市污水管网系统智能化管理。完善"五个新城"导入的重大功能性事项的配套环保设施建设，不断提升"五个新城"环境精细化管理水平和现代化治理能力。

二是加快推进碳基础设施建设。碳达峰碳中和目标引领经济社会发展全面绿色转型，实现"双碳"目标需要相应的碳基础设施予以支撑。推进碳监测网络建设，促进数字化技术在温室气体排放源监测领域的推广应用，开展碳污协同监测。推进碳公共服务平台建设，整合碳数据、碳技术和碳资本等要素，为企业和个人提供安全、可靠、便利的碳账户服务。

三是推进基础设施绿色化转型。鉴于生态绿色基础设施的规模还无法单独对全面绿色转型起到决定性的支撑作用，提升传统城市基础设施的绿色化水平至关重要。制定基础设施绿色化准入标准，提高城市基础设施设计、建设、运营过程中的绿色化水平，提升基础设施运行效率并减少其能源消耗，发挥基础设施生态辐射的作用，使其与生态绿色基础设施相辅相成。

（四）强化协同配合对全面绿色转型的推动作用

促进经济社会发展全面绿色转型是长三角一市三省共同面临的任务，应将促进全面绿色转型纳入长三角区域协作机制，深化共建、共治、共享，推进长三角区域减污和降碳政策机制融合与创新，实现区域共同转型，并为上海的全面绿色转型带来更多机遇。

一是构建长三角绿色低碳技术协同创新体系。目前长三角区域的绿色技术专利数量占全国的比重已经超过1/3，为进一步发挥整体效应，应积极探索区域绿色低碳技术合作创新机制，共同完善长三角企业绿色低碳技术领域布局，实现技术优势互补，建立绿色低碳技术产权交易服务平台，构建市场导向的绿色低碳技术协同创新体系。

二是进一步深化区域减污降碳协同机制。持续深化水、大气污染联防联控，统一生态环境标准；探索建立长三角区域减污降碳协同机制，探索长三角碳普惠体系对接机制，链接长三角不同地区、不同类型碳普惠机制和市场。加强跨区域碳信息共享互通、资源共享，推进形成覆盖长三角区域范围的碳普惠协同发展机制。

三是协同提升区域生态碳汇能力。加强长三角山水林田湖草协同保护，提高森林生态系统质量和碳汇能力。以长江、淮河、钱塘江、京杭大运河为主体，其他支流、湖泊、水库、渠系为补充，共建江河水系生态廊道，协同增强流域生态系统碳汇能力。协同推进海洋碳汇建设，在沿海主要入海河流实施海洋增汇生态工程，组织实施海洋碳汇及海岸带碳通量监测评估，有效增加区域蓝色碳汇量。

参考文献

常纪文：《推动经济社会发展全面绿色转型——奋进"十四五"，建设美丽中国》，《前进论坛》2021年第12期。

程鹏：《勇当深入打好污染防治攻坚战的排头兵和先行者》，《中国环境报》2022年9月5日。

钱勇：《深入打好污染防治攻坚战 推动经济社会发展全面绿色转型》，《中国环境监察》2021年第11期。

王丹、彭颖、柴慧等：《上海实现碳达峰须关注的重大问题及对策建议》，《科学发展》2022 年第 6 期。

周冯琦、尚勇敏：《碳中和目标下中国城市绿色转型的内涵特征与实现路径》，《社会科学》2022 年第 1 期。

降 碳 篇

Chapter of Carbon Emission Reduction

B.2
上海能源绿色低碳转型的发展路径研究

李　芳*

摘　要： 面对日益严峻的气候变化挑战和复杂多变的国际环境，加快能源结构转型已经成为国际社会的普遍共识和一致目标。上海作为中国的经济、金融、贸易和航运中心，有序推动能源绿色低碳转型发展，对于长三角和全国都将具有重要的引领和示范作用。与发达国家相比，上海目前的能源结构仍然偏"煤"，实现上海能源转型发展既是适应国内外能源发展新格局的积极举措，也是提升上海城市国际化战略定位的必然选择。本研究在分析上海能源发展现状特征的基础上，针对上海能源绿色低碳转型发展面临的短板和挑战，从煤炭清洁化高效化、可再生能源利用、新型电力系统构建、科技创新支撑、能源体制机制改革和国际国内合作深化等方面提出了推进上海能源绿色低碳转型的路径建议。

---

*　李芳，博士，上海社会科学院生态与可持续发展研究所助理研究员，研究方向为资源与环境经济。

关键词： 新型电力系统 储能 分布式能源

能源是人类社会发展的重要物质基础，也是碳排放的主要来源，推动能源体系由传统能源向绿色低碳能源转型是双碳目标背景下经济社会高质量发展的必然要求。上海是我国经济发展的排头兵，在探索能源转型发展、落实双碳目标的工作中理当承担先行者的角色。同时，上海也是典型的能源输入型城市，高度依赖外部能源供应。为了保障适应经济社会可持续发展与人民生活水平稳步提高的用能需求，上海亟须推动能源自身转型，为建设具有世界影响力的社会主义现代化国际大都市提供坚实的能源保障支撑。此外，受新冠肺炎疫情和地缘政治持续冲突的影响，全球能源市场和能源格局发生巨变，对上海的能源安全带来了重大挑战，进一步凸显了加快能源系统转型、提升能源安全韧性的重要性和紧迫性。在此背景下，本文通过梳理和分析上海能源发展现状和面临的挑战，提出推动上海能源绿色低碳转型的路径建议，对上海、长三角乃至全国的能源和经济社会高质量发展具有重要的借鉴意义。

一 上海能源发展现状特征分析

作为经济发达、人口密集的国际化大都市，上海在经济快速发展的同时，也面临着资源环境趋紧的压力。要推动能源转型、实现能源可持续发展，首先需要对上海的能源发展现状进行深入分析。

（一）能源供应对外依存度高，能源建设不断推进

上海是典型的能源输入型城市，能源资源基本依靠外省市调入和国外进口。一直以来，上海能源供应对外依存度始终保持在99%以上，本地一次能源生产量占可供本地区消费能源量的比重于2017年首次突破1%，达1.6%。2020年，上海一次能源生产量为465.26万吨标准煤，占可供本地区

消费能源量的 4.2%。上海无自生产煤炭，本地生产油品 52.03 万吨、天然气 15.11 亿立方米、电力 28.76 亿千瓦时，分别占各自初始能源品种消费总量的 1.6%、16%、1.8%。在本地电力供应上，火力发电仍然占据主导地位，2018 年以来其占比略微降至 97% 左右，在此之前则一直高达 98%~99%。从 2015 年到 2020 年，上海地区发电量由 793 亿千瓦时增长到 862 亿千瓦时，年均增长率达 1.7%；在此期间，风能和太阳能发电量分别由 4.79 亿千瓦时和 0.35 亿千瓦时增长至 18.93 亿千瓦时和 9.83 亿千瓦时，年均增长率达 31.7% 和 94.8%。也就是说，虽然以风力发电和太阳能发电为主的新能源发电量依然占比很低，但其增长速度正朝着更快、更强劲的方向发展。除此之外，上海无水力和核能发电。

2000 年以来，上海大力推进能源基础设施建设，加快提升能源供应保障能力。"十三五"期间，上海以能源转型发展为主线，深入有序推进能源建设，为"十四五"上海能源高质量发展奠定了良好基础。2018 年初，作为国内首座 500 千伏全地下智能变电站——五角场变电站投运。2019 年 9 月，淮南—南京—上海 1000 千伏特高压交流通道全面投运，上海的外来电力输入能力再上一个台阶。此外，上海市积极推动天然气分布式供能建设，截至 2018 年底累计建成天然气分布式供能项目约 60 个，装机规模 20 万千瓦。2020 年 11 月，上海 LNG（液化天然气）储罐扩建工程项目试生产投运成功，洋山 LNG 储存能力由一期工程的 49.5 万立方米增长至 89.5 万立方米，整体储存能力提升 81%，大大提高了天然气的应急调峰能力。迄今为止，上海已形成了以"五交四直"9 条外来电通道、500 千伏双环网、"6+1"多气源等为支撑的能源联供体系。

（二）能源消费总量呈上升趋势，增速有所减缓

从图 1 可以看出，与发达国家的历史发展经验相同，目前上海能源消费和经济发展水平基本保持正相关关系。从 2000 年到 2020 年，上海经济社会一直表现出加快发展态势，地区生产总值由 2000 年的 4812.15 亿元增加至 2020 年的 38700.58 亿元（按当年价格计算），增长了 7 倍，年均增长率达

11%。同一时期，上海能源消费总量也基本呈现上升趋势，由2000年的5413.45万吨标准煤增加至2020年的11099.59万吨标准煤，增长了1.05倍，年均增长率达3.7%。可以看出，2000~2020年，上海经济的增长速度是其能源消费增加速度的3倍，这意味着上海目前的能源消费对其经济发展是有利的。虽然上海历年能源消费弹性系数小于1，但生产总值增长率与能源消费增长率一直呈现同向变动的态势，故而综合来看，现阶段上海的经济增长还无法与能源消费分离开来。

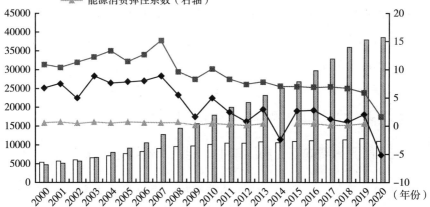

图1　2000~2020年上海市生产总值和能源消费量变化

资料来源：《上海统计年鉴2021》。

具体来说，上海能源消费增长率的年际差异较大，虽表现出上下波动的特征但总体趋势是在不断下降的。"十五"后期，上海能源消费明显加速，这种增长势头一直延续到"十一五"前期。2003年和2007年，上海能源消费年增长率均高达8.9%，是2000年至2020年最快的年增长率。"十五"期间，上海能源消费量增加了32.7%，从5825.8万吨标准煤增加到7730.66万吨标准煤。随着节能减排的深入，"十一五"后期，能源消费增长速度开始下滑，到2009年能源消费的年增长率只有1.6%，而后在2010

年回升至5%。"十一五"期间，上海能源消费量由8355.49万吨标准煤增加至10243.26万吨标准煤，增长幅度较"十五"时期有所减缓，为22.6%。

自"十二五"以来，上海能源消费总量增长明显放缓，年增长率一直维持在3%以下水平。随着产业结构调整和能效提升等多方面举措的逐步推进，"十二五"期间，上海能源消费总量下降了4.2%，并在2014年整整提前一年实现了"十二五"节能减排目标。值得一提的是，2014年上海能源消费总量为10639.86万吨标准煤，比2013年减少了2.3%，这是上海能源消耗自1985年以来首次出现负增长。造成能耗绝对值下降的原因一方面是上海积极推动产业结构调整、推进节能减排，另一方面，则与经济下行、工业和建筑业发展放缓相关。"十三五"期间，上海能源消费总量由11241.73万吨标准煤下降为11099.59万吨标准煤，减少了1.3%。其中，能源消耗量自2016年开始小幅度上升后于2020年再度出现下滑。2020年上海能源消耗量相比2019年下降了5.1%；与此同时，生产总值年增长率也由2019年的6%断崖式下降为1.7%。因此，可以推测，上海能耗总量出现的第二次负增长现象更大程度上是由新冠肺炎疫情影响下经济不景气所引起的。

（三）能源消费向工业部门集中，能源消费结构不断优化

从1990年开始，上海一次能源消费结构一直以煤炭为主导。自"十一五"以来，以举办世博会为契机，上海大力实施能源结构调整，并在节能减排和新能源发展等方面取得了显著成效，一次能源消费结构日趋清洁化、优质化。"十一五"期间，上海煤炭占一次能源消费的比重首次低于50%，由2005年的52.8%降为2010年的49.6%；同期，天然气和市外来电等清洁能源快速增加，所占比重分别由3.1%和7.6%提高到6.1%和11.4%。"十二五"期间，上海能源调整步伐进一步加快，煤炭占一次能源消费的比重下降了14个百分点，天然气和市外来电消费比重则分别提高了4个和6个百分点。在此期间，上海实现了城市管道燃气由人工煤气到全天然气化的转变，燃气发电占全市发电装机比重突破20%。"十三五"期间，上海能源以转型发展为主线，煤炭消费由37%进一步减少为31%；与此同时，天然气

消费保持较快增长，占比由 10% 增加为 12%，而非化石能源占比也由 14% 增加为 18%。

从图 2 可以看出，上海能源消费结构优于全国平均水平。2020 年，上海煤炭消费占比为 31% 左右，而在全国层面上则高达 57%；上海石油和天然气等优质能源的消费比重超过 50%，而全国水平不足 30%。目前，上海能源消费水平与世界平均水平相似。然而，与世界发达国家和地区相比，上海能源消费结构仍然存在很大的优化空间。2020 年，美国和欧盟的煤炭消费比重仅在 10% 左右，而石油和天然气合计比重分别为 70% 和 60%；在英国，煤炭消费占一次能源消费的比重只有 3%，石油和天然气分别占 35% 和 38%，近 1/4 是非化石能源。

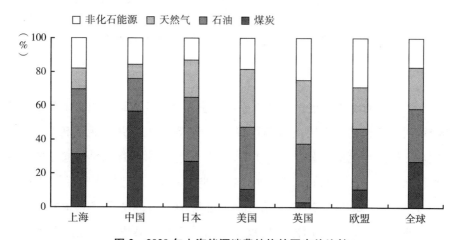

图 2　2020 年上海能源消费结构的国内外比较

资料来源：BP，*Statistical Review of World Energy 2021*；《上海市能源发展"十四五"规划》。

从能源终端消费来看，上海能源消费结构也在不断调整和优化（见图 3）。2000 年，煤炭、石油和电力消费几乎呈现"三分天下"的局面特征；到 2020 年，上海终端能源消费系统以石油和电力主导，两者比重合计达 80%，而煤炭占比则下降至 11.2%。同一时期内，天然气消费快速增长，消费量由 2000 年的 2.17 亿立方米增加至 2020 年的 50.43 亿立方米，占能源终端消费总量的比重从 0.6% 提高到 5.7%；热力消费所占比重变化不大，一直在 2%~3% 区间浮动。

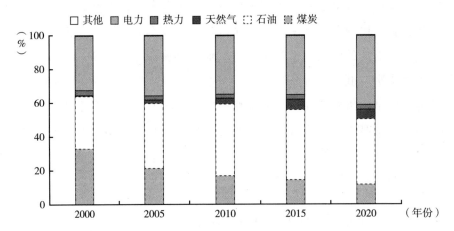

图 3　2000~2020 年上海分能源品类终端能源消费结构

资料来源：历年《中国能源统计年鉴》。

分行业来看，上海能源消费以生产为主。从图 4 可以看出，上海生活用能消费所占比重常年维持在 10% 左右，"十三五"之前更是不足 10%。在生产领域，能源消耗则由第二产业主导。第一产业能源消耗占消费总量的比重一直很低，"十五"期间由 2% 进一步减少为 0.7%，近年来则一直保持在 0.5% 的水平。2000~2020 年，第二产业能源消费占能源消费总量的比重一直在 50% 以上，占生产用能的比重更是超过 55%。其中，工业能源消耗占绝对地位，2000 年以来历年消耗的能源占全市能源消费总量的比重均超过 47%，占第二产业能源消耗总量的比重更是达到了 95% 以上。从总体趋势来看，上海第二产业能源消费占总量的比重是在逐年下降的，由 2000 年的 68.8% 下降为 2020 年的 50.8%；与之相反，第三产业用能所占比重则不断提高，由 20.4% 增加至 36.9%。

（四）能源利用效率全国领先，但与世界水平相比仍然存在差距

进入 21 世纪以来，上海积极推动和落实工业结构升级、节能技术改造

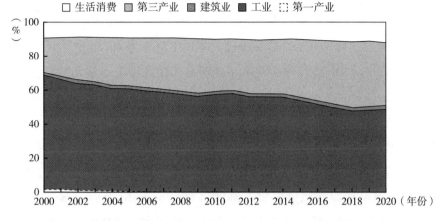

□ 生活消费 ■ 第三产业 ■ 建筑业 ■ 工业 ⬚ 第一产业

图4　2000～2020年上海分行业终端能源消费结构

资料来源：历年《上海统计年鉴》。

和能源管理等各项措施，在节能降碳减排方面成果显著，能源利用效率逐年提高。"十五"期间，上海将产业政策和能源政策结合推进，大力推行工业结构优化升级，淘汰了一批高投入、高能耗、高污染、低附加值的劣势企业，并探索开展了合同能源管理模式，万元工业增加值能耗在此期间降低了近30%。"十一五"时期，上海能源发展进入新阶段。通过积极配合国家有关电力工业"上大压小"的总体部署，如期完成了国家下达的单位GDP能耗比2005年下降20%的指标任务。同时，火电平均供电煤耗从2005年的343克标准煤/千瓦时下降到2010年的316克标准煤/千瓦时，达到国际先进水平。"十二五"期间，上海超额完成了国家下达的节能目标，单位GDP能耗下降了25.4%。全面完成了中小燃煤锅炉和工业窑炉的清洁能源替代或关停，出台了煤电节能减排升级改造实施方案，火电平均供电煤耗进一步下降至300克/千瓦时，实现国际领先。此外，外高桥第三发电厂成为国家煤电节能减排示范基地，漕泾电厂2号机也列入国家煤电机组环保改造示范项目。"十三五"期间，上海能效水平继续稳步提升，又一次超额完成了国家节能考核目标。2020年，根据工信部重大工业节能专项监察的部署要求，上海组织开展了对112家重点用能单位产品能耗限额落实情况的检查，并推进480余家工业重点用能单位开展能源利用状况上报工作①。

总体来看，从2000年到2020年，上海单位GDP能耗减少了约3/4，从1.125吨标准煤下降为0.287吨标准煤，年均下降率为6.6%（见图5）。20年间，上海单位GDP能耗年变化率呈现明显的曲线型上下波动特征，其中2007年和2014年的降幅最大，均为10.3%。2007年出现明显降幅的主要原因是电子信息产品制造业和汽车制造业等行业的快速发展，带来了工业增加值的快速增长。随着互联网金融、电子商务、物流快递等各种新业态的飞速成长，耗能相对较少的服务业比重不断提升，能耗比较多的重化工业减速发展，我国经济结构调整初见成效；到2014年，全国30个省（区、市）单位GDP能耗均有所降低，是"十二五"以来我国节能降耗的最好成绩，其中上海能耗降幅更是排名第一。

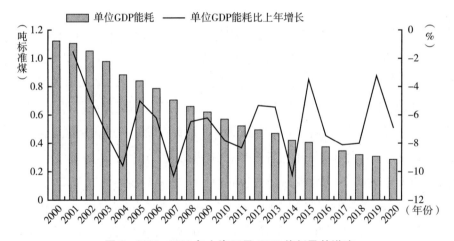

图5　2000~2020年上海万元GDP能耗及其增速

注：单位GDP能耗按2000年可比价计算。
资料来源：历年《上海统计年鉴》。

此外，从全国范围来看，上海能源利用效率一直位于前列。2020年，上海节能减排工作成效在全国排名第二，单位GDP能耗仅次于北京；在长

---

① 参见《2020年上海市节能和综合利用工作十件大事》，上海经济和信息化委员会网站，2021年1月22日，http://sheitc.sh.gov.cn/gydt/20210122/06b3f2a31704419094329c0300875472.html。

三角地区，上海单位 GDP 能耗水平约为江苏省的 90%、浙江省的 75%。然而，与世界发达国家和地区相比，上海能源利用效率仍存在较大差距。2020年，美国单位 GDP（万美元）能耗为 1.69 吨标煤，欧盟单位 GDP（万美元）为 1.22 吨标煤，而上海的能耗水平为美国的 1.5 倍、欧盟的 2 倍[①]。

（五）能源装备技术取得突破，新能源利用规模快速扩大

2000 年以来，上海不断注重加快提升能源科技装备能力，已成为我国重要的新能源技术研发和装备制造产业基地之一。国家能源海上风电技术装备研发中心、国家能源智能电网（上海）研发中心、国家能源核电站仪表研发与试验中心和国家能源煤气化技术研发中心等一批国家级研发机构相继落户。聚焦能源绿色低碳转型发展战略，着眼于推动能源装备技术产业化发展，上海在智能电网、先进火电、燃气轮机、风电、光伏发电、核电和储能等重点领域形成了较为完整的产业链。

作为世界观察中国电力的窗口，上海一直致力于推动以特高压电网为骨干网架的智能电网技术的研发和推广。2010 年，上海在世博园区建设成了中国首个智能电网示范区，智能技术不仅可以保障受端电网的安全稳定，还能较好地提高风力发电和太阳能发电等可再生清洁能源的消费比重和利用效率。目前，上海在智能电网发展中进一步强化了安全韧性的理念，并规划到2023 年底形成覆盖整个城市区域的输、配、供一体化韧性电网，引领全球韧性电网技术发展。在火力发电技术方面，"十五"期间上海化工区热电联产机组在国内率先采用国际先进的 200MW 级燃气-蒸汽联合循环发电技术，热效率超过 80%。"十二五"期间，上海研制成功百万千瓦二次再热超超临界机组和首台整体煤气化联合循环发电气化炉，带领我国火力发电技术达到世界先进水平。为了保证发电机组高负荷和低负荷运行时脱硝装置都能有效运作，上海外高桥第三发电厂首创了弹性回热技术，而在此之前，这一直是

---

① 此处能耗以 2010 年美元为基准。参见《我国与欧美能源转型差距有多大》，中国华能网站，2021年 10 月 11 日，https://www.chng.com.cn/detail_sw/-/article/1rp5tIZnJe7l/v/967269.html。

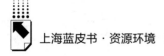

一个世界性难题。相较于日本排名第一的矶子电厂每向外供 1 度电需要燃煤 304 克，上海外高桥第三发电厂只需燃烧 274 克煤就可以向外提供 1 度电，被美国电力杂志评为世界顶级火力发电厂。

"十一五"时期是上海新能源发展的重要时期，以举办世博会为契机，上海在大型海上风电、光伏建筑一体化等新能源开发利用方面展开了率先探索。在此期间，东海大桥 10 万千瓦海上风电示范项目投产，全市风电装机约达"十五"时期末的 9 倍。作为我国第一座自主研发的 3 兆瓦离岸型机组、亚洲首座大型海上风电场，该项目投产标志着我国大功率风电机组装备制造业跻身世界先进行列。"十二五"期间，东海大桥二期工程投产发电。随后"十三五"期间，上海完成了国内在用的最大吊重能力 1000 吨绕桩式风电安装船的研发制造。在陆上风电建设上，"十二五"时期，崇明、长兴和老港等陆上风电基地也加快建设。此外，上海"十一五"期间也大力发展了光伏发电技术，在此期间，建成国内第一条 50 兆瓦硅基薄膜太阳电池生产线、国内第一个商业化运行的崇明前卫村 1 兆瓦光伏发电工程、国内最大的光伏与建筑一体化发电项目京沪高铁虹桥站 6.7 兆瓦光伏发电项目。"十二五"期间，上海分布式光伏进一步呈爆发式增长，全市光伏装机容量达到 29 万千瓦，是"十一五"时期末的 15 倍。

在燃料电池技术研发方面，上海在"十一五"期间就在国内率先研制了 650Ah 钠硫单体电池，钠硫电池储能技术的研发因此取得了领先优势。"十二五"期间，上海掌握了染料敏化电池成套核心关键技术，研发出了世界最大的钠硫电池。"十三五"期间，上海研制成功了 250 千瓦集装箱式全钒液流电池储能系统。

二　上海能源绿色低碳转型发展面临的挑战

（一）能源供应安全很大程度上受制于外部环境

上海是典型的能源输入型城市，本地无可开发的化石能源，本地能源供应受到外来能源总量和运输通道的制约。上海所消耗的煤炭资源大部分来自晋陕蒙地区，通过铁路和水运抵达上海，但是该区域铁路通道运力有限、本地重点用煤单位所处的航道条件也受限，导致煤炭资源的总体运输效率不高。上海所用天然气主要来自国内管道和国际液化天然气（LNG），面临单一气源比例过高的风险。随着管道沿途省份资源竞争加剧，在用气高峰，陆上管道气供应存在减量风险。同时，洋山港进口 LNG 的供应占全市天然气供应总量的近 50%，通过单一海底管道连接城市气网，一旦出现减供断供也将对全市天然气的供应安全带来挑战。上海约 80% 的原油和 60% 的天然气来自"一带一路"沿线国家，因此能源供应极易受到地缘政治的影响。

上海市内无水电，核电厂址资源缺乏。上海外来电占比将近一半，因此在电力方面也极大地受制于外部资源。2022 年多地出现拉闸限电情况，在未来全国电力供需关系继续趋紧的情况下，部分外来电会被就地消纳。而且由于将面对周边省市对华东区域外来电的竞争，上海外部电量供应难以保障。同时，外来电力输送通道距离长，部分路径共用走廊资源，通道发生故障的概率较大，存在事故风险。此外，大规模、长距离、集中输送的外来电也增大了电力系统的调峰压力，进一步影响了电网的安全稳定运行。

（二）城市发展必将带来能源消费需求的持续增长

随着产业升级和城市再造等重点领域工作的持续推进，上海能源消费在未来一段时间内将仍有较大的增量需求。一方面，建设卓越的全球城市、推动长三角一体化高质量发展，仍需要制造业发挥引领带动和主体支撑作用，而这将不可避免地需要相当规模的用能增量来保障。作为上海的重点发展任务之一，新设立的自由贸易试验区临港新片区内计划布局的集成电路、装备制造、人工智能等前沿领域均属于高耗能产业。另一方面，随着临港新片区、长三角一体化发展、虹桥国际中央商务区等国家战略任务的推进，以及五大新城建设、城市更新与再造等重点领域的加快发展，上海的城市建筑体量将持续增加，将带来新的用能压力。此外，随着上海国际航运中心建设和综合交通的发展，城市交通运输领域的能源需求也会持续增长。

与此同时，上海正处于从生产性城市向消费性城市转变的阶段，能源消耗的重点领域也会向生活领域倾斜。随着未来居民生活水平的不断提升，居民对生活品质和舒适度的要求也会提高，这将会增加对小汽车和居家电器等能耗型产品的购买和使用需求，从而导致居民能源消费出现持续增长。统计数据显示，2015~2020年，上海平均每人生活能源消费从449.69千克标准煤增加至530.27千克标准煤，增长了17.9%。其中，平均每人电力消费增加了35%，从766.34千瓦时增长至1034.83千瓦时。

（三）能源核心技术创新尚存在基础研究不足和体制机制不完善的约束

现阶段，上海在可再生能源领域的核心技术研发仍然存在不足，制约了可再生能源利用成本的下降和技术溢出效应的发挥，从而限制了一次能源消费中可再生能源比例的提升。在海上风电方面，近海风电已具有一定的规模，但远海风电技术尚不成熟，在设备、电力送出等方面均有较大障碍。在推动构建新型电力系统的过程中，由于新能源具有波动性、间歇性和不确定性强的特征，在大规模开发并网以后可能会对电网的安全稳定运行带来风险，而上海在储能、数字化、分布式能源技术等领域的基础研发和成果转化仍不成熟。上海在氢能领域也存在基础研究不足的技术挑战，例如，如何实现制氢技术与发电技术的融合创新，从而促进氢能运行与电网需求相匹配等。此外，上海在高端设备研发上的国际竞争力还处于弱势。目前，本地能源企业创新活力不足，往往是跟随式研发而缺乏对引领性技术的自主研究，更多关注大型设备研发而忽视精细设备的工艺设计，高端核心技术仍待突破。

在技术成果转化上，受制于能源消费和土地资源约束，很多示范项目无法实现本土化推广和再开发，这进一步制约了能源核心技术的改进和再创新。在技术的研发合作机制方面，不仅研发机构之间缺乏紧密联系和合作，研发机构与企业之间也缺少深层次互动，致使作为创新主体的企业无法发挥其在核心技术创新中的需求拉动作用。此外，支撑能源核心技术创新的技术服务体系也有待完善，尤其是在分布式光伏发电、新能源汽车等与消费终端连接最为密切的重点领域，仍存在技术服务标准不明确的问题。

（四）新能源发展面临投资和规模化困境

虽然目前上海新能源在加速发展，但进一步的规模化发展也面临着资源禀赋不足的制约。上海在光伏和风电发展上自然资源条件有限，分别属于全国三类、四类地区，加之土地资源紧张，陆上风电和光伏等大型可再生能源发电建设的场地选址困难，开发成本高。

在发展支撑方面，新能源项目的投资回报周期长且存在较大的不确定性，而相应的金融支持政策还有待完善。分布式光伏发展需要规模化开发建筑屋顶资源，然而现阶段多层和高层住宅屋顶光伏存在产权不明晰的机制障碍，由此导致的投资收益纠纷将会限制光伏项目建设。此外，当前不同能源系统之间缺乏协调和贯通，无法通过多元协同和多能互补发挥能源系统提高能效、降低能耗的优势。

三　上海推进能源绿色低碳转型的路径建议

（一）推动煤炭清洁高效利用

随着上海全面完成分散燃煤治理工作，煤炭消费主要集中在钢铁、石化和发电领域。一方面，受工艺限制，钢铁用煤量进一步压缩的空间有限，同时仍需化工用煤支撑工业产业链的完备性和稳定性。另一方面，面临外来电减供的风险，加之新能源发电的不稳定性特征及其对电网安全可能造成冲击，仍需要煤电继续发挥"托底保供"作用，为上海电源结构的重大调整留出挪腾的空间。因此，现阶段应充分认识到能源绿色低碳转型的复杂性和长期性，通过技术手段实现煤炭的清洁高效利用而不是单纯减煤，从而为能源安全兜底、为新能源大规模发展助力。

为此，在燃煤发电领域要着重推动能效提升。具体来说，要求新增机组全部按照超低排放标准建设且煤耗标准需达到国际先进水平，并对存量机组进行节能降碳改造、灵活性改造和供热改造，通过改善工业装备和工艺过程实现煤炭的清洁化利用。此外，开展二氧化碳的储存捕捉利用，从根本上解决煤电的碳排放问题。现代煤化工领域煤炭清洁高效利用的重点是推动产品的高端化和高值化。加快在高桥、吴泾等重点地区推进煤制油、煤制气等技术创新及应用，逐步推动煤化工产品实现高端化、高值化转型，提升产业价值链。与此同时，推动化工园区能源梯级利用、物料循环利用和二氧化碳资源化利用。

（二）提升可再生能源替代率和扩大利用规模

打造绿色、低碳、清洁、高效的现代能源体系，能源替代将比能效提高发挥更大的作用，亟须加快推动清洁能源从补充能源向替代能源的转变。而能源替代必须建立在能源供应安全的基础之上，因此需要大力提高可再生能源的开发利用水平，加快推动化石能源与可再生能源和新能源的优化组合。推进光伏大规模开发，拓展太阳能光伏在建筑、交通、工业和农业等领域的应用场景，实施一批"光伏+"专项工程，积极发展建筑光伏一体化、渔光互补、农业互补等模式。推进海上风电基地建设，以上海海上风电科技优势引领长三角邻近海域风电协同开发；加快推动奉贤、南汇和金山等三大海域风电开发，探索实施深远海风电示范试点；因地制宜继续推进陆上风电开发。在此基础上，探索海洋能有效利用，以及地热能和生物质能的多元化高效综合利用。

（三）推进以新能源为主体的新型电力系统构建

支持新能源发电项目并网接入、推进电力生产清洁化是能源领域供给侧结构性改革的重要方向。由于新能源发电的间歇性、随机性和波动性等特点会给现有电力系统的稳定运行带来挑战，随着大规模、高比例的新能源并网，亟须构建以新能源为主体的新型电力系统。

在电源侧，以风电和光伏发电作为新增装机主力，积极推动多种能源互补供应，加强电力与天然气的耦合，形成多能协同发展的综合能源供应体系。同时，推进燃气调峰机组等灵活电源建设和高效燃煤机组清洁改造，持续提升电源侧的调节能力。在优化电源布局的过程中，着力推进分布式光伏和天然气分布式利用。在电网侧，推动市外来电通道、城市电网和配电网协调发展。有序布局新增外电入沪特高压直流通道、过江通道，加快建设大容量海上风电输电通道；同步建设坚强稳定、智能互动、灵活可靠的城市电网，加强上海电网与华东电网的互保互济；加强能源利用与新一代信息技术的耦合，打造世界一流的城市配电网，推动电网建设与城市融合发展。此外，以新能源为主体的新型电力系统构建离不开消纳体系的支撑。为减少弃光弃风、减小负荷峰谷差，需要建立配套的储能装置并促进其与源网荷一体化协调发展，推广以分布式"新能源+储能"为主体的微电网，提高新型电力系统配电的电能质量和可靠性。

（四）强化能源科技创新支撑

加强能源科技创新、实现能源技术新突破是推动能源绿色低碳转型和保障能源安全的根本支撑。在能源技术研发的过程中，要妥善处理好经济适用性和技术先进性相结合的问题。首先，要继续加快清洁能源技术的研发和规模化应用，提高传统能源的清洁化利用水平。煤炭具有易存储、经济、灵活的优点，目前在上海发电、炼钢和工业产业链稳定性等方面还发挥着重要的支撑作用。因此，现阶段，在发展清洁能源和可再生能源的同时，也应围绕灵活智慧火电研发一批关键技术，把火电打造成可支撑可再生能源发展的调峰电源。此外，也应侧重于提高石油提炼和煤炭液化的转换效率，从而推动传统能源利用效率的提升。

其次，编制上海中长期能源科技发展线路图，聚焦可再生能源、新能源利用和消纳以及新型电力系统建设，加强对太阳能光伏、氢能、储能、核电、高温超导、分布式能源等关键技术的系统攻关，为上海能源结构转型做好技术储备。发挥上海在科创中心建设方面的优势，推动相关重点实验室和重大科技攻关项目落地上海，在光伏一体化、大型风电机组、重型燃气机组、核

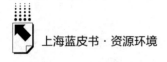

电装备、智能电网等重要领域打造引领长三角和全国的高端产业基地。其中，由于本地新能源资源禀赋有限，在新能源技术未实现突破之前，应把氢能利用放在能源战略高度，推动氢能和燃料电池的大力研发和产业化推广。

（五）加快能源体制机制改革

能源转型的实质是不同能源资源的市场化配置过程，而能源的市场化改革是解决能源转型过程中各利益主体矛盾、实现能源资源优化配置的重要手段，因此能源的绿色低碳转型离不开市场体制机制的支持与配合。应做好新型电力系统与电力市场的对接，加强电力市场与碳排放、用能权交易等其他市场的衔接，充分发挥市场对新能源和可再生能源规模化利用的促进作用。目前，上海已被纳入全国第二批电力现货建设试点，应以此为契机、借鉴国际电力市场建设经验，以现货为核心推动电力的市场化改革，引导分布式能源、储能、虚拟电厂和能源综合体等新型市场主体充分参与现货市场，以电力金融市场建设为补充，推动建设与能源绿色低碳转型目标相匹配的现代电力市场体系。

同时，能源价格是能源市场运行的基础，因此应积极推动能源价格体制改革，建立健全节能导向的能源价格体系。在电力方面，要探索形成真实反映电力企业成本和效率的输配电定价体系，全面放开电力竞争性环节价格，贯彻落实差别化电价、分时电价和居民阶梯电价，严格禁止对高耗能、资源型行业的电价优惠。在油气方面，应依托上海石油天然气交易中心、上海国际能源交易中心等平台，推进油气交易市场建设和油气价格体制改革，探索建立具有国际影响力的油气定价中心。此外，要持续推动能源营商环境改革，扎实推进电力、燃气接入营商环境优化工作，确保市场化改革切实落实。

（六）深化能源国内国际联动合作

推动长三角能源一体化发展，着力构建协同互补的区域能源合作体系。一方面，积极开展区域能源规划衔接，加快推动 LNG 站线扩建项目、天然气联络线和电网等跨省能源基础设施建设；通过区域内资源调度和能源互济，提高上海本地能源安全保障能力和应急能力。另一方面，充分发挥上海在长三角城市群和长江经济带战略区的引领作用，将技术、人才、项目、服务等优势能源要素向苏浙皖等其他省市输出，辐射带动长三角地区能源高质量发展，为全国更大区域的能源绿色低碳转型发展赋能。

同时，依托浦江创新论坛，在可再生能源、氢能、储能等领域开展国际技术交流与科研合作，跟踪能源技术发展前沿，把握能源技术创新方向。在此基础上，力争打造具有国际影响力的能源科技创新中心和高端装备制造中心，吸引国外优势能源企业和能源服务机构聚集上海，提升上海能源发展的层级。积极参与国际相关组织的协同技术攻关，支持企业和资本以多种方式参与海外清洁能源、油气勘探等能源项目和能源基础设施建设，加大对先进能源技术的引进、消化和推广应用力度，为国家和上海市争取更多长期稳定、价格合理的海外能源供应渠道和储备基地。依托上海石油天然气交易中心、上海石油期货交易所等平台，完善大宗能源商品的定价机制，推动区域能源市场建设与国际接轨，提升上海在国际能源市场上的话语权。

参考文献

刘惠萍、黄玥：《能源领域前沿科技创新方向与上海机遇思考》，《电力与能源》2015 年第 5 期。

上海市发展和改革委员会：《上海市能源电力领域碳达峰实施方案》，2022。

唐忆文、黄玥、刘惠萍等：《上海能源发展趋势、发展战略与节能城市建设》，《科学发展》2017 年第 2 期。

王丹、彭颖、柴慧等：《上海实现碳达峰须关注的重大问题及对策建议》，《科学发展》2022 年第 6 期。

张瀚舟：《上海能源从高速度向高质量发展的实践与思考》，《上海节能》2018 年第 12 期。

朱静蕾：《上海能源消费现状、问题与对策建议》，《统计科学与实践》2011 年第 9 期。

B.3
上海制造业绿色低碳转型的路径及建议

陈 宁*

摘 要: 随着欧盟碳边境调节机制正式落子，可持续产品成为欧盟规范，绿色低碳发展不再是制造业企业可选或退而求其次的考虑，而是成为优先事项及核心战略支柱。对照国际制造业新的监管动向，本文认为制造业绿色低碳转型的核心内涵包括绿色化、数字化、韧性三个维度的协同。近年来，上海探索了一条涵盖"重点企业—重点产业链—重点产业空间布局—重点产业间结构"的多维一体、协同推进的制造业绿色低碳转型路径。"十三五"期间，上海制造业绿色低碳转型持续推进。减污降碳成效显著，绿色制造体系初步构建，绿色标准体系取得进展，产业结构效益、空间效益、质量效益不断提升。然而也需要看到上海制造业绿色低碳转型任重道远，重点用能（排放）行业结构非常复杂，在资源高效管理、绿色制造体系上还存在一定欠缺，头部企业的绿色竞争力相比国际领先企业还处于追赶阶段。进一步推动上海制造业绿色低碳转型，需要强化企业的碳中和目标，注重非能源相关标准、绿色设计的引领作用，健全绿色制造体系；通过协同推进"工业 4.0+循环经济"，提升制造业数字化和循环水平，进而以国际头部企业为标杆，打造制造业强竞争力企业。

关键词: 制造业 绿色低碳转型 上海市

---

* 陈宁，经济学博士，上海社会科学院生态与可持续发展研究所助理研究员，研究方向为循环经济、产业绿色发展、环境政策与管理。

从全球范围来看，发达国家"再工业化"呼声高涨，全球产业链向部分国家内部收敛趋势明显。在这一过程中，发达国家都提出了制造业绿色竞争力的促进主张。随着欧盟碳边境调节机制正式落子，可持续产品成为欧盟规范，绿色竞争力将成为新一轮国际制造业竞争中的核心承载。在这样的背景下，绿色低碳发展不再是制造业企业可选或退而求其次的考虑，而是成为优先事项及核心战略支柱。上海作为国内大循环的中心节点城市，是国内国际双循环的战略链接，在全球产业链加速重构的背景下，迫切需要按照国际规则建设引领性的、代表性的现代产业体系，以融入高质量、高水平的国际循环引领国内大循环。

一 上海制造业绿色低碳转型的进展

《上海市先进制造业发展"十四五"规划》要求，到 2025 年上海高端产业重点领域要从国际"跟跑"向"并跑""领跑"迈进，成为联动长三角、服务全国的高端制造业增长极和全球卓越制造基地。要实现"国际领跑"的目标，就必须深刻掌握国际制造业最新要求、最高标准，为实现全面的制造业绿色低碳转型提供参考。

（一）上海制造业绿色低碳转型的内涵

在全球应对气候变化、疫情后绿色复苏、俄乌冲突导致能源危机背景下，以欧盟为代表的发达国家对制造业的监管出现新的动向，可以说新一轮制造业革命逐渐拉开帷幕。这一轮制造业革命的关键词是可持续性、气候中性、循环经济、数字化、韧性等。2020 年欧盟出台的《新工业发展战略》及其在2021 年的更新报告中均指出欧盟工业要实现向绿色化和数字化的双转型，以保持和加强欧盟工业竞争力。2022 年 1 月，欧盟"工业 5.0"计划指出，确保欧洲工业发展以韧性为导向，同时推动并加速向为所有人提供可持续福祉时代的过渡，是欧盟工业战略未来重要的一步。以"工业 5.0"为重点的欧盟工业战略将释放欧洲的工业潜力，并鼓励有韧性、可持续、可再生和循环经济的工业业务发展。2022年3月，欧盟委员会提出了可持续产品法案及相关一揽子法案和指引，使可持续产品成为欧盟的规范，欧盟市场上几乎所有的实物商品在从设计阶段到日常使用的整个生命周期中对环境更友好，对资源和能源的使用效率更高。欧洲企业在国外设厂所生产的商品也应遵循可持续产品法案的要求。2022年8月，欧盟发布了智能手机和平板电脑的生态设计和能源标签要求，新的生态标签将着眼于使电子设备更耐用、更易于维修，并帮助市民识别性能最佳的型号。欧盟还将修订电池法案和报废车辆法案，新要求将影响电池和车辆在其整个生命周期内的制造、设计、标签、可追溯性、收集、再利用和回收。可见，欧盟发布的可持续产品法案及相关一揽子法案和指引，其管制产品基本涵盖了上海制造业重点发展的产业门类。

本文认为在新的发展阶段，制造业绿色低碳转型的核心内涵包括绿色化、数字化、韧性三个维度的协同。绿色化包括制造过程绿色化、制造产品绿色化。过程绿色化是指制造业生产过程绿色、低碳、循环；产品绿色化是指制造业提供的产品具有较高的能源和资源效率，更耐用、更可靠、可重复使用、可升级、可修复、更易于维护翻新和回收。数字化是指能够为制造业绿色低碳循环发展提供数字化解决方案，包括有助于降低碳足迹、减少自然资源和材料的使用、提高制造生命周期（包括供应链）的可持续性、延长产品生命周期。韧性是指通过制造业绿色低碳循环发展减少制造业对大宗原材料、关键零部件供应链的依赖，减少供应链不稳定性对制造业的风险和冲击。

（二）上海制造业绿色低碳转型的成效

近年来，上海探索了一条涵盖"重点企业—重点产业链—重点产业空间布局—重点产业间结构"的多维一体、协同推进的制造业绿色低碳转型路径：以重点企业为主体，大力推进节能降碳与污染物减排；以重点产业链为依托，打造绿色制造体系；以重点制造业空间布局科学规划为引领，有效推动产业空间节能降碳和高质量发展；以产业间结构持续优化为根本，促进能源利用效率提升和环境影响持续降低。"十三五"期间，上海制造业绿色低碳转型持续推进，以自身碳排放量快速下降带动全市碳排放总量下降。制造业减污降碳成效显著，绿色制造体系初步构建，绿色标准体系取得进展，产业结构效益、空间效益、质量效益不断提升。

1. 制造业减污降碳成效显著

"十二五"以来，工业领域的碳排放量快速下降带动全市碳排放总量下降。根据学者测算，2020年，上海第二产业碳排放占比下降至26.6%，制造业的碳排放贡献已低于电力、交通领域，退为全市第三大碳排放行业[①]。总体来看，上海工业领域能耗以及碳排放量于"十二五"期间阶段性达峰[②]。2020年上海工业能源消费量为5304.68万吨标准煤，比2015年下降440.87万吨标准煤。工业增加值能耗相比2015年下降18.86%，工业增加值电耗下降14%（见图1）。主要工业产品单耗持续下降，电厂发电煤耗、吨钢综合能耗、芯片单耗、乘用车单耗等达到国内领先水平。"十三五"期间，上海实施了500余家工业重点用能单位能源审计，在413家重点用能单位建立了能源管理体系，组织实施节能改造项目421项。2022年6月，上海市经信委、发改委联合发布《上海市工业和通信业节能降碳"百一"行动计划（2022~2025）》（沪经信节〔2022〕167号），文件要求从2022年到2025年，全市工业能耗每年优化1%，希望通过源头减量、能效提升、数字化、零碳示范、能力建设等5个方面的努力，积跬步以至千里。

工业领域污染物减排深入推进。2020年，全市工业SO_2和工业COD排放量仅为2001年的1.73%和16.32%（见图2）。"十三五"期间减排速度逐渐收窄，工业SO_2和工业COD减排已经濒临极限。全面推进VOCs减排和减硝行动，完成6754台燃油燃气锅炉低氮改造，减少氮氧化物排放约0.44万吨。加强重点区域重点企业清洁生产审核，累计完成385家企业验收，实施4644个项目改造，减少污染物排放1万余吨。全市基本完成金山工业区、金山二工区、星火工业区规上企业清洁生产全覆盖。

[①] 骆金龙、张亚军、翁毅等：《借鉴国内外先进经验稳步推进上海实现碳达峰碳中和》，《科学发展》2022年第5期。

[②] 王丹、彭颖、柴慧等：《上海实现碳达峰须关注的重大问题及对策建议》，《科学发展》2022年第6期。

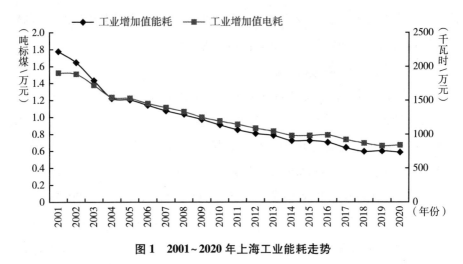

图1 2001~2020年上海工业能耗走势

资料来源：《上海统计年鉴2021》。

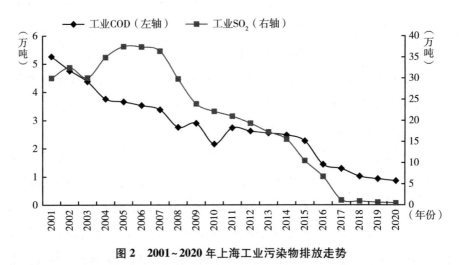

图2 2001~2020年上海工业污染物排放走势

资料来源：《上海统计年鉴2021》。

2.制造业产业结构不断优化

上海制造业内部产业结构持续优化促进了能源利用效率提升和环境影响持续减弱。上海六个重点发展工业行业持续引领全市制造业发展，2021年，六个重点发展工业行业工业总产值占全市工业总产值的比重达到68.2%，

"十二五"期间该比重提高 0.6 个百分点。六个重点发展工业行业内部的结构也在优化，电子信息产品制造业、汽车制造业占全市比重接近 20%，生物医药制造业占比加快增长，石油化工及精细化工、精品钢材制造业占比有所回落（见图 3）。此外，上海持续淘汰达不到环境准入标准的低效产能，"十三五"期间，完成市级产业结构调整项目近 6000 项。焦炭、铁合金、平板玻璃、皮革鞣制等高耗能高污染行业已全面退出上海，铅蓄电池、砖瓦、钢铁行业已基本完成行业整合，小化肥、小冶炼、小水泥企业基本关停。根据上海市经信委等四部门于 2022 年 12 月印发的《上海市工业领域碳达峰实施方案》，"十四五"时期，将继续推进产业结构调整，每年将实施约 500 家企业结构调整。

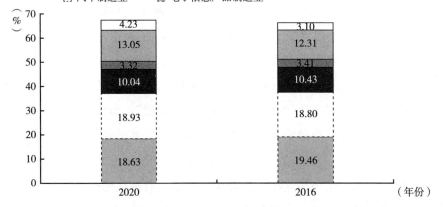

图 3　"十三五"期间上海六大重点发展工业行业占全市工业比重对比

资料来源：《上海统计年鉴 2021》《上海统计年鉴 2017》。

2021 年，上海市政府发布了《上海市战略性新兴产业和先导产业发展"十四五"规划》，在六大重点发展工业行业的基础上，明确了九大战略性新兴产业、六大面向未来的先导产业的产业架构（见图 4）。

3. 制造业空间格局不断优化

科学规划制造业空间布局，能够有效地推动产业空间节能降碳和高质量

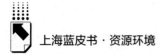
🪶 **重点发展工业行业**

✓电子信息产品制造业
✓汽车制造业
✓石油化工及精细化工
 制造业
✓精品钢材制造业
✓成套设备制造业
✓生物医药制造业

✉ **战略性新兴产业**

✓集成电路、生物医药、人
 工智能等三大核心产业
✓新能源汽车、高端装备、
 航空航天、信息通信、新
 材料、新兴数字产业等六
 大重点产业

🛩 **面向未来的先导产业**

✓光子芯片与器件
✓基因与细胞技术
✓类脑智能
✓新型海洋经济
✓氢能与储能
✓第六代移动通信

图 4　上海市重点发展的产业格局

资料来源：《上海市战略性新兴产业和先导产业发展"十四五"规划》。

发展。根据《上海市国民经济和社会发展第十四个五年规划和二〇三五年远景目标纲要》，上海将致力于围绕增强城市核心功能，强化空间载体保障，促进人口、土地等资源要素优化布局，科学配置交通和公共服务设施，加快形成"中心辐射、两翼齐飞、新城发力、南北转型"的空间新格局。在产业领域，上海实施了"特色产业园区提升计划"，着眼于增强全球资源配置能力、提升国际竞争力和影响力，瞄准科技发展前沿和产业高端环节，以高品质产业园区建设推动产业高质量发展。近年来，上海进一步聚焦特定产业方向、特强园区主体、特优产业生态，全力打造优势更优、强项更强、特色更特的特色产业园区发展模式。上海在 2020 年至 2022 年先后布局了 53 个特色产业园区。特色产业园区的质量效益远超全市产业园区平均水平，起到了引领作用。

4.制造业产业效益不断提升

上海以"四个论英雄"为发展导向，制造业产业质量效益不断提升。上海产业园区规模以上工业企业产值平均单位土地产出率从 2016 年的 71亿元/公里^{2}上升到 2021 年超过 80亿元/公里^2，"十三五"期间土地产出率增长 13%左右。上海产业园区土地产出率居于全国领先水平，特别是全市累计三批 53 个特色产业园区单位土地产出达到 141 亿元，质量效益非常显著①。此外，也需要看到，上海当前还存在一些土地产出达不到平均水平的园区。根据学者推算，如果"十四五"期间这些产业区块各项指标能达到全市平均水平，到"十四五"时期末这些潜在需求产业区块工业总产值将达到 5600 亿元，对应年平均增速可达 6%②。

5. 绿色制造体系初步构建

上海积极构建绿色制造体系，支持企业开发绿色产品、创建绿色工厂、建设绿色工业园区、打造绿色供应链、强化绿色监管和开展绿色评价。近年来，上海着力推行制造业绿色转型升级，企业、园区等绿色化水平显著提升。"十三五"期间，上海顺利完成首轮绿色制造体系建设，创建 100 家绿色工厂、20 家绿色园区、11 条绿色供应链、116 种绿色产品，其中，获得工信部认定的绿色工厂 56 家、绿色供应链 5 条、绿色园区 3 个、绿色设计产品 26 种、绿色设计示范企业 3 家，绿色企业在多个方面展现出引领示范作用。2021 年，上海市经信委发布《上海市绿色制造体系建设实施方案（2021~2025 年）》，指出按照全产业链和产品全生命周期绿色发展理念，打造绿色制造体系。到 2025 年，上海将创建 200 家以上绿色示范企业，同时创建 30 家零碳示范工厂、5 家零碳示范园区。

6. 制造业绿色标准体系取得显著进展

"十三五"期间，上海市共组织实施了 120 余项地方标准制修订工作，覆盖节能设计、节能运行、能耗在线监测、节能改造、节能量审核、单位产品能源消耗限额、碳排放、数据中心管理等方面，形成了较为完善的地方能源标准体系。《数据中心节能设计规范》《数据中心能源消耗限额》等标准处于国内领先水平。前文提到的"百一"行动计划，进一步强调了实现能效对标达标，开展产品对标、设备对标、用能系统对标、节能技术对标。

---

① 《推进产业经济高质量发展，上海这些年取得了哪些成就？》，人民网，2022 年 9 月 14 日，http：//sh. people. com. cn/n2/2022/0914/c134768-40124099. html。
② 邢妍菁：《上海工业用地"二转二"的形势、问题与对策》，《科学发展》2022 年第 7 期。

二 上海制造业绿色低碳转型面临的挑战

对标国际最好标准、最高水平，上海制造业企业的绿色竞争力相比国际领先企业还处于追赶阶段。在新发展形势下，上海制造业进一步推动绿色低碳转型，缩小与国际领先企业的差距还面临一些问题瓶颈。上海制造业重点用能（排放）行业结构非常复杂，传统高耗能高排放行业格局短期内难以扭转，上海制造业重点发展产业本身的生态环境足迹普遍较大。同时，上海制造业在资源高效管理、绿色制造体系构建等方面还存在一定欠缺。

（一）传统高耗能高排放行业格局短期难以根本改变

2020年上海传统高载能行业的综合能源消费量占规模以上工业能源消费总量的88.21%。除电力、热力生产和供应业外，化学原料和化学制品制造业，黑色金属冶炼和压延加工业，石油加工、炼焦和核燃料加工业分别占全市规模以上工业能源消费总量的24.31%、22.26%、18.40%（见图5）。

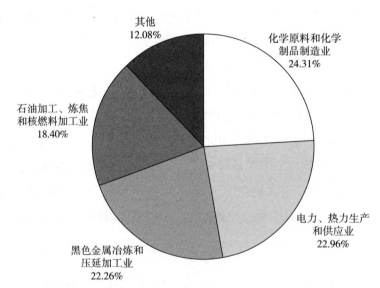

图5 2020年上海规模以上工业能源消费的行业结构

资料来源：《上海统计年鉴2021》。

2022 年 7 月，上海市发改委等四部门发布了《关于组织开展上海市重点单位 2021 年度报送能源利用状况报告和温室气体排放报告以及能耗强度和总量双控目标评价考核等相关工作的通知》（沪发改环资〔2022〕82 号），其附件 3 列出了全市 2021 年重点用能（排放）单位名单。2021 年度上海重点用能（排放）单位名单中工业企业共 509 家，其中年综合能源消费量 300 万吨标准煤以上工业企业 3 家，包括石化化工行业 2 家、钢铁行业 1 家；年综合能源消费量 50 万吨至 300 万吨标准煤的工业企业 7 家，包括石化化工行业 5 家、电力行业 1 家、钢铁行业 1 家。从中期看，钢铁和石化化工行业产能削减阻力较大，还存在新上项目压力，突破性低碳技术落地也存在一定难度。根据《上海市工业领域碳达峰实施方案》，钢铁和石化化工行业可能到"十五五"时期实现碳达峰，可见全市传统高耗能高排放的产业格局在短期内还难以改变。

（二）战略产业减污降碳任重道远

上海市正在着力推进的三大先导产业中的制造业门类均是生态足迹普遍较大的产业类型。集成电路领域，哈佛大学教授 Udit Gupta 主持的一项研究表明，随着电子信息技术变得越来越无处不在，它对环境的影响也越来越大。预计到 2030 年，电子信息产业预计将占全球能源需求的 20%，与硬件使用和能源消耗相比，芯片制造占碳排放的大部分[1]。与一些传统上污染更严重的行业相比，最先进的芯片制造商现在拥有更大的碳足迹。例如，2019 年，英特尔工厂使用的水是福特汽车工厂的 3 倍多，产生的危险废物是福特汽车工厂的 2 倍多。生物制药领域，从全球来看，生物制药产业制造药品的碳排放量比汽车制造商在汽车制造装配时多 13%[2]。对全球生物医药产业前 15 位领先企业的研究显示，生物医药产业的碳排放强度明显高于汽车产业。据测算，制药

---

[1] U. Gupta, Y. G. Kim, S. Lee, et al. , "Chasing Carbon: The Elusive Environmental Footprint of Computing", 2021 IEEE International Symposium on High-Performance Computer Architecture (HPCA) .

[2] "How Can the Pharmaceutical Sector Reduce Its Carbon Footprint?", https://ispe.org/pharmaceutical-engineering/ispeak/how-can-pharmaceutical-sector-reduce-its-carbon-footprint.

行业的碳排放强度比汽车行业高约55%。具有可比收入的同行之间的排放量差异高达5倍，前15名制药企业之间的差异远大于前十名的汽车企业之间的差异①。

从上海市实际排放情况来看，集成电路等先导产业逐渐成为新的重点用能（排放）产业。根据上文提到的上海市2021年重点用能（排放）单位名单，本文选取排名前100的工业企业考察其行业构成。研究发现，集成电路相关行业有13家企业，仅次于石化化工行业，与汽车及零部件行业持平（见图6）。集成电路相关行业尽管在用能及排放的绝对量上还低于传统钢铁和石化化工产业，但行业内也存在一批年能耗在万吨标准煤以上的重点用能（排放）企业。随着集成电路上升为上海市先导产业，集成电路行业内还将涌现出更多的重点用能（排放）企业，这一趋势需要引起关注。

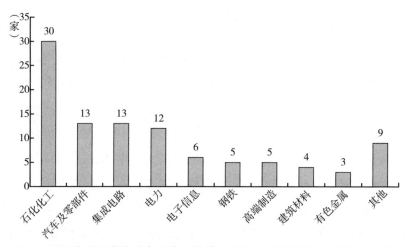

图6 2021年度上海市重点用能（排放）单位工业领域前100位行业分布

资料来源：根据《关于组织开展上海市重点单位2021年度报送能源利用状况报告和温室气体排放报告以及能耗强度和总量双控目标评价考核等相关工作的通知》整理。

---

① B. Lotfi, A. Elmeligi, "Carbon Footprint of the Global Pharmaceutical Industry and Relative Impact of Its Major Players", *Journal of Cleaner Production*, 2019, Vol. 214.

（三）资源管理亟待提升

世界正在进入一个由绿色发展驱动的资源稀缺时期，绿色发展新的解决方案将不可避免地突破它们所依赖的资源、基础设施和能力的瓶颈。这将不可避免地带来新的风险和机遇，并有可能在未来十年改变许多行业的竞争格局[1]。这也意味着，绿色发展的需求越迫切，越需要重视资源的可持续管理。由于从公开渠道难以获得资源利用数据，本文从资源利用的末端，即工业固废的数据来审视上海制造业的资源管理困境。

2000年以来，上海工业废弃物产生量减量工作没有取得明显进展，"十三五"期间产生量甚至有所反弹。全市一般工业固废产生量在2011年达到峰值，随后下降，但"十三五"期间有所反弹。工业危险废弃物在"十三五"期间大幅上扬，2020年相当于2016年的2倍有余（见图7）。同时，需要末端处置的工业固体废弃物持续增长，2019年仅100万吨，2021年达到127万吨。根据《二〇二一年上海市固体废物污染环境防治信息公告》，2021年，冶炼废渣、粉煤灰、炉渣、脱硫石膏是上海数量前四多的一般工业固体废弃物种类，合计占比73.73%。工业固体废弃物主要产生行业与全市传统高能耗高排放行业基本相同，一般工业固废产生量排名前十的企业中，电力行业7家、钢铁行业1家、石化行业1家、废弃物处置行业1家。危险废物产生量排名前十的企业中，石化化工行业4家、废弃物处置行业3家、钢铁行业2家、集成电路行业1家。

（四）绿色标准存在明显短板

上海市制造业绿色标准体系取得了积极进展，但其绿色标准的全部潜力尚未系统实现。当前上海制造业绿色标准体系主要局限于能源相关标准，绿色标准的使用范围也主要局限于能源相关产品，而其他产品也会产

---

[1] "The Green Economy Has a Resource-Scarcity Problem", https://hbr.org/2021/07/the-green-economy-has-a-resource-scarcity-problem.

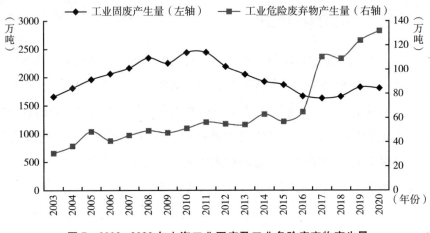

图7　2003~2020年上海工业固废及工业危险废弃物产生量

资料来源:《上海环境年鉴2021》。

生重大的环境影响。在采用新产品法规方面的重大延误和缺乏合规性是需要解决的其他关键问题。由于缺乏相关信息和可负担的选择,企业经营者和公民仍然很难对产品做出可持续的选择。这导致企业对二次材料的需求有限,在采用循环商业模式时也存在障碍,从而失去了实现资源持续使用和资源价值最大化的机会。

这一问题也并非上海独有,全球主要经济体都面临类似的挑战。2022年发布的《欧盟生态设计指令修订》指出,欧盟内部对《生态设计指令(2009)》进行了评估,尽管已确认《生态设计指令(2009)》和实施措施可以满足SCP/SIP行动计划和欧盟资源效率政策的能效要求,但是一些会员国代表和环境非政府组织也表示,由于执行其他环境方面措施的覆盖面有限而错失了一些机会。该文件还强调了《生态设计指令(2009)》在解决能源效率以外的问题方面尚未开发的潜力,评估结论认为由于产品范围、政策选择或基础技术分析方面仍有问题,在非能源产品与非能源相关标准方面的生态设计问题没有得到解决。①

---

① EU. *Establishing A Framework for Setting Eco‐design Requirements for Sustainable Products and Repealing Directive 2009/125/EC*. Brussels:EU, 2022.

（五）上海制造业头部企业的绿色竞争力相对国际领先企业有待提升

绿色竞争力将成为新一轮国际制造业竞争的核心承载。罗兰贝格咨询公司发布的《脱碳并非威胁，而是企业的机遇：气候行动构建新的竞争力范式（2021）》认为：应对气候变化的行动不再是企业可选或退而求其次的考虑，而成为优先事项及核心战略支柱。在这种新的竞争力范式中，企业成功缩减的碳排放量将成为其利润池之一。同时，随着金融领域 ESG 投资的方兴未艾，制造业企业的 ESG 治理绩效将为企业赢得更多的投资者青睐和更好的市场反馈，成为企业竞争优势的新来源。本文将上海重点行业中的头部企业与国际领先企业进行对比发现，上海头部企业在资源环境领域的竞争力与国际领先企业相比还有较大差距（见表1）。

表1　上海制造业重点行业头部企业与国际领先企业绿色竞争力对比

行业	对标指标	上海头部企业		国际领先企业	
		企业名称	指标值	企业名称	指标值
集成电路	温室气体排放强度（吨/万元）	中芯国际	0.577	TSMC	0.289
生物医药	能源消耗强度（吨/万元）	上药集团	0.416	罗氏	0.065
汽车制造	单车制造碳排放（吨）	上汽集团	0.44	宝马	0.18
航空制造	温室气体排放强度（吨/万元）	中国商飞	未披露	空中客车	0.01289

资料来源：根据各企业发布的可持续发展报告整理。

三　上海进一步推动制造业绿色低碳转型的建议

进一步推动上海制造业绿色低碳转型，需要强化企业的碳中和目标，注重非能源相关标准、绿色设计的引领作用，健全绿色制造体系。通过协同推进"工业4.0+循环经济"，提升制造业数字化和循环水平，进而以国际领先企业为标杆，打造制造业强竞争力企业。

（一）以企业碳中和目标为统领，推动各行业绿色低碳运营

从全球范围来看，尽管许多企业有良好的意图并计划实施减污降碳措施，但在大多数情况下，它们没有设定基于科学的目标来规划其减污降碳努力。根据"科学碳目标倡议"（SBTi）调查，全球1000多万家企业中，只有约330家制定了基于科学的脱碳目标。这些企业需要对其运营进行脱碳，以实现《巴黎协定》规定的二氧化碳排放目标。中国还鲜有企业提出明确的碳中和目标。[①]

鉴于需要采取明确的行动减少运营中的碳排放，制定各个阶段的碳中和目标是至关重要的。各行业尤其是重点行业的企业应根据双碳战略的部署来讨论确定自身的碳中和目标。第一步是评估碳足迹。企业应对其运营产生的二氧化碳排放量进行结构化评估，包括整个供应链的生产和物流。评估应涵盖温室气体排放的范围，包括直接、间接排放。为了获得外部视角，企业应将其碳足迹与同行的相应足迹进行比较，提高透明度对于确定具体的减排目标和措施至关重要。第二步是制定切合实际的目标。企业需要制定短期、中期和长期脱碳目标，这些目标应基于严格的成本效益，并与所有利益相关者（包括员工、客户、政府和股东）的愿望和要求保持一致。第三步是确定具体措施。企业应仔细选择其脱碳措施，以确保它们同时提供环境和经济效益。在评估应用项目时，企业不仅应考虑转换成本的节省，还应考虑诸如赚取额外收入等财务利益。为了便于其选择过程，企业应编制一份潜在用能的综合列表，包括初步的成本效益分析和每个应用程序的潜在技术合作伙伴。[②]

为了减少与运营相关的温室气体排放，企业可以通过避免、再利用或储存、抵消或补偿三大类活动减少排放。其中每类行动都包括一个或多个减排手段。第一类是避免排放。一是提高效率。提高能源效率的手段包括

① 参见 https：//sciencebasedtargets. org/companies-taking-action/。

② BCG. *The Green Factory of the Future*. Boston：BCG，2020.

降低废品率和减少机器闲置时间，以及优化布局以降低物流流程的复杂性。这些行动使企业能够通过减少浪费、工艺排放和能源消耗来直接减少排放。企业还可以采取措施以更有效地产生、利用和回收热量。为了尽量减少供应链中的运输距离，可以使用多式联运来优化其物流网络和物料搬运。为了减少消耗，可以部署能源监控、管理和转向系统，以及引导或控制车辆的自动化系统取代人为控制等。二是更改流程或技术。用低排放工艺代替高排放工艺。例如，用无化石燃料电力和氢气驱动的工艺取代传统工艺来减少炼钢的二氧化碳排放；用 3D 打印取代传统制造，以最大限度地减少浪费、包装和运输排放等。三是更换燃料或电源，使用其他能源代替化石燃料和基于化石燃料的发电，选项包括使用可再生能源，选择由生物质燃料代替天然气的内部热电联产以及使用电力。第二类是再利用或储存。一是重复使用或再制造。企业可以将废物转化为可重复使用的材料（回收），也可以重复使用现有零件来生产新的等效产品（再制造）。对于回收，一个突出的案例是引入闭环系统，进行材料（通常是塑料）的本地回收以创造新产品。与使用原始材料相比，使用回收材料所需的能源要少得多。二是碳捕捉、使用和存储。企业可以捕获作为生产过程副产品排放的碳，并使用或储存碳以防止其释放。第三类是抵消或补偿。企业可以通过措施抵消其二氧化碳排放量，这些措施可能与企业自己的生产或物流无关。大多数企业将抵消视为对其他减排手段的补充，而不是具有重大独立影响的独立解决方案[1]。

（二）以非能源相关标准为重点，健全绿色标准体系

在产品生命周期的所有阶段实施相关标准可以对产品的可持续性潜力产生重大影响，促进资源节约和环境友好。标准化对于进一步发展资源节约型产品的最新技术水平尤为重要。首先，标准化是创新的催化剂，有助于在市场上长期确立资源节约型解决方案。因为规范和标准定义了接口，确定了兼

---

① BCG. *The Green Factory of the Future*. Boston：BCG, 2020.

容性要求并标准化了测试方法。以塑料为例，制造商和回收商需要可靠的材料规格，以实现更高的回收利用率。通过这种方式，循环经济框架内的标准确保了透明度、信任和安全——无论是对消费者而言，还是对政治和商业而言。其次，高水平标准是国际产业竞争话语权的重要标志。标准是产业发展的规范与秩序，现代产业竞争的焦点之一就是先进标准的竞争。很多发达国家和国际组织依据其先进的生产工艺和技术创新能力制定绿色标准，这既是其解决资源和环境问题的良好政策工具，也为发展中国家产品进入国际市场设置了绿色壁垒。

欧盟在 2015 年版的循环经济行动计划中加入了关于废物的立法提案，其长期目标是减少垃圾填埋并增加回收和再利用。当时欧盟委员会为促进循环经济行动计划的顺利实施，先后启动了若干项关于产品循环标准的行动事项：一是宣布即将发布关于电子显示器的生态设计法规，其中将包括材料效率特征；二是要求三个欧洲标准化组织（CEN、CENELEC 和 ETSI）制定材料效率标准，以建立未来生态设计要求，其中包括耐久性、可修复性和可回收性的要求，从而在设计阶段引入了对材料效率的新关注；三是要求在生态设计指令下进行的预备研究中对材料效率进行更系统的分析。在此背景下，CEN-CENELEC 第 10 能源相关产品联合技术委员会-生态设计的材料效率（CEN-CLC/JTC 10）制定了八项标准，其中包含在解决能源相关产品的材料效率时要考虑的通用原则产品，例如延长产品寿命、在生命周期结束时重复使用组件或从产品中回收材料的能力，以及在产品中使用重复使用的组件和/或回收材料①。

建议借鉴欧盟《可持续产品法案》《新循环经济行动计划》等文件的要求，完善上海的绿色标准体系。第一，建立明确的总体原则，从可持续性的角度考虑产品，绿色标准体系应涵盖广泛的可持续性要求，从耐用性和可重复使用性到可回收成分、预期废物产生和产品环境足迹，

---

① 参见 https：//www. cencenelec. eu/areas – of – work/cen – cenelec – topics/ecodesign – energy – labelling–and–material–efficiency/material–efficiency/。

并在产品的整个生命周期中进行跟踪。特别是可能地对材料再利用和回收产生的具有负面影响的化合物给予特别关注。第二，尽早确定制造业绿色低碳转型所需的标准类型，可以与现有标准相对应，并确定需要建立的新标准。参考欧洲标准化组织的标准，包括"升级能力、提取关键部件以进行再利用、维修、回收和处理的能力；计算产品中回收和再利用的含量；识别组件的方法，例如它们对环境的影响；报告格式；可重用性、可回收性和可回收性指数"等。第三，将资源节约与循环经济相关标准化工作纳入双碳战略，在产品绿色绩效和激励措施之间建立明确的联系。

（三）以绿色设计为驱动，健全绿色制造体系

绿色设计本质上是一种设计方法，其要义是将环境保护融入产品（商品或服务）的设计中，从源头上预防产品和服务对生态环境的不良影响，同时保持产品的使用质量。欧盟是最早实施绿色设计相关法令的地区，其针对能源效率的《生态设计指令（2009）》取得了显著的环境效益。仅在2021年，现有的生态设计要求就为欧盟消费者节省了1200亿美元的能源账单，而且预计2022年该数字还将翻倍。虽然迄今为止生态设计措施主要集中在能源效率上，但欧盟委员会已出台了新版的《生态设计指令提案（2022）》，将"耐久性、可修复性、可升级性、拆卸设计、信息以及易于再利用和回收利用"等可持续产品原则纳入产品设计要求，使产品更耐用、更可靠、可重复使用、可升级、可修复、更易于维护和翻新。这些要求还能够有效减少降低产品可循环性的物质的含量，以使产品更易于再制造和回收，从而进一步减少对环境和气候的影响。

同时，绿色设计是一种多方参与的方法，因为它虽然是一种由企业或公共组织实施的方法，但只有涉及所有利益相关者才能取得成功。供应商、维修商和回收商是产品生命周期中不可或缺的一部分。据调查，在采用绿色设计方法的30家企业中，有26家企业的销售额有所增加。通过绿

色设计增加利润的企业中有 40% 发现绿色设计产品的利润超过传统制造的产品①。

参考欧盟的经验，建议上海突破现有将绿色设计仅作为试点示范的要求，逐渐将绿色设计作为强制性的法规法令。第一，可考虑从传统产业入手，设定最低设计和强化信息公开的要求，推动市场逐步淘汰不符合绿色设计原则或标准的产品，为绿色产品创造新的机遇。第二，制定与绿色设计相关的监管和财政激励措施，包括将绿色设计产品纳入强制性公共采购，为绿色设计产品及绿色设计企业提供资金支持，将绿色设计培育为独立的产业门类等，使产品和材料的使用实现最高价值。

（四）以"工业4.0+循环经济"为抓手，协同推进制造业数字化和循环水平

"工业4.0"（I-4.0）和循环经济是当前全球制造业的两大主题。学术界已经认识 I-4.0 和循环经济的采用和整合能够促进制造业可持续发展目标的实现（见表2）②。I-4.0 包括不同的技术，如物联网（IoT）、云计算、增材制造、网络安全、信息物理系统（CPS）、区块链、增强现实、人工智能（AI）、大数据、仿真系统集成和自主机器人等。I-4.0 技术具有减少能源、设备和资源使用的能力。I-4.0 工具可用于整合所有生产流程的关键功能，并在整个供应链中共享通用数据、信息和知识。此外，在整个供应链中更好地共享信息有助于根据可变需求实时控制和调整运营，从而提高运营效率并提供有关新产品、服务和商业模式潜力的信息。因此，这种方法建立在业务和制造流程整合的基础上，所有价值链环节都与生产和可持续性问题错综复杂地联系在一起。

---

① 参见 https：//altermaker.com/why-do-eco-design/。
② V. S. Patyal, P. R. S. Sarma, S. Modgil et al., "Mapping the Links between Industry 4.0, Circular Economy and Sustainability: A Systematic Literature Review", *Journal of Enterprise Information Management*, 2022. Vol. 35 (1).

表2 工业4.0关键技术与制造业绿色低碳转型的联系

技术类型	对制造业绿色低碳转型的潜在贡献
人工神经网络	识别有用模式以追踪投放市场的产品的网络,这些网络在项目和执行中寻求材料循环
自动化	一组使用传感器、物联网、射频识别(RFID)等技术,旨在最大限度地减少生产设备的总成本和电能消耗
大数据	生成大量数据和格式,允许数据虚拟化,可以以最有效和最经济的方式存储。支持清洁生产,减少碳排放和生产周期中的交货时间
区块链	保存加密记录和交易具有独立运行能力的分布式数字账本,无须与其他代理人通信以检查交易可信度。该技术可能提供的信息包括材料和产品来源、涉及的代理、流程、能源消耗和EOL。利用这些技术可以最大限度地优化回收和循环计划的成效
卷积神经网络	一类用于数字图像处理和分析的人工神经网络。这些网络可在CE中用于捕获输入图像、分配相关性和对象特征。例如,可以确定一个物体是用原始材料还是循环材料制造的
深度学习	这是一种使用多个隐藏处理层来学习数据,并表示与多个抽象级别的关系的计算技术。使用一组算法对场景进行建模是适应循环经济创新视角的

资料来源:Hennemann Hilario da Silva, T. and Sehnem, S., "The Circular Economy and Industry 4.0: Synergies and Challenges", *Revista de Gestão*, 2022, Vol. 29 (3)。

借鉴欧盟等推动制造业绿色化、数字化双转型的经验,上海可通过如下途径整合I-4.0和循环经济,提高制造业数字化和循环经济水平。首先,加快培育数字化节能第三方服务主体,丰富I-4.0技术服务供给。增强数字化节能产品供给能力,最大限度发挥供给端牵引作用,促进数字技术进步拉动制造业绿色转型。其次,充分利用AIoT技术,让降本增效变得更加透明化、可预测、可控化。最后,掌握数据是I-4.0技术的前提,应明晰各类能耗数据、污染物排放数据及资源使用数据的收集和使用规范,充分发挥数据在赋能制造业绿色转型中的潜力。

(五)以国际头部企业为标杆,打造制造业强竞争力企业

制造业企业应将打造绿色竞争力视为其保持竞争力战略的重要组成部分[1]。不同行业的绿色高质量发展具有路径上的异质性,本文梳理了标普

---

[1] BCG. *The Green Factory of the Future*. Boston: BCG, 2020.

全球环境社会管治（ESG）评级中各行业领先企业的绿色高质量发展行动，为打造制造业强竞争力企业提供参考（见表3）。从中可见，对于集成电路等行业，其生产制造环节生态环境足迹显著，标杆企业都致力于将其环境影响尽可能地降至最低，如100%使用可再生能源、建立零废制造中心、中水回收等；对于高端装备、汽车等行业，其生产制造环节生态环境足迹相对已经较小，但产品使用及报废环节生态环境足迹显著，标杆企业在努力降低环境影响的同时，应将竞争的焦点转移到提供绿色产品上，如电动汽车、使用可持续混合燃料的新型飞机等，使其产品重量更轻、组件更少、能耗更低、寿命更长、更易重用和回收；对于生物制药、石化化工等行业，不仅生产制造环节生态环境足迹显著，产品使用环节也有较大环境影响，标杆企业需要聚焦生产过程的绿色化、产品绿色化和末端废弃物的处置。

表3　重点行业国际标杆企业的绿色竞争力提升路径

重点行业	绿色竞争力提升路径	标杆企业
集成电路	气候变化与能源管理： 更有效地使用能源，使用可再生能源，开展碳信用工作	TSMC：中国台湾及海外子企业100%使用可再生能源，全球首家加入RE100的半导体企业，利用碳信用实现全球办公场所净零排放 Intel：承诺到2030年100%的能源来自可再生资源
	用水效率管理： 水资源风险管理、拓展不同水源、发展节水技术、建立水循环应用	TSMC：建造了世界上第一座工业废水中水回收厂，连续2年获得半导体行业最高分的AWS白金认证
	固体废弃物管理： 调整原材料参数和技术解决方案，生产过程使用原材料后优先考虑现场回收	TSMC：建立全球首个零废制造中心，连续11年只有<1%的垃圾进入垃圾填埋场 Intel：承诺到2030年零垃圾填埋量
	大气污染控制： 达标排放，采用最佳可用技术（源分类及多站处理等），有效的源头预防设施	TSMC：2015年以来单位产品大气污染物排放减少46%，提前实现2030年可持续发展目标

续表

重点行业	绿色竞争力提升路径	标杆企业
生物制药	绿色产品： 药品、活性药物成分、中间体、其他化学品和生物材料的安全处理、加工和供应受到严格监管；公开所有化学品和生物材料安全数据表；新药研发时进行环境风险评估；支持生物多样性公约	Pfizer：绿色化学计划；2020年抗微生物药物耐药性基准全球排名第二
	资源和原材料节约： 节能、可再生能源替代化石燃料；节约原材料、构建绿色供应链；制定节水减排方案等	Roche：努力稳定用水量，在过去五年实现业绩增长的同时用水量保持不变；在加利福尼亚工厂使用抗旱景观
	污染物排放管理： 大气污染物：可再生能源替代、烟气脱硫脱硝、焚烧和冷冻工艺减少VOCs、逐步淘汰卤代烃； 水污染物：减少有毒和难降解物质和重金属、总有机碳（TOC）排放	Roche：废水污染物去除率达到90%以上
	固体废弃物回收和管理： 3R原则，避免产生废弃物，重复使用，回收，只允许填埋惰性材料，环境修复	Roche：帮助修复瑞士Kölliken和Bonfol的危险废物填埋场
汽车	绿色产品计划： 电动汽车、产品全生命周期环境平衡、数字化驱动	BMW：到2030年，纯电动汽车销量占50%以上
	能源低碳化/零碳化： 高效节能技术、优化工艺流程、可再生能源使用、绿色电力交易	BMW：到2020年可再生能源使用比例达到100%
	可持续原材料管理： 生态设计；大宗原材料绿色供应链标准；可再生原料认证标准	BMW：全球铝管理倡议（ASI）；全球第一家使用经认证的可持续天然橡胶和人造丝
	报废车辆及部件回收： 创建关键部件从摇篮到摇篮的可持续价值链；闭合重金属等原材料资源循环	BMW：与瑞典电池制造商Northvolt和比利时电池材料开发商Umicore合作

续表

重点行业	绿色竞争力提升路径	标杆企业
高端装备	绿色产品计划： 产品重量更轻、组件更少、能耗更低、寿命更长、更易重用和回收	Airbus：开发使用可持续混合燃料的新型飞机；2035年开发出世界上第一架零碳排放商用飞机
	可持续供应链： 采购对环境影响最小的材料	Airbus：要求8000家直接供应商和18000家间接供应商都遵守REACH、TSCA、F-GHG、ODS规则
	减少制造的生态环境足迹： 有害化学物质彻底管理；开发使用新能源	Airbus：自2007年以来回收117架飞机
	报废产品及部件回收： 回收、再制造报废产品和部件	

资料来源：根据各企业可持续发展报告整理。

参考文献

Accenture, *Industrial Clusters: Working Together to Achieve Net Zero*, Dublin: Accenture, 2021.

Boston Consulting Group (BCG), *The Green Factory of the Future*, Boston: BCG, 2020.

European Committee for Standardization (CEN), *Standards in Support of the European Green Deal Commitments*, Brussels: CEN, 2021.

EU, *Communication from the Commission to the European Parliament*, *the Council*, *the European Economic and Social Committee and the Committee of the Regions*. Brussels: EU, 2021.

EU, *Establishing A Framework for Setting Eco-design Requirements for Sustainable Products and Repealing Directive 2009/125/EC*, Brussels: EU, 2022.

Institute for European Studies (IES), *Industrial Transformation 2050 - Towards an Industrial Strategy for a Climate Neutral Europe*, Brussels: IES, 2019.

UNFCCC, *Climate Action Pathway IndustryAction Table*, Bonn: UNFCCC, 2020.

University of Cambridge Institute for Sustainability Leadership (CISL), *Green Circularity: Advancing the EU's Climate Goals through a Circular Economy*, London: CISL, 2022.

B.4
上海建筑全生命周期减碳的监管机制研究

刘新宇 *

摘　要： 以全生命周期视角测度，建筑领域的温室气体排放占全国排放总量约半数，建筑减碳应着眼于全生命周期各环节协同发力，因此依赖于全过程监管模式。目前，上海对建筑全生命周期各环节都建立了一套监管机制，并在近年取得较好减碳成效。然而，各环节监管之间仍不协同，在绿色建筑评价体系中，单项指标评分后加总并不能准确反映整体能效，建筑减碳也未充分与城市其他领域的减碳协同，既有激励机制也难以动员社会资本投入大规模节能改造。对此，本文建议：①扩大本市建筑能耗与碳排放实时监测平台的覆盖面，加强建筑减碳的过程管理；②就拆除环节垃圾处置而言，对原建设单位执行"生产者责任延伸制"，使之产生延长建筑寿命的动力；③在建筑能效和碳排放的预评价中，采用更加精准的计算机仿真模拟方式；④促进部门间合作，协同建筑、交通等领域减碳；⑤除财税金融激励外，对建筑物所有者赋予节能改造的强制性责任。

关键词： 建筑业　节能减排　绿色建筑　上海

---

* 刘新宇，上海社会科学院生态与可持续发展研究所副研究员，研究方向为能源经济和低碳发展。

建筑全生命周期碳排放占全国碳排放总量一半[1]，建筑节能减碳并不仅局限于建筑运行环节，而是覆盖包括建材生产、建造、改造、拆除、废弃物利用等多个环节的全生命周期。《城乡建设领域碳达峰实施方案》（住建部、国家发展改革委，2022年7月）、《上海市碳达峰实施方案》（2022年7月）及《上海市绿色建筑"十四五"规划》（2021年11月）等对此做了部署。建筑全生命周期减碳依赖全过程监管，本文对上海建筑开工、施工、竣工、运行、改造、拆除及建材生产各环节的节能减碳监管机制进行分析，从而提出适应上海建筑全生命周期减碳需要的全过程监管优化建议。

一　上海建筑减碳应着眼于全生命周期

在全生命周期范围内进行测度，运行阶段的温室气体排放约占上海建筑领域总排放量的1/3，建材生产产生的排放量大约占六成，在建筑碳达峰碳中和进程中，建材生产、建筑施工等环节的减碳同样不容忽视。而且，源头的建筑生态设计、建筑质量的保障、建筑寿命的延长对降低建筑碳排放至关重要，"问题在运行，根子在设计"。因此，在上海建筑领域，需建立适应全生命周期减碳的监管机制。

（一）上海建筑全生命周期温室气体排放及各环节分布

2021年，上海建筑运行阶段二氧化碳排放量约为3700万吨，但这只约占本市建筑全生命周期碳排放的1/3，建材生产阶段碳排放则约占六成，建筑减碳亟须从主要关注运行阶段转变为关注全生命周期。

根据上海市建筑科学研究院测算，2019年，上海建筑运行阶段二氧化碳排放量约为3500万吨[2]。2016～2021年，上海建筑单位面积能耗大约累

---

[1] 中国建筑节能协会、重庆大学：《2021中国建筑能耗与碳排放研究报告：省级建筑碳达峰形势评估》，2021。

[2] 徐强等：《上海建筑领域碳达峰碳中和路径规划与实践》，上海市建筑科学研究院，2022。

计下降 5%，年均约下降 1%①。2015～2020 年，上海建筑存量累计增长 20.80%，年均增长 4%②。由此估算，上海建筑能耗及碳排放近年的年均增长率约为 3%，2021 年，上海建筑运行阶段二氧化碳排放量约为 3700 万吨。

根据既有历史经验，建筑运行阶段和建材生产阶段碳排放分别约占建筑全生命周期碳排放的七成和三成③，但近年来，这一比例发生倒挂，建材生产阶段的减碳问题凸显。根据对全国建筑领域的研究结果，当前，建材生产所产生的温室气体排放约占该领域全生命周期排放总量的 55%，建筑运行阶段碳排放只占约 43%，另有 2% 来自建筑施工阶段（包括建造和拆除）④。据上海理工大学专家测算，2020 年，上海建材生产阶段碳排放占建筑全生命周期碳排放的 60.66%，建筑运行阶段则只占 34.64%，另有 4.70% 来自建筑施工阶段⑤。

（二）源头设计对建筑全生命周期减碳影响重大

在建筑全生命周期中，尽管设计环节不产生碳排放，但它对全生命周期减碳至关重要，它决定了其他各环节尤其是建筑运行阶段的碳排放，很多情况下，"问题在运行，根子在设计"。是否采用自然采光、自然通风、墙体和窗户保温等设计，决定了建筑物中实际需要用到的用能设备的空间和时间，只有统筹考虑强度、空间、时间的系统设计，方能最大限度挖掘减碳潜力。结构体系设计的差异，可造成建筑物碳排放相差六成以上，在公共建筑中甚至能带来几倍的碳排放差异⑥。例如，在上海地区，采用自然通风设

---

① 参见上海市建筑科学研究院《2016 年上海国家机关办公建筑和大型公共建筑能耗监测及分析报告》和《2021 年上海市国家机关办公建筑和大型公共建筑能耗监测及分析报告》。
② 《上海统计年鉴 2021》。
③ 郑新钰：《碳排放大户建筑业如何节能减排》，《中国城市报》2021 年 11 月 22 日。
④ 中国建筑节能协会、重庆大学：《2021 中国建筑能耗与碳排放研究报告：省级建筑碳达峰形势评估》，2021。
⑤ 黄蓓佳、崔航、宋嘉玲等：《上海市建筑碳排放核算研究》，《上海理工大学学报》2022 年第 4 期。
⑥ 郑新钰：《碳排放大户建筑业如何节能减排》，《中国城市报》2021 年 11 月 22 日。

计，可使单体建筑物中空调全年能耗减少约 45%，该建筑物总能耗减少约 15%[①]。

建筑设计、建材使用及城市更新模式等对建筑物寿命有较大影响。面对城建领域大量建设、大量消耗、大量排放的顽症[②]，需通过优化建筑设计、提高建材质量及变革城市更新模式来延长建筑寿命，以避免大规模拆除和重建。

正因为源头生态设计对建筑全生命周期减碳影响较大，在建筑开工环节的监管中，应提高对生态设计的要求，建筑竣工、运行、拆除及建材生产等环节监管也应发挥倒逼生态设计的作用。

二 上海建筑全生命周期各环节监管现状

上海对建筑开工、施工、竣工、运行、改造、拆除及建材生产各环节都建有一套监管机制，对保障建筑质量、安全、能效及建材环保性能等发挥了一定功效，但对于建筑全生命周期减碳所提出的全过程监管要求，现有各环节监管机制仍存在一定薄弱点。

（一）开工环节监管：侧重建筑安全同时提出节能要求

在建筑开工环节，国家和上海市相关法规设置了若干前置条件，以保障建筑工程能顺利进行、顺利竣工，并且确保建筑的安全性，同时要求建筑物达到一定节能标准。国家层面从 1995 年开始就颁布相关建筑节能设计标准，在党中央提出"双碳"目标和战略前后，国家和上海市层面的政策动态是对相关标准进一步严格化。

2015 年，上海市颁布相关许可管理实施细则，对建筑工程的开工设置若干前置条件，主要包括在用地和控详规划等方面合规并具备建造房屋所需

---

① 王龙：《自然通风在上海民用建筑中的利用潜力研究》，同济大学硕士学位论文，2012。
② 中共中央办公厅、国务院办公厅：《关于推动城乡建设绿色发展的意见》，2021 年 10 月。

的资金、材料等条件，依法进行公开招标和委托监理，具备保障工程质量和安全的管理机制，施工图依法通过审查①。这些前置条件主要是为了保证建筑工程能顺利进行，确保施工过程中的安全生产，以及建筑物的性质、环境影响等与当地相关规划相符，而在施工图审查中则包含了对节能标准的要求。

2013 年，住建部颁布了建筑施工图的审查管理办法，要求建筑工程开工前，施工图必须通过具备审图资质的第三方机构审查。审查内容主要包括安全性能等方面是否符合相关强制性标准，并且要符合相关强制性节能标准，拟创建绿色建筑者，还应符合绿建评价体系中的节能环保标准②。

1995 年，国家层面就出台了相关的建筑节能设计标准，此后，国家和上海市都对相关标准不断提标。民用和公共建筑的节能设计国标分别于 1995 年和 2005 年出台。2021 年 9 月，国家相关部门还针对建筑节能与新能源技术推广应用发布了相关通用规范。在上海市层面，2010 年颁布了地方性建筑节能条例，2011 年和 2012 年，相继针对居住和公共建筑出台了地方性节能设计标准。国家和上海市层面的绿色建筑评价标准分别于 2006 年和 2012 年出台，其中上海市级绿建评价标准于 2020 年更新，在绿色建筑定义中强调全生命周期节能环保，在评价指标上重视安全耐久和可再生能源推广应用等③。

在 2020 年党中央提出"双碳"目标和战略前后，上海市出台若干政策文件，对建筑节能减碳进一步提标。2016~2020 年，上海市就规定新建建筑须达到绿建标准，其中，政府机关和大型公共建筑须达到二星级标准④。根据《上海市碳达峰实施方案》（2022 年）和《上海市绿色建筑"十四五"规划》（2021 年），上海将进一步制定和执行超低能耗建筑标准，"十五五"

---

① 上海市住建委：《上海市建筑工程施工许可管理实施细则》，2015。
② 住房和城乡建设部：《房屋建筑和市政基础设施工程施工图设计文件审查管理办法》，2013。
③ 《上海新版〈绿色建筑评价标准〉发布，7 月 1 日正式实施！》，腾讯网，2020 年 4 月 9 日，https://new.qq.com/rain/a/20200409A03GDY00.html。
④ 上海市住建委：《上海市绿色建筑"十四五"规划》，2021。

时期内，至少 50% 的新建住宅要符合超低能耗标准，而新建公共建筑中，超低能耗建筑须达到更高占比；到 2030 年，该标准将适用于所有新建民用建筑。为落实以上相关部署，2022 年 7 月，《上海市居住建筑节能设计标准》的修订方案已通过审查，设定更高节能标准，并为适应"双碳"战略设定碳排放限额指标。同时，市住建委就公共建筑节能设计标准的修订向社会公众征求意见，将对空调、热泵、新风热回收装置的节能提出更高要求。此外，办公建筑、商业建筑、酒店建筑等的能耗限额设计标准正在编制中。

目前，国家和上海市相关法规对建筑设计能效的要求，还停留在相对能耗强度的层面。根据《上海市碳达峰实施方案》和《上海市绿色建筑"十四五"规划》，未来对建筑设计能效的要求，将进一步提升为针对能耗绝对量或总量的用能限额标准，不仅有用能限额标准，还将实施碳排放限额标准。

（二）施工环节监管：鼓励装配式建筑发展

装配式建筑更有利于节能减碳，与现场浇筑方式相比，在建造环节可减少碳排放约 20%，若能结合使用新型建材，全生命周期碳排放可减少近 40%[①]。其促进减碳的机理主要在于减少建筑垃圾排放和提高建造效率、缩短工期。为鼓励相关企业在施工阶段采用装配方式而不是现场浇筑方式，国家和上海市都出台了一系列鼓励装配式建筑发展的政策。

2016 年国务院办公厅相关指导意见及 2022 年发布的《"十四五"建筑业发展规划》，都设置了促进装配式建筑发展的目标。上海在装配式建筑发展方面已取得较大成就，若以地上部分建筑面积计，2020 年，装配式建筑就已占到全市新开工建筑的 91.7%[②]。在 2013 年至 2019 年出台的相关地方性政策的基础上[③]，2021 年 11 月，上海市相关部门专门针对装配式建筑推

---

① 《风口里的装配式建筑，一条少有人注意的碳减"主线"》，腾讯网，2022 年 2 月 24 日，https://view.inews.qq.com/a/20220224A089F300? startextras = 0 _ 134e341f4d5b4&from = amptj。

② 上海市住建委：《上海市装配式建筑"十四五"规划》，2021 年 11 月。

③ 上海市建交委等：《关于本市进一步推进装配式建筑发展的若干意见》，2013；上海市住建委：《关于进一步明确装配式建筑实施范围和相关工作要求的通知》，2019。

出"十四五"发展规划。

上海市相关部门对装配式建筑的监管主要在土地出让、施工图审查和预制构件质量控制三个环节着力。在土地出让环节进行源头管控，对建设单位等规定装配式建筑占比目标。在施工图审查环节，2017 年，上海市住建委就发布并实施相关技术审查要点①。在预制构件质量监控方面，在取消生产商准入制情况下，上海市相关部门强化事中事后监管，如规定建设单位委派监理入驻生产商，以及在全生命周期监控预制构件流向，以保证其质量可追溯。"十四五"期间，上海市相关部门将通过数字化赋能、发挥行业协会作用、长三角协作等加强对装配式建筑的全产业链监管，并借助更严格的建筑垃圾治理政策，倒逼相关主体更多采用工厂化、模块化的绿色建造模式②。

（三）竣工环节监管：节能性能审核覆盖本市所有新建建筑

根据国家和上海市相关法规，凡绿色建筑、超低能耗建筑竣工时，须对其节能性能进行验收。2016 年，上海就规定新建建筑必须符合绿建标准，自那时开始，上海所有竣工的新建建筑均须通过节能性能审核。

2009 年，建设部颁布建筑竣工验收管理办法，并于 2009 年修订；2018 年，上海市相关部门针对建筑竣工验收发布地方性管理办法。以上法规要求在是否符合规划许可、土地利用是否合规、对周边区域环境影响、建筑内部空气质量和装修材料环保性能以及建筑质量、抗震性能、消防安全、安全通道等方面进行验收③。

根据国家《民用建筑节能条例》（2008 年）和《上海市民用建筑能效测评标识管理实施细则》（2012 年）等法规，绿色建筑、超低能耗建筑等在竣工环节还须检测其节能性能。在上海，申请绿建标识的能效检测，受

---

① 上海市住建委：《上海市装配整体式混凝土建筑工程施工图设计文件技术审查要点》，2017。

② 上海市住建委：《上海市装配式建筑"十四五"规划》，2021 年 11 月。

③ 住建部：《房屋建筑和市政基础设施工程竣工验收备案管理办法》，2009；《上海市建筑工程综合竣工验收管理办法》，2018。

2021 年颁布的《上海市绿色建筑管理办法》和《上海市绿色建筑标识管理实施细则》规范。自"十三五"时期开始，上海就规定新建建筑必须达到绿色建筑标准，节能性能的审核因此覆盖上海所有竣工的新建建筑。

另外，2019 年，上海市已出台《上海市超低能耗建筑技术导则（试行）》，目前正在编制超低能耗建筑相关标准，对零碳建筑相关标准开展前期研究。未来，凡申请超低能耗建筑或零碳建筑标识的建筑，其竣工环节的节能减碳性能检测将适用更严格标准。

（四）运行环节监管：将重点单位纳入过程监管并运用数字化赋能

在上海建筑运行阶段的碳排放中，公共建筑约占 60%，住宅建筑约占 40%[1]，公共建筑碳排放占比高于其建筑面积占比（2020 年数值为 51.08%[2]）。因此，在运行环节监管中，上海以公共建筑为重点，将年能耗或年碳排放达到一定数量的公共建筑纳入重点用能单位或重点排放单位监管，并将一部分公共建筑纳入全市能耗监测平台，以数字化赋能过程管理，但接入该监测平台的建筑覆盖面较小。

按照《重点用能单位节能管理办法（2018 年）》等法规规定，上海市政府相关部门将年能源消费达到 5000 吨标准煤的单位纳入重点用能单位加以监管，将年二氧化碳排放量达到 1.3 万吨[3]的单位纳入重点排放单位予以监管，区级政府相关部门则将年能源消费达到 2000 吨标准煤的单位纳入重点用能单位监管。这些单位需提交年度能源消费或碳排放核算报告。如果商场、商务楼、宾馆等行业企业的年度能源消费或碳排放达到上述数值，也会被纳入重点用能单位或重点排放单位监管，而这些企业的耗能主要是建筑耗能。根据《上海市碳达峰实施方案》和《上海市绿色建筑"十四五"规划》，上海还将进一步完善建筑碳核算体系，针对公共建筑开展运行能耗与

---

① 上海市住建委：《对市政协十三届五次会议第 0413 号提案的答复》，2022 年 7 月 29 日。
② 上海市住建委、上海建科集团：《上海市建筑业行业发展报告（2021 年）》，上海人民出版社，2021。
③ 包括直接和间接排放。

碳排放的总量限额管理，并且建立对标与公示制度①。

2013 年末，上海启动地方碳交易市场②，根据上海碳交易相关规定，若干非制造业行业中年二氧化碳排放（其中建筑碳排放占较大比例）达到 1 万吨的企事业单位，需参与本地市场碳交易、承担碳排放履约义务，每年需提交碳排放核算报告、接受市生态环境局等部门监管③，而这些行业中企业碳排放主要来自建筑耗能。2021 版上海碳市场履约企业名单，纳入 12 处公共建筑，涵盖宾馆、商场、会展等行业。④

为实时监控并精准分析政府机关和大型公共建筑能耗，2010 年，上海市建立相关能耗监测平台，到 2021 年底，共有 2143 栋 1.01 亿平方米建筑物接入该平台。以建筑面积计，国家机关建筑占 4.03%，大型公共建筑占 95.97%⑤。该平台对建筑物中不同种类电器或设备的用电，以及峰时和谷时用电、工作日和节假日用电，进行分项计量，以支撑相关研究机构对其开展精准分析。

未来，对公共建筑的实时能耗监测将进一步提升为实时碳排放监测。目前，上海已建成公共建筑的"碳排放量动态地图"平台，计划到 2030 年接入 1.5 亿平方米建筑物⑥。

（五）改造环节监管：每年改造量占建筑存量比重很小

存量建筑的节能改造是建筑减碳的一种重要方式，尤其适用于上海等建筑存量巨大的城市。上海市计划在 2021 年至 2025 年，每年完成 400 万平方

---

① 祝越：《加快碳普惠体系建设，为实现"双碳"目标提供"上海模式"》，《文汇报》2022 年 7 月 26 日。

② 目前与全国碳交易市场形成并行与互补关系。

③ 《上海市人民政府关于本市开展碳排放交易试点工作的实施意见》，2012 年 7 月。

④ 上海市生态环境局：《上海市纳入碳排放配额管理单位名单（2021 版）》，2022 年 1 月。

⑤ 吴蔚沁、王何斌、徐强等：《2021 上海市公共建筑能耗监测平台数据分析》，《上海节能》2022 年第 9 期。

⑥ 祝越：《加快碳普惠体系建设，为实现"双碳"目标提供"上海模式"》，《文汇报》2022 年 7 月 26 日。

米建筑存量的节能改造①；仅就公共建筑而言，2021 年，全市就完成节能改造 271 万平方米②。然而，上海具有建筑存量大的特点，2020 年底建筑存量为 14.54 亿平方米，每年 400 万平方米的建筑改造量与之相比只占 0.28%③。

（六）建材环节监管：建立鼓励和禁止目录制度

绿色建材的判定标准主要为其是否有利于建筑节能，是否对人体健康无害，在其生产过程中是否低污染、低能耗。上海市落实国家层面相关法规，借助建材目录等制度加强源头管理，借助建筑垃圾管理等制度倒逼源头治理，促进绿色建材的生产和应用。2022 年 11 月，工信部、住建部等共同发布《建材行业碳达峰实施方案》，对绿色建材的推广应用推出若干新举措。

根据《上海市建筑节能条例》等，相关部门以《上海市建设工程材料管理条例》（2015 年）中的目录管理制度为抓手，对建材生产与使用进行监管。针对建材是否符合绿色标准，或者是否在生产过程中高污染、高能耗，上海市相关部门制定鼓励推广类和禁止限制类两套目录，从源头管控建材，并且在施工现场和竣工后建筑内加强建材检测、复检、抽检，将检测信息纳入上海市"工程检测信息管理系统"，实现建材监管的数字化赋能。基于该平台，有关部门可精准分析本市建材质量情况，对社会公开建材质量信息。

为落实《上海市建筑节能条例》相关规定及建材目录管理制度，2022 年 7 月，上海市住建委发布相关通知，创设"绿色低碳建材信息库"，要求政府和国企率先示范，在其投资的建筑工程中，自 2023 年元旦起，全面使用绿色低碳的涂料、混凝土、砂浆、砌块、预制构件等建材；自同年 4 月 1 日起，全面使用绿色低碳的管道、玻璃、防水材料等建材；运用大数据计算

---

① 《上海市绿色建筑"十四五"规划》。
② 上海市建筑科学研究院：《2021 年上海市国家机关办公建筑和大型公共建筑能耗监测及分析报告》，2022。
③ 上海市住建委、上海建科集团：《上海市建筑业行业发展报告（2021 年）》，上海人民出版社，2021。

等手段，在建筑工程的设计、招标、施工、竣工等环节，对建材使用加强监管。该信息库向社会公开，并向建材生产商开放入库申请①。此外，《上海市建筑垃圾处理管理规定》（2017 年）围绕不同种类的建材，针对建设或施工单位等，出台了建筑垃圾资源化产品的强制使用制度或鼓励使用政策。

2022 年 11 月，建材行业的碳达峰方案由工信部、住建部等联合推出，要求针对建材生产环节减碳执行更严格要求和更有力政策，包括对建材生产商实施碳排放总量控制，对其采用阶梯电价等奖惩机制，全国碳交易市场覆盖建材行业，将绿色建材的标准体系纳入生产环节碳排放（碳足迹），在绿色建筑评价标准中提高绿色建材的比例等。

（七）拆除环节监管：原建造单位无须对拆除垃圾负责

根据《上海市建筑垃圾处理管理规定》，建筑物的建造单位（建设、施工单位）和拆除单位分别对建造和拆除环节的垃圾收运处置、源头减量、循环利用负责。在这样的激励机制下，建设和施工单位有动力采用促进施工垃圾减量的建造模式和技术，如装配式建筑，但建筑物原建造单位无须对拆除环节垃圾负责，从而缺少延长建筑使用寿命、减少拆除垃圾排放的积极性。

三 上海建筑减碳全过程监管面临的挑战

尽管上海已经在建筑全生命周期各环节都建立了节能减碳监管机制，但目前各监管环节之间仍不协同，在绿色建筑评价体系中，单项指标评分后加总并不能准确反映整体能效，推进建筑减碳也未充分考虑与城市其他领域用能的协同减碳效应；此外，建筑改造等环节所需资金很多，需要进一步优化激励机制，动员全社会投入。

---

① 上海市住建委：《关于在本市民用和工业建筑中进一步加快绿色低碳建材推广应用的通知（试行）》，2022 年 7 月。

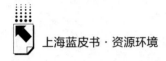

（一）多监管环节之间不协同难以发挥源头倒逼功效

目前，建筑减碳的运行、拆除等监管环节难以与设计、建材生产等前端环节联动或产生倒逼效应。

在运行环节，由相关数字化平台实时监测能耗的公共建筑大约只占上海建筑存量的 6.7%①，覆盖面尚有待扩大；一些绿色建筑或超低能耗建筑在竣工并申请标识的环节，由相关部门开展能效检测，但在其后的运行阶段缺乏过程管理。过程管理的薄弱，导致相关部门难以保证绿色建筑等实际运行中的能效达到验收时核定的能效标准，也造成建筑物源头生态设计和绿色建筑评价体系设计难以基于实际运行数据的反馈而得到优化。

在拆除环节，建筑垃圾的安全处置和资源化利用责任仍然由拆除单位负责，因此对原建设单位无倒逼作用。根据《上海市建筑垃圾处理管理规定》，原建造单位无须对拆除环节垃圾负责（即建筑领域的生产者延伸责任制缺位），因此无法倒逼它们通过延长建筑寿命来避免大量拆除导致的垃圾提前释放、过度排放，也使之缺少积极性采用更有利于循环使用的材料。而且，就因建筑寿命过短给建筑所有者、使用者或购房者带来的损失，对原建设或施工单位也无追溯究责机制。

（二）单项指标评分后加总难以准确反映整体能效

上海市现行《绿色建筑评价标准》对建筑整体能效的评价方法主要采用对空调、墙体、门窗、可再生能源应用等分项打分然后加总的方式，而这种简单加总方式难以仿真模拟复杂工况中的实际运行能效，因此缺乏准确性。现行《绿色建筑评价标准》对空调、墙体、自然采光等节能效果的计算根据的是《民用建筑绿色性能计算标准》（住建部 2018 年发布），但其所包含或引用的参数很难准确反映局地的建筑运行工况。

---

① 用于估算的数据来自《上海统计年鉴 2021》。

（三）建筑减碳未与城市其他领域减碳协同

由于部门职能分割等，当前建筑减碳工作未与城市其他领域的节能减碳协同。例如，建筑用电的峰谷比很大，据上海市相关机构测算，2021 年 7 月 14 日，商场建筑、民营企业办公楼和国家机关办公楼的用电峰谷比分别达到 3.9、3.1 和 2.7[①]，平峰填谷对减轻电力系统负担、减少新建电厂需求非常重要，但目前，建筑领域未通过与其他领域的用能（如交通领域的电动汽车充放电）协同来较好实现自身平峰填谷。

（四）现有激励机制未能大规模调动社会力量

如前文所述，上海每年的建筑节能改造量只占本市建筑存量的 0.28%；假设以现有速度，将上海全部建筑存量改造一遍，约需 360 年。财税金融等经济激励较少是阻碍建筑节能改造规模扩大的主要原因之一，建筑节能改造所需资金庞大，需充分调动社会资本。虽然国家和上海市均有相关财税支持政策[②]，但目前激励力度尚显不足。例如，公共建筑涉及众多利益相关者，由于节能减碳所得收益在不同主体间的分配问题，每个相关主体都对此缺乏积极性：对于所有者或业主而言，建筑节能的收益将为租户或使用者所得；对于使用者或租户而言，若有一日退租后，投资安装的节能设备或是留给所有者，或是不得不拆除；对于运维者或物业公司而言，额外节能的收益原本是其一笔收入，如果向业主或用户披露精准的能耗信息，反而会使后者压低物业费而失去那笔收入[③]。

日欧等国家和地区激励或强制要求建筑节能改造的政策经验值得我们借鉴。如日本政府设立面向办公楼等的改造补助金，旨在使受补贴建筑减碳

---

① 吴蔚沁、王何斌、徐强等：《2021 年上海市公共建筑能耗监测平台数据分析》，《上海节能》2022 年第 9 期。

② 财政部、住建部：《关于进一步推进公共建筑节能工作的通知》，2011；上海市住建委、发改委、财政局：《上海市建筑节能和绿色建筑示范项目专项扶持办法》，2020。

③ 自然资源保护协会（NRDC）、中国建筑科学研究院：《建言"十四五"——中国既有公共建筑节能工作的困境与突围》，2020。

20%。同时，强制性的节能改造或建筑能效鉴定评估制度有待建立，以促进房屋租售市场上"良币驱逐劣币"。如德国在房屋出售或出租环节，强制性要求业主出示能源认证证书①。

四 优化上海建筑减碳全过程监管机制的政策建议

上海贯彻落实国家相关法规并积极推进地方性立法，已经在建筑全生命周期各环节建立了节能减碳监管机制，并在近年来取得较好的建筑减碳成效，但由于多个环节之间的监管缺乏协同，现有激励机制亦未能充分调动社会力量，阻碍了建筑减碳潜力的进一步挖掘，本文对此提出若干对策建议。

（一）扩大实时监测平台覆盖面以加强过程管理

建议扩大本市建筑能耗与碳排放实时监测平台的覆盖面，加强对建筑减碳的过程管理，并为其他环节监管提供数据支持。要求政府机关建筑、新建公共建筑和创建绿色建筑或超低能耗建筑的非公共建筑，必须接入全市统一的建筑能耗与碳排放实时监测平台；对于其他建筑接入该平台，提供财政奖励支持。

该实时监测平台所采集数据是一种公共数据，建议向更多具备一定资质的研究机构开放，供其开展科学研究，以揭示建筑领域节能减碳的客观规律，并在此基础上开发建筑减碳政策设计、建筑减碳效果预评价等方面的支持软件。

（二）在建筑领域实施"生产者责任延伸制"

围绕建筑物拆除环节垃圾的处置和资源化利用，建议对其原建设单位实施"生产者责任延伸制"，而且要提高建筑垃圾处置费率，倒逼其延长建筑寿命和采用有利于循环利用的建材。若因政府规划、法令或建筑所有者决策

---

① 邱玥：《建筑节能，如何做好"加减法"》，《光明日报》2022 年 9 月 15 日，第 15 版。

而导致建筑未到使用寿命终止即拆除，则原建设单位免责。政府规划或法令应慎重选择城市更新模式，避免大拆大建。若建筑所有者在建筑未到使用寿命终止即拆除，则所有者应承担由此造成的垃圾处置或再利用成本。

建议将开发商、建设单位等负责拆除环节垃圾的"生产者责任延伸制"与诚信体系挂钩。对于因建筑质量导致建筑物过早拆除、建筑垃圾过早释放，或者因未采用可循环利用的建材而导致建筑垃圾处置负担过重的开发商或建设单位，宜降低其相关信用评级甚至列入相关黑名单，以提高其拿地成本、融资成本等，并限制其承建政府项目或公共项目。

此外，在城市更新过程中，建议邀请周边企业、居民等利益相关者共同协商，因地制宜设计最优的"微更新"方案，以最小化的建筑工程量和建筑垃圾排放量实现城市局部功能的升级优化。

（三）用更精准的计算机仿真模拟方式进行能效和碳排放预评价

在开工、竣工等环节对建筑能效和碳排放的预评价中，建议采用更加精准的计算机仿真模拟方式。仿真模拟所需参数来自本市建筑能耗与碳排放实时监测平台所提供数据。

建议上海相关部门与科研院所合作，利用建筑能耗与碳排放实时监测平台的数据开发软件，用于绿色建筑、超低能耗建筑、零碳建筑审图、验收等环节的能效与减碳效应预评价，并将该仿真模拟方法纳入绿色建筑、超低能耗建筑、零碳建筑评价的地方标准。

（四）建筑减碳与其他领域减碳实现协同

建议以绿色生态城区和低碳城区创建为抓手，促进住建、交通等部门合作，协同建筑、交通等领域减碳，产生"1+1>2"的效应。如利用电动汽车充放电过程为建筑用电平峰填谷，建筑用电低谷时，电动汽车从建筑物充电（G2V）；建筑用电高峰时，应在双向计量"净电费"、细化梯级电费等方面采取激励措施，鼓励电动汽车向建筑物放电（V2G）。

建议将多领域协同减碳效应的测度纳入上海绿色生态城区、低碳城区的评价标准，并且开发相关软件，在创建验收等环节以计算机仿真模拟方式开展协同减碳效应预评价。建议在本市建筑能耗与碳排放实时监测平台上，将多领域协同减碳效应作为重要监测内容之一，并将所获参数用于开发相关软件。

（五）在经济激励外实行强制性节能改造与能效鉴定责任

除财税金融支持外，建议仿效德国做法，对建筑物所有者赋予节能改造的强制性责任，要求其在出售或出租房屋时出示能效认证或节能改造鉴定证书。通过完善房屋租售市场的信息功能，让建筑物所有者受到节能改造的激励（售价或租金上升），并在节能改造环节发挥"良币驱逐劣币"功效。

根据 2021 年上半年数据，在京沪穗深及成都等中心城市的办公楼租赁市场上，绿色建筑可获得 10.0% ~ 13.3% 的租金溢价①。建议政府相关部门以办公楼、商场等公共建筑为重点，进一步完善绿色建筑、超低能耗建筑、零碳建筑的评价认证及标识体系，助其在市场上获得更多租金溢价，以动员建筑物所有者等市场主体投资节能改造。

参考文献

中国建筑节能协会能耗统计专业委员会：《中国建筑能耗与碳排放研究报告（2021）》，2021。

上海市建筑科学研究院：《2021 年上海市国家机关办公建筑和大型公共建筑能耗监测及分析报告》，2022。

黄蓓佳、崔航、宋嘉玲等：《上海市建筑碳排放核算研究》，《上海理工大学学报》2022 年第 4 期。

吴蔚沁、王何斌、徐强等：《2021 年上海市公共建筑能耗监测平台数据分析》，《上

---

① 《中国绿色建筑是否存在租售溢价？》，仲量联行网站，2022 年 1 月 5 日，https：//www.joneslanglasalle.com.cn/zh/trends-and-insights/investor/does-chinas-green-buildings-exist-in-lease-and-sale-premium。

海节能》2022 年第 9 期。

上海市住建委、上海建科集团：《上海市建筑业行业发展报告（2021 年）》，上海人民出版社，2021。

自然资源保护协会（NRDC）、中国建筑科学研究院：《建言"十四五"——中国既有公共建筑节能工作的困境与突围》，2020。

B.5
上海绿色交通体系的构建与发展对策

邵丹 李涵 许丽*

摘 要： 本文基于可持续发展理论，以上海综合交通体系建设发展阶段变
化为主线，梳理分析上海绿色交通体系内涵、外延演化过程和发
展水平变化。分析"双碳"目标下上海绿色交通体系面临的要
求、趋势和挑战，提出应对策略和路径选择。研究认为上海绿色
交通体系的建构是一个动态演进的过程，从最初以"高效人公
里运输组织效率"为核心的设施体系建设，到以"节约能源和
减少污染物排放"为核心的环境治理，再到以"碳达峰和碳中
和"为核心的气候友好型发展，建设、治理重点依据内涵、外
延的变化有序切换。应通过供给引导、制度完善、技术创新等综
合手段，加快推进碳达峰进程，循序渐进推进净零碳交通体系
（net-zero carbon transport）的建设。

关键词： 可持续交通 绿色交通体系 "双碳"战略 上海交通

改革开放以来，上海坚持以打造国际大都市一体化交通为目标，持续
打造高效集约的综合交通体系。随着国土空间规划制度改革、碳达峰碳中
和纳入生态文明建设总体布局，上海绿色交通体系的建设重点逐步从交通

---

* 邵丹，上海市城乡建设和交通发展研究院交通所副所长，高级工程师，研究方向为交通政
策、交通节能减排、可持续交通等；李涵，上海市城乡建设和交通发展研究院交通所工程
师，研究方向为交通节能减排；许丽，上海市城乡建设和交通发展研究院交通所高级工程
师，研究方向为交通节能减排。

设施的功能体系建设，向环境影响治理，以及更深层次的可持续发展转型。不同于多数发达国家的"双碳"治理逻辑，上海绿色交通体系构建与工业化、城镇化、机动化进程基本同步，可综合利用战略规划、设施供给、需求调节、技术治理等多种手段，实现梯次推进和迭代升级。2022年相继发布的《上海市碳达峰实施方案》和《上海市交通领域碳达峰实施方案》明确了交通"双碳"工作的具体目标和重点任务，面对"双碳"目标、生态友好的更高要求，牢牢把握能源、信息、技术加速变革的重大机遇，通过对活动量水平、能源利用效率和碳排放强度的系统调节，加快推进碳达峰进程，循序渐进打造净零碳交通体系。

一 构建绿色交通体系的本质和意义

（一）构建绿色交通体系的本质是可持续发展

"可持续交通"（sustainable transport）由1987年世界环境与发展委员会在《我们共同的未来》中提出的"可持续发展"（sustainable development）理念衍生而成，旨在重新审视地球上环境与发展的严峻问题，从单纯考虑环境保护转变为把环境保护与人类发展切实结合起来。交通具有支撑城市功能运转的基础功能，在满足经济社会运转产生的客货运输需求的同时，对资源占用、能源消耗产生较大需求，而由化石能源消耗产生的污染物和温室气体对环境和生态带来不利影响。这一问题随着现代化进程的推进、运输体量规模的持续扩大而放大，在全球变暖和应对气候变化的背景下，解决这一问题的紧迫性也显著提升，因此绿色交通体系构建的本质是交通与经济、社会、生态统筹的可持续发展模式的选择问题，其内涵是满足出行要求、节约资源、保护环境和维护社会公平，而其外延从以运输组织、运行模式为主要对象，逐步向环境外部性影响治理、能源体系转型、装备制造、设施材料等领域拓展，并根据不同时期的发展要求和经济社会重点工作安排形成不同的着力点。

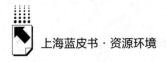

（二）上海构建绿色交通体系的重大意义

伴随绿色交通内涵和外延的不断丰富、拓展，上海构建绿色交通体系的意义也在持续深化，具体体现在以下3个方面。

1. 适应快速城镇化和机动化增长趋势的必然选择

上海是中国最大的经济中心城市，承载诸多国家战略职能，基于有限的资源禀赋，为适应经济社会活动和运输发展，客观上需要一个能级高、机动性强、运输效率高，且具有较少能源消耗、较小负外部影响的运输体系。改革开放以来，上海已经经历了持续40年的快速城镇化、机动化，人口规模接近2500万，全市人员出行总量达5731万人次/日，港口集装箱吞吐量达4330万TEU，航空旅客到发量超1.2亿人次。展望未来，上海在国际双循环链接的战略定位下，在以区域一体化发展为背景的新一轮城镇化、机动化进程中，运输需求仍将呈现刚性增长态势，高效、低碳的交通系统对经济社会发展的基础性支撑作用至关重要。

2. 建设"人民城市"，增进市民福祉的本质要求

交通服务作为最基本的公共产品，既具有支持市民获得平等工作和生活机会的重要功能，也关乎人民群众环境质量获得感和健康等福祉。在"人民城市"建设理念的指引下，构建高质量绿色交通体系已经成为提升宜居宜业品质的重要切入点。公交、慢行系统等绿色交通出行的便利性，交通污染物排放对环境质量的影响控制，交通空间品质和绿色生活方式的营造都将对绿色交通体系建设提出更高的要求。

3. 应对全球气候变化和促进可持续发展的题中应有之义

交通系统是化石能源消耗和温室气体排放的重要领域，作为支撑工业化、城镇化进程的重要功能载体，面临严峻的减排压力，交通领域的碳达峰碳中和，对于整体碳达峰碳中和目标实现意义重大。

二　上海绿色交通体系发展历程与水平

上海以集约、高效的交通体系建设为基础，把握国家应对气候变化国际承诺的重大机遇，加速推进环境负外部治理，积极推进能源结构转型和碳排放治理，逐步构建了覆盖综合交通体系全要素、全周期的绿色治理能力，在交通方式结构、能源利用效率、污染物排放控制等方面取得显著成效。

（一）发展历程

上海绿色交通体系已基本实现从以非机动化为主导的绿色交通体系，到与超大城市相匹配的现代化高效交通体系的转型，具体包括 3 个阶段。

1. 第一阶段：以一体化交通体系构建为核心的"功能塑造"基础阶段

2001 年批复的《上海市城市总体规划（1999 年~2020 年）》确立了把上海建设成为社会主义现代化国际大都市和国际经济、金融、贸易、航运中心之一的目标，制定了市域统筹、区域协同的空间发展战略和骨干交通设施规划。2002 年上海出台了国内第一部城市交通发展白皮书，提出以构筑国际大都市一体化交通为总体目标的交通发展战略，明确了"公交优先、车路平衡、区域差别"三大基本政策，以及设施、运行和管理相统筹的措施体系。2002 年上海世博会的成功申办，为上海城市和交通的跨越式发展创造了契机。上海基于适度超前的建设发展理念，系统推进了海空枢纽、铁路、城市轨道、骨干路网等功能性、枢纽型、网络化设施体系的建设。上海以公交优先、车辆拥有和使用、精细化组织等为重点的政策和管理手段，为塑造集约、高效、绿色的交通模式和整体运行环境奠定了坚实的基础。

2. 第二阶段：以能耗双控、$PM_{2.5}$ 治理为重点的"节能治污"调整阶段

2009 年，中国政府在哥本哈根召开的联合国气候变化大会上做出承诺：到 2020 年中国单位国内生产总值（GDP）二氧化碳排放量比 2005 年下降 40%~45%。此后在国民经济和社会发展"十二五"规划中，单位 GDP 能耗作为约束性指标首次纳入规划。根据国家的总体安排，上海从"十二五"开始系统性地开展交通节能减排工作，构建形成了包括交通节能减排联席会议、战略规划、统计监测与考核、资金保障、市场机制和科研储备支撑等完备的制度体系，为综合交通领域的节能、治污等重点工作开展提供了保障。

"十二五"时期以节能工作为重点,着力调控交通能耗总量增速和使用强度;"十三五"时期,以 $PM_{2.5}$ 治理和能耗双控协同管理为重点,全面开展了老旧车辆淘汰和黄标车治理、设施装备节能技改、新能源和清洁能源装备推广、交通运输结构优化调整等工作,在能耗控制、环境保护、资源节约等方面取得了切实的成效。

3.第三阶段:以能源结构、运输结构调整为核心的"降碳提质"转型阶段

2020年,中国政府在第七十五届联合国大会做出中国二氧化碳排放力争于2030年前达到峰值,努力争取2060年前实现碳中和的承诺。2022年8月发布的《上海市碳达峰实施方案》中明确提出:到2030年,非化石能源占能源消费总量比重力争达到25%,单位生产总值二氧化碳排放比2005年下降70%,确保2030年前实现碳达峰的目标,这标志着"双碳"战略背景下以"节能治污"为核心的交通节能减排工作内涵的进一步提升拓展,即以碳达峰目标与碳中和愿景为牵引,以减污降碳协同增效为着力点,加快推进能源结构和运输结构转型,加速推进绿色交通体系从"初步建成"向"根本好转"转变,更好打造与美丽中国、人居环境竞争力相匹配的新品质。

(二)发展水平

经过连续几个五年的持续努力,尤其是党的十八大以来,交通运输行业在推动生态保护、节能降碳、污染防治等方面开展了大量的工作,交通绿色发展的体制机制逐步成型,绿色交通体系建设、能耗控制及环境治理取得显著效果。

1.绿色机动化交通体系不断健全

公交优先发展战略支撑城市交通绿色出行比重稳步提升,更好适应了机动化进程。绿色出行主体地位逐步巩固,"十三五"期间中心城区绿色出行占比基本稳定在73%左右(见图1),其中轨道交通客流自2014年超越常规公交后,在公共交通出行中的主体地位持续提升,占比高达65%;对外交通运输方式结构持续优化,水路货运主体地位巩固,长江战略深入推进,高等级内河航道网基本建成。上海港集装箱吞吐量连续12年位居世界第一,

集装箱集疏运体系持续优化，集装箱水水中转业务比例接近 50%。铁路在对外交通方式中的贡献度持续增加，随着京沪高铁、沪宁城际、沪杭客专等相继开通，铁路在专业对外客运方式结构中占比超过 60%。

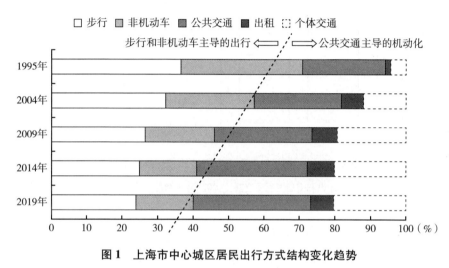

图1 上海市中心城区居民出行方式结构变化趋势

资料来源：上海市城乡建设和交通发展研究院，《2020 年上海市综合交通运行年报》，2022。

2.能源双控管理取得积极成效

在交通需求持续刚性增长的背景下，上海交通领域能源消耗总量持续增长，增速波动放缓，能效总体进入平台期。"十二五"期间，交通运输行业能耗基本持平，始终稳定在 2000 万~2100 万吨标准煤的水平。"十三五"时期末（考虑疫情影响，以 2019 年数据为基准进行分析），交通运输行业能耗为 2670 万吨标准煤，年平均增速为 6.5%，其中 2015~2017 年平均增速为 10%，2017~2019 年平均增速显著下降至 3.3%，交通行业能耗增量的94% 来源于航空、水运行业；社会交通能源消耗量约为 660 万吨标准煤，年平均增速为 1.5%（见图2）。能效方面，"十三五"期间水运、公路、城市客运、邮政、航空等行业单耗小幅下降，铁路单位运输能耗随着高铁开行占比的增加而有所增加，航空及港口受宏观经济环境的影响，单耗有一定波动。

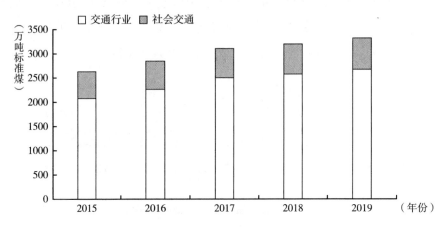

图2　2015～2019年上海市交通运输领域能源消费量

资料来源：上海市城乡建设和交通发展研究院，《2021年上海绿色交通发展年度报告》，2021。

3. 环境污染排放得到有效治理

随着老旧车辆、黄标车的提前淘汰，车辆排放技术水平的提高，以及新能源车辆的推广，交通污染物排放快速增长的趋势得到遏制，主要污染物指标总体受控。"十二五"期间，道路环境氮氧化物（NO_X）累计减排18%。"十三五"期间，道路环境主要常规污染物浓度下降幅度达到28%～42%，尤其是2018年10月油品升级后，NO_X、非甲烷总烃（NMHC）和黑碳（BC）浓度均同比下降；港区环境随着船舶低排放控制措施实施而好转，SO_2浓度同比下降29%，对于全市SO_2浓度改善效果显著；机场空气环境中SO_2浓度同比呈现下降趋势，其他污染物浓度基本持平。

三　"双碳"目标下绿色交通体系建设的趋势、挑战和策略

区域一体化发展背景下，面对更大的空间尺度和更多元的出行需求，上海需要以低碳移动性来应对"双碳"目标下的机动化发展问题，加快构建覆盖需求源头、能源消费和终端排放的全周期、全环节的治理体系和能力，着力提升低碳、降碳、去碳治理绩效。

（一）上海交通碳排放基本情况

国内能耗统计基于以独立法人企业为基础的行业划分体系，因此交通能耗统计中仅包含交通运营企业的能耗，与企业法人注册地相关的国际海运和航空能源一并统计在内，但分散在工业、建筑、服务、居民消费等领域中的非运营交通能耗未纳入交通能耗统计口径。本文依据能源统计口径，结合交通调查，就交通领域（含运输行业、社会交通）的能源消耗以及碳排放情况进行分析。交通领域能源消耗以化石能源为主，占比约为95%，其中煤油、燃料油占比超过60%，煤油消耗主要来自飞机，燃料油消耗主要来自船舶，两者随着上海航运中心的建设呈高速增长；汽柴油消费占比约为30%，增速逐步放缓；电力消费占比约为5%，主要来自铁路和城市轨道交通（见图3）。随着上海新能源车的推广，城市客运行业新能源格局转型初步显现，截至2022年7月，上海新能源汽车累计推广量约为77.5万辆[①]，用电消费快速增长。交通领域碳排放和能耗的增加呈现同步增长态势，从碳排放分布来看，航空及国际远洋运输占比56%，铁路、公路、内河水运、公交、出租车等其他交通运输行业占比25%，社会交通占比19%。

（二）影响因素和趋势分析

基于IPCC对碳排放的定义，影响交通领域碳排放的主要要素包括活动水平、能效水平、碳效水平等。其中活动水平取决于与经济社会活动相关的交通需求和客货周转量；能效水平取决于技术进步和管理优化；碳效水平取决于能源结构和碳消纳技术，但最终的碳排放走势取决于三者的互动博弈关系。

1. 交通需求刚性增长带来较大的碳减排压力

上海作为成长中的国际化大都市，交通需求的能级规模、空间范围等外延特征仍在持续扩大。上海正向着有世界影响力的社会主义现代化国际大都

---

① 上海市新能源汽车公共数据采集与监测研究中心：《上海新能源汽车监测报告》，2022年7月。

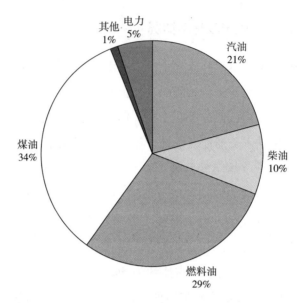

图3　"十三五"时期末上海市交通运输领域能源消费结构

资料来源：上海市城乡建设和交通发展研究院，《2021年上海绿色交通发展年度报告》，2021。

市目标迈进，在国内国际双循环链接的战略定位下，面向更大空间尺度的机动化交通需求依然有较大增长空间。对外交通需求方面，国际航运中心、虹桥国际开放枢纽、自贸区临港新片区等综合平台的建设，将吸引短期流动人口、跨城通勤人口、都市圈商旅客流等交通服务人口的增加；市域交通需求方面，五大新城建设将为人口和经济发展提供新的战略空间，预计2035年全市人员出行总量将比现状再增加30%~40%，与之相伴的小客车保有量和道路交通量也将呈现持续增长态势。近中期在新能源相关技术发展尚不成熟的背景下，规模增速作为影响碳排放的主因将对交通碳减排带来巨大的压力。

2.碳减排制度约束力增强，碳排放治理的数字化、市场化、权益化特征增强

随着我国"双碳"目标的提出，与碳减排相关的制度体系不断健全，碳排放权的法律地位进一步清晰，而基于数字化手段和市场化机制的碳排放

治理也将更加高效。从国际相关经验来看，政府为了解决碳排放的外部性问题，对碳排放环境容量方面的行为主体进行约束，包括设定许可、总量控制等。欧盟作为碳中和的引领者，除了碳排放交易（ETS）政策制度设计外，于 2022 年 6 月通过了新的碳边境调节机制提案（CBAM），并将于 2027 年起正式全面开征碳关税，届时进口商需要为其进口产品的直接碳排放支付费用，且价格挂钩欧盟 ETS。中国也于 2021 年正式启动了全国碳排放权交易市场，继电力行业完成第一个履约周期后，包括航空在内的其他 7 个高耗能行业将陆续纳入交易权市场。同时碳普惠机制的推进落实，可以实现个体低碳行为碳减排效益的汇集和交易，从而对个体低碳出行行为的选择形成互动反馈和正向激励。

3. 新能源与碳排放治理技术加速演进，为交通低碳化、去碳化提供有效支撑

新能源、新材料等技术的快速发展将带来交通工具动力系统的加速变革，而低碳、零碳、负碳等相关技术的突破也将更好地助力碳中和进程。目前汽车产业领域的新能源转型趋势已经形成，国际汽车巨头及零部件公司正快速转向新能源汽车，很多国家已经宣布了燃油车停售规划。当然，包括商业汽车运输、海洋和航空运输在内的能源密集型产业所需要的突破性减排技术仍不成熟[1]。国际航空运输协会（IATA）提出了 2050 年实现净零碳排放的目标，计划通过可持续航空燃料（SAF）减少 65% 的碳排放，通过新的推进技术减少 13% 的碳排放，通过效率提升减少 3% 的碳排放，其余通过碳捕集和碳补偿来实现[2]。航运领域，LNG 将成为传统燃料向零碳燃料过渡的燃料，随着 2030 年或 2040 年法规的收紧，生物燃料和电化燃料将逐渐替代现有船舶燃料，生物甲醇、氨、氢等将被逐渐用于新建船舶。

---

[1] International Energy Agency（IEA），*Energy Technology Perspectives* 2020，France：Paris，2020.

[2] The International Air Transport Association，*Our Commitment to Fly Net Zero by* 2050，Canada：Montreal，2021.

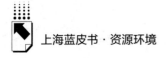

（三）"双碳"战略推进的基本判断

综上所述，交通领域"双碳"目标的实现将呈现梯次、分步推进的格局。从技术路径看，近期碳达峰重点是依靠管理挖潜、能源技术提升来控制碳排放增量或增速，而远期碳中和主要是依靠能源结构转型、负碳治理技术等消纳碳排放，达到净零碳（net-zero carbon）状态。从达峰时序来看，城市交通领域的碳排放治理将先行取得突破并不断扩大效果，对外交通、重型交通装备的碳达峰治理要相对延后。

四　双碳目标下绿色交通体系建设策略和路径选择

（一）主要策略

把握新型城镇化发展契机，实现双碳发展要求与综合交通功能体系全要素、全周期的深度融合。聚焦影响碳排放的三大核心指标，即活动量水平、能源利用效率和碳排放强度，在供给引导、制度完善、技术创新等方面综合施策，梯次引导城市交通、对外交通等不同领域的化石能源利用逐步进入平台期，不断提升降碳、去碳技术水平，加快推进碳达峰进程，循序渐进打造净零碳交通体系。

（二）强化需求源头治理，引导低碳出行和运输

把握好上海新一轮城市空间体系调整契机，顺应数字化时代生产、生活行为变化趋势，完善综合交通设施网络和运输服务体系，从出行活动源头引导低碳出行、绿色运输。

1. 以新城建设为契机，均衡职住空间分布，降低极端通勤

城市空间规划对出行行为和活动特征具有锁定作用，在轨道交通、高速公路等快速机动化设施的支撑下，中心城在高端岗位、优质服务等资源方面的能级持续提升，服务范围覆盖整个市域城镇体系，并辐射区域空间尺度，

客观上拉长了出行距离。当下上海正在积极打造"中心辐射、两翼齐飞、新城发力、南北转型"的城市空间新格局，未来的产业结构也将进一步向现代服务业和知识密集型产业转型。顺应新的发展形势和要求，把握多层次铁路等区域基础设施建设的重大机遇，科学处理空间布局衔接关系，加快推进整体区位的结构性提升，并加强交通系统与岗位、居住的融合，为人力资源导入，以及相关的就业、创业、居住、婚育等诉求提供更高可达性的支撑，进而从源头上减少极端通勤出行。

2. 以"15分钟生活圈"建设为契机，丰富绿色出行内涵，增加低碳选择主动性

随着生活节奏加快以及人们对健康生活的更高追求，生活圈交通体系已超越单纯空间移动目的，承载了健康、低碳、可持续发展等多种价值追求，是交通方式与生活方式融合的重要切入点①。生活圈交通体系的打造要综合考虑与公交导向的对外交通联系衔接、与现代生活场景的便利融合，关注老龄化社会对全龄友好出行的更高要求。结合蓝绿空间、建筑界面等多种要素资源，构建通达便捷、健步悦骑的慢行空间，进而提升市民选择低碳交通出行的主动性，最终降低对高碳机动化出行的依赖。

3. 以数字化、人工智能等技术促进出行减量

通信信息、大数据、人工智能等技术的快速发展正在深刻改变人类的生产、生活方式，大量基于电子商务、弹性办公、视频会议等模式的工作生活场景快速普及，大量非必要出行因此减少。未来伴随区块链、大数据和云计算等信息通信技术的快速发展，交通体系在设施、装备、管理等领域的智能化水平将不断提升，各类预约、响应、共享的出行模式将更加丰富，交通出行效率将进一步提升，有助于更精准地减少无效车公里和能源消耗。

4. 培育水运和铁路运输比较优势，提升多式联运效率和经济性

对外交通的降碳减碳逻辑与城市交通有较大差异，能源成本和经济性本

---

① 陈晓鸿：《慢行交通的轮回及不一样的春天》，《交通与港航》2022年第1期。

身就是市场化运输组织的重要理念，但与"双碳"的治理要求仍有较大差距。上海应把握国家综合立体交通网建设和运输结构调整的战略机遇，强化以港口、机场为核心的多式联运枢纽体系建设，补齐铁路运输、内河水运等低碳运输方式的设施短板，规范公路运输组织，积极促进"公转铁""公转水"；同时完善配套制度，提升水运和铁路的比较优势，积极培育多式联运承运人，进一步发挥综合交通运输的整体效能。

（三）强化能源消费环节治理，提升能效，降低碳排放强度

持续挖掘节能技改潜力，以一次能源的低碳化和终端能源消费的电气化为方向，促进新能源技术与交通装备、设施建设等产业协同发展，实现交通—产业—能源—环境的互动发展。

1. 加速城市交通能源结构转型，实现交通工具电动化、交通设施光伏应用普及

以电动化为代表的技术路线对提升能源利用效率和降低碳排放具有显著的促进作用，在交通需求刚性增长的背景下，可以为消纳机动化交通产生的碳排放创造空间[①]。汽车产业的电动化技术路径已经基本成熟，应加快实现城市公共领域车辆的全面电动化，加速社会车辆的电动化进程，鼓励引导存量置换，优化增量供给结构和质量，通过政策、规制等手段降低燃油车对生态环境的负外部性影响，建设完善与新能源车使用相配套的充换电环境，促使燃油车辆向新能源车辆转移。

以光伏为代表的可再生能源也是未来上海交通领域能源结构转型利用的重点方向。目前交通领域已经结合场地资源情况，先后在机场和港口建筑屋顶、公交停保场屋顶、地铁车辆基地、公共停车场库屋顶、公交电子站牌等场地实施加装光伏试点。未来将进一步拓展交通领域的可再生能源应用场景，探索开展高快速路沿线的光伏声屏障等"光伏+交通"应用试点，进一

---

① 邵丹、李涵：《城市客运交通电动化碳减排效益和碳达峰目标——以上海市为例》，《城市交通》2021年第5期。

步丰富交通能源供应渠道，提升交通可再生能源的利用占比。

2. 加强技术探索和适应应用，有序推进对外交通能源结构转型

在既有技术条件下，新能源尚无法完全适应区域交通、对外交通运输的长距离、重载和高频使用特征，仍要积极发挥政策、治理等手段对先进能源技术应用试点的推进作用。在公路运输领域，鼓励客货运输车辆开展能源转型探索，加快推进固定线路、区域短驳等场景的运输车辆优先电动化，依照国家产业发展规划推进重型车辆的新能源化转型。水运和航空等远程交通的能源转型受能源技术因素制约较大，面临较大难度和挑战。近期重点推进内河水运 LNG、电动化、燃料电池等新能源应用；港口、机场等配套作业加快新能源替代；国际运输与国际海事和民航组织设定的降碳周期基本同步，积极开发可持续航空燃料（SAF），在新建船舶中持续探索生物甲醇、氨、氢等应用。

3. 加强氢能等新技术路线在重型、区域交通领域的探索应用

氢能源是继风能、太阳能外，解决未来清洁能源需求的首选新能源技术，当前全球范围正兴起氢能经济和氢能社会的发展热潮，主要发达国家纷纷出台氢能规划和产业政策。上海已经印发了《上海市氢能产业发展中长期规划（2022~2035 年）》，交通领域将建立燃料电池汽车与纯电动汽车互补的发展模式，推广氢燃料电池在重型车辆上的应用并拓展大型乘用车市场空间，同时推动氢燃料电池在船舶、航空领域的示范应用，逐步扩大应用场景，引导交通领域氢能有序、稳步发展[①]。

（四）着力提升终端碳排放消纳治理能力，助力去碳净零

充分利用市场机制提升碳排放治理效率，强化技术对碳排放削减的基础性和决定性作用，共同加速交通系统去碳和净零化过程。

---

① 上海市发展改革委、市科委、市经济信息化委、市规划资源局、市住房城乡建设管理委、市交通委、市应急局、市市场监管局：《上海市氢能产业发展中长期规划（2022~2035 年）》，2022 年 6 月。

1. 充分利用市场机制，提升碳价值属性和治理效率

依托碳排放权交易市场平台，积极吸引更多的交通业态参与碳排放权交易。积极探索个人场景的低碳出行碳普惠机制，拓展消纳渠道和场景，让公众能够真正享受到包括奖励、权益、金融等多种形式的实惠，提高公众参与意识和主动降碳意识。

2. 强化国际海空交通碳排放的协同治理

积极参与国际海运、航空碳排放技术标准制定，增大碳减排领域规则制定话语权。与国家部委、运输企业、国际组织合作，推进国际交通碳排放治理试点示范。

3. 积极探索交通领域负碳技术应用推广

负碳技术是实现二氧化碳净零排放的关键。聚焦 CCUS 关键技术研究和全流程示范验证，在船舶等领域着力提升负碳技术创新能力；开展交通基础设施生态化提升改造，引导有条件的道路、港口开展陆域、水域生态修复，建设绿色交通廊道，增强碳汇能力；促进交通设施建设节能减碳标准提升和全过程减碳，开展涵盖新型基础设施"规划—建设—运维"全过程的绿色低碳优化技术研发与应用。

五 展望

加快发展绿色交通是建设生态文明的基本要求，是转变交通运输发展方式的重要途径，也是实现交通运输与资源环境和谐发展的题中应有之义①。《上海市碳达峰实施方案》的发布是深入贯彻落实"双碳"战略、促进生产生活方式绿色低碳转型的行动指南。作为碳排放重点领域之一，交通碳排放治理不能仅仅定位于适应型、改善型应对，更要体现对整体碳减排的主动型贡献。应将党的二十大报告中"协同推进降碳、减污、扩绿、增长"的目

---

① 杨传堂：《深化改革务实创新加快推进"四个交通"发展》，在 2014 年全国交通运输工作会议上的讲话，2013。

标要求贯穿于交通规划—建设—运营的全过程，着力完善以碳治理为核心的制度体系，围绕绿色高效运输体系构建、交通装备低碳转型、交通基础设施生态化建设改造和低碳出行体系优化等重点任务，推进上海绿色交通体系迭代优化，促进交通与发展—环境—生态的协同增益。

参考文献

上海市城乡建设和交通发展研究院：《2021 年上海市综合交通运行年报》，2022。

上海市城乡建设和交通发展研究院：《2021 年上海绿色交通发展年度报告》，2021。

上海市新能源汽车公共数据采集与监测研究中心：《上海新能源汽车监测报告》，2022 年 7 月。

陈小鸿：《慢行交通的轮回及不一样的春天》，《交通与港航》2022 年第 1 期。

邵丹、李涵：《城市客运交通电动化碳减排效益和碳达峰目标》，《城市交通》2021 年第 5 期。

减 污 篇

Chapter of Pollution Reduction

B.6
上海大气污染物协同减排实施路径研究

安静宇　戴海夏　胡磬遥　田俊杰　周敏　王倩　黄成*

摘　要： 针对我国当前面临的区域性大气复合污染，开展多污染物协同减排是实现空气质量改善的关键。近年来，上海通过连续两轮清洁空气行动计划的实施，持续推进大气污染物协同减排，推动了空气质量显著改善。本文对上海在能源、产业、交通等领域的大气污染物协同减排历程和改善成效进行了回顾梳理，并结合国家大气污染防控发展方向、当前面临的大气污染新形势以及各领域协同减排实施进展情况，提出了深化协同减排需以 NOx 和 VOCs 协同减排为主要对象、以结构优化和源头控制为主要驱动的重点方

*　安静宇，上海市环境科学研究院工程师，研究方向为大气污染防控对策；戴海夏，上海市环境科学研究院高级工程师，研究方向为大气污染防控对策；胡磬遥，上海市环境科学研究院高级工程师，研究方向为移动源大气污染防控对策；田俊杰，上海市环境科学研究院工程师，研究方向为大气污染物与温室气体排放；周敏，上海市环境科学研究院高级工程师，研究方向为大气颗粒物生成机制与来源；王倩，上海市环境科学研究院工程师，研究方向为大气臭氧生成机制与防控对策；黄成，上海市环境科学研究院高级工程师，研究方向为大气污染防控对策。

向，并对下一步协同减排路径进行了展望，以期为推动上海空气质量持续改善提供参考。

关键词： 上海　大气污染物　协同减排　空气质量

2013 年以来，以 $PM_{2.5}$ 和 O_3 为代表的大气复合污染成为影响我国大气环境质量的突出问题[①]，开展二氧化硫（SO_2）、氮氧化物（NOx）、挥发性有机物（VOCs）、一次细颗粒物（$PM_{2.5}$）和氨（NH_3）等前体物协同减排是污染防控的关键。为应对我国严峻的区域性、复合型大气污染形势，国务院先后印发《大气污染防治行动计划》《打赢蓝天保卫战三年行动计划》《关于深入打好污染防治攻坚战的意见》等文件，指导各地开展大气污染防治[②]。上海通过实施 2013～2017 年、2018～2022 年两轮清洁空气行动计划，对大气污染物开展协同减排，推动了空气质量显著改善。本文在对前期协同减排历程与成效回顾梳理的基础上，结合当前国家碳达峰碳中和发展战略，以及新的污染和减排形势，提出了深化协同减排的重点方向，并对下一步协同减排路径进行了展望。

一　上海大气污染物协同减排历程回顾

（一）燃煤污染减排防控成效显著

能源领域燃煤污染控制对协同减少 SO_2、NOx 和一次 $PM_{2.5}$ 排放作用显著。燃煤消费控制方面，通过禁止新建燃煤设施、实施燃煤锅炉清洁能源替代、推进淘汰低效燃煤机组、增加天然气和外来电等手段，逐步削减全市煤

---

① 王文兴、柴发合、任阵海等：《新中国成立 70 年来我国大气污染防治历程、成就与经验》，《环境科学研究》2019 年第 10 期。

② 柴发合：《我国大气污染治理历程回顾与展望》，《环境与可持续发展》2020 年第 3 期。

炭消费总量。在电厂末端治理方面，全市公用燃煤电厂和自备电厂等机组已全面完成超低排放改造，所有燃煤电厂烟尘、SO_2 和 NOx 排放浓度限值达到 $10mg/m^3$、$35mg/m^3$ 和 $50mg/m^3$，较改造前执行标准限值下降约 50%。在工业和民用燃煤方面，通过中小燃煤锅炉清洁能源替代与淘汰，经营性茶水炉环保整治，集中供热、热电联产锅炉的清洁能源替代，燃油燃气锅炉提标改造以及工业炉窑综合治理等措施，全面取缔分散燃煤。统计数据显示，2020年全市煤炭消费总量（约 4168 万吨）较 2013 年下降 27%，较 2017 年下降 9%，天然气消费总量分别较 2013 年、2017 年增加 29% 和 13%[①]。从指征燃煤污染的 SO_2 年均浓度变化情况来看，2017 年较 2013 年下降 50%，2021 年较 2017 年进一步下降 50%，可见燃煤污染减排成效显著。

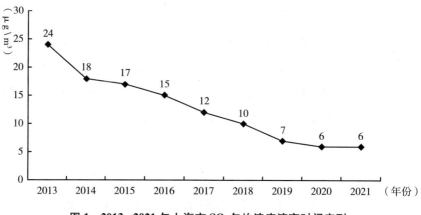

图 1　2013~2021 年上海市 SO_2 年均浓度演变时间序列

（二）工业领域提标与整治持续推进

重点工业行业提标改造持续推进。钢铁、石化、化工、有色等重点行业实施国家排放标准大气污染物特别排放限值。制定出台《上海市钢铁行业超低排放改造工作方案（2019~2025 年）》，预计 2022 年全面完成宝武集

---

① 国家统计局：《中国能源统计年鉴 2020》，中国统计出版社，2022。

团超低排放改造，出台《大气污染物综合排放标准》《燃煤电厂大气污染物排放标准》等20多项严于国家的地方标准及技术规范（见表1）。

工业VOCs治理取得阶段性成果，2014年启动了第一轮VOCs治理，在全国率先推出"一厂一方案"，累计完成2000余家企业末端减排治理。2020年，启动第二轮治理，建立了源头减量、过程控制、末端治理、精细管理等全流程精细化管控措施，在全市2300余家企业全面开展综合治理工作。通过开展VOCs专题培训，制定配套补贴政策，推动企业更多、更快、更好地减排，完善VOCs排放量、减排量核算与核查方法体系，率先开展低VOCs替代示范、简易末端治理设施精细化管理试点示范等工作，推动VOCs污染治理模式从"底线约束"向"先进带动"持续转变，实现VOCs治理创新驱动。

表1　2013年以来上海市制修订的工业行业主要大气污染排放标准及技术规范

类型	序号	实施时间	名称
地方标准	1	2015年2月	《汽车制造业(涂装)大气污染物排放标准》
	2	2015年5月	《涂料油墨及其类似产品制造工业大气污染物排放标准》
	3	2015年12月	《船舶工业大气污染物排放标准》
	4	2016年1月	《大气污染物综合排放标准》
	5	2016年1月	《燃煤电厂大气污染物排放标准》
	6	2017年2月	《恶臭(异味)污染物排放标准》
	7	2017年7月	《家具制造业大气污染物排放标准》
	8	2018年6月	《锅炉大气污染物排放标准》
	9	2021年3月	《半导体行业污染物排放标准(征求意见稿)》
	10	2021年6月	《燃煤耦合污泥电厂大气污染物排放标准》
	11	2021年6月	《制药工业大气污染物排放标准》
技术规范	12	2016年9月	《上海市印刷业挥发性有机物控制技术指南》
	13	2016年9月	《上海市船舶工业涂装过程挥发性有机物控制技术指南》
	14	2016年9月	《上海市涂料、油墨及其类似产品制造工业挥发性有机物控制技术指南》
	15	2018年11月	《设备泄漏挥发性有机物排放控制技术规范》
	16	2018年8月	《环境空气非甲烷总烃在线监测技术规范》
	17	2018年8月	《环境空气有机硫在线监测技术规范》

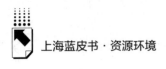
续表

类型	序号	实施时间	名称
技术规范	18	2019 年 9 月	《挥发性有机物治理设施运行管理技术规范（试行）》
	19	2020 年 4 月	《整车制造业挥发性有机物控制技术指南》
	20	2020 年 4 月	《汽车零部件制造业（涂装）挥发性有机物控制技术指南》
	21	2020 年 11 月	《挥发性有机物综合治理一厂一策编制技术指南》
	22	2021 年 6 月	《设备泄漏挥发性有机物排放控制技术规范》
	23	2022 年 4 月	《工业企业挥发性有机物泄漏检测与修复技术指南》

（三）移动源协同减排抵消刚性增量

通过推进公共交通、新能源替代和港口多式联运发展，调整优化交通运输结构。城市客运方面，进一步提升公共交通出行比重。城市货运方面，积极推进绿色配送工程和推广应用新能源城市配送车辆。市际客货运方面，制定发布《上海市推进运输结构调整实施方案（2018~2020 年）》，明确运输结构调整目标要求。大力推进多式联运发展，2020 年，水水中转比例达到 48.3%，较 2015 年上升 3.3 个百分点；海铁联运量达到 14.2 万 TEU，较 2015 年增长 1.6 倍。

加快淘汰、提标、新能源发展等措施持续推动机动车船等移动源污染减排。机动车方面，严格提升新车排放标准，2017 年 1 月、2018 年 1 月先后实施重型、轻型柴油货车国五阶段排放标准；2019 年 7 月，提前实施轻型汽车国六 b 阶段排放标准，重型燃气车实施国六 a 阶段排放标准。加大国三柴油车监管力度，出台国三柴油货车限行及提前淘汰补贴政策，完成 4000 余辆重型柴油车排放远程在线系统建设及联网工作。严格用车管理，实施《汽油车排气污染物排放限值及测量方法（双怠速法及简易工况法）》（GB18285-2018）和《柴油车污染物排放限值及测量方法（自由加速法及加载减速法）》（GB3847-2018），全面落实机动车排放检验与强制维护（I/M）制度，实现检验超标机动车闭环管理。油品方面，持续提升油品质量，2018 年 10 月起，全面提前供应国六标准车用汽柴油，实现"三油并轨"。持续加强新能源车推广，推动提升新能源车在公交、出租、环卫、市内货运等行业和个人新增购置车辆中的占比。非道路移动机械方面，实施非道路移动机械申报登记和标志管理，完成近 5 万台机械注册登记，划定高排放非道路移动机械禁止使用区。开展非道路移动机械环保一致性核查工作和专项执法工作。船舶和港口方面，从船舶燃油硫含量、燃油供应、岸电建设和使用、清洁能源布局等方面出台具体措施，推进船舶排放控制区政策落实。先后于 2016 年 4 月、2018 年 10 月率先实施了"泊岸转油"和"在行船舶使用低硫燃油"控制措施，发布《上海市港口岸电建设方案》。目前全市在用码头已具备岸电供应能力的专业化泊位共计 29 个，岸电泊位覆盖率达 33.7%；推进港口装卸设备"油改电"，推广港口 LNG 内集卡。

各类移动源是全市特别是城区 NOx 和 VOCs 重要排放来源，直接影响全市 NO_2 浓度变化。2013～2021 年，在全市汽车保有量以年均约 27 万辆的速度刚性增长的背景下，监测数据显示，2021 年全市年均 NO_2 浓度达到 $33\mu g/m^3$，较 2013 年下降约 31%，移动源协同减排成功抵消了刚性增长带来的排放增量（见图 2）。

图 2　2013～2021 年上海市 NO_2 年均浓度和汽车保有量演变时间序列

（四）面源减排与监管取得积极实效

扬尘污染防治取得积极实效。大力推广绿色建筑和装配式建筑，全市外环线以内符合要求的新建民用建筑 100% 采用装配式建筑，外环线以外在 50% 的基础上进一步增加。加快绿色工地创建，全市文明施工达标率达到 98% 以上，拆房工地降尘设备安装率达到 90% 以上。推广扬尘在线监测系统，扬尘在线监测联网点位超过 3600 个。加强道路扬尘污染防治的精细化管理。社会生活领域污染源综合治理进一步加强。建立油品储运销体系油气回收长效管理机制；推进汽修行业整治，制定汽修行业专项整治工作方案；深化油烟气治理，开展餐饮油烟气高效治理技术试点和推广，加强设施运行监管。农业源氨挥发减排和秸秆禁烧综合利用持续推进。适度扩大绿肥种植，推动使用长效缓释氮肥。加强秸秆禁烧和综合利用，秸秆综合利用率达到 96% 左右，农作物秸秆在有机肥、饲料、食用菌基质料等行业应用且规模逐步扩大。上海历年生态环境状况公报显示，2013~2017 年区域和道路降尘总体呈现持续下降趋势，2021 年道路扬尘移动监测浓度较 2018 年下降约 27%，显著高于同期全市粗颗粒物（PM_{10}）平均浓度降幅（14%），表明全市扬尘面源得到有效控制。

（五）协同减排推动空气质量显著改善

通过上述措施的落实，排放清单跟踪数据显示，2021 年上海 SO_2、NOx、VOCs 和 $PM_{2.5}$ 排放量分别较 2013 年下降 54%、34%、35% 和 32%。SO_2 和 NOx 减排主要来自电厂超低排放改造、工业锅炉清洁能源替代、宝武集团超低排放改造和船舶实施低硫油替代等措施，以及老旧车和非道移动机械淘汰更新等措施；VOCs 减排主要来自工业 VOCs 综合整治、老旧车淘汰更新和建筑涂料源头替代等措施；一次 $PM_{2.5}$ 排放下降主要来自工业锅炉清洁能源替代、扬尘综合整治、老旧车淘汰和宝钢超低排放改造等措施。

上海空气质量显著改善，2013~2021 年期间，上海市空气质量指数（AQI）优良率总体持续提升，2021 年，AQI 优良率达 91.8%，创历史新高，较 2013 年增长约 26 个百分点，较 2017 年增长约 12 个百分点。2021 年优级天数达 125 天，较 2013 年、2017 年分别增加 46 天和 32 天，中重度污染天合计 1 天，较 2013 年、2017 年分别减少 24 天、11 天，重度污染天连续 3

年保持在 1 天以内，基本消除重污染。从具体污染物浓度来看，2021 年，SO_2、NO_2、$PM_{2.5}$ 和 PM_{10} 年均浓度分别为 $28\mu g/m^3$、$33\mu g/m^3$、$28\mu g/m^3$ 和 $44\mu g/m^3$，较 2013 年分别下降 75%、31%、55% 和 46%，较 2017 年分别下降 50%、25%、28% 和 20%。2021 年 O_3 日最大 8 小时浓度第 90 百分位为 $144\mu g/m^3$，较 2017 年下降约 20%。从达标情况来看，相较于 2013 年仅 SO_2 和一氧化碳（CO）达到国家空气质量二级标准，2021 年，SO_2 和 PM_{10} 年均浓度已达到一级标准，NO_2、$PM_{2.5}$、O_3 浓度均达到了二级标准，6 项污染物全面达标。

图 3　2013～2021 年上海市 AQI 优良率与污染天数演变时间序列

二　上海大气污染物深入协同减排重点方向

（一）NOx 和 VOCs 协同减排是空气质量改善关键

尽管前期改善成效显著，上海空气质量和国际国内领先地区相比仍有较大差距，上海市 $PM_{2.5}$ 年均浓度约为国际水平的 1.1～2.8 倍，O_3 可比浓度指标较发达国家水平高 20%～80%。当前上海首要大气污染物仍以 $PM_{2.5}$ 和 O_3 为主，但污染格局已较 2013 年有显著差异。一方面，$PM_{2.5}$ 浓度持续下降，PM$_{2.5}$中的SO$_4^{2-}$以及一次组分（如EC、Cl$^-$等）降幅显著，而硝酸盐和有机组分的浓度降幅较小且占比持续增长，两者已成为助推PM$_{2.5}$高污染的关键组分[①]，而NOx和VOCs是这两个关键组分的主要前体物，同时也是O$_3$的关键前体物。另一方面，O$_3$首要污染物占比已连续5年（2017~2021年）超过PM$_{2.5}$，成为占比最高的污染物，且其浓度未见明显下降趋势。研究表明，上海市臭氧由VOCs控制逐步转为NOx和VOCs协同控制[②]。春夏季高O$_3$、高NO$_2$会导致夜间硝酸铵的生成，易出现O$_3$和PM$_{2.5}$协同污染的特征。因此，NOx和VOCs协同减排是PM$_{2.5}$和O$_3$协同控制的关键。从排放现状来看，上海市NOx和VOCs排放总量与强度仍处于高位。大气污染物排放清单数据[③]显示，上海市的NOx和VOCs年排放量均显著高于长三角区域其他城市，排放强度（单位面积排放量）为长三角区域其他省份的2~7倍，为美国平均水平的2~3倍。与地理位置、气象条件和经济水平相近的美国加利福尼亚州、得克萨斯州相比，排放强度为两者的3~17倍。综上所述，中长期深化推进NOx和VOCs协同减排是上海空气质量持续改善的关键。

（二）结构和源头优化将成为协同减排主要驱动力

通过多年的提标改造，上海电厂和锅炉排放标准已达国际先进水平，钢铁行业超低排放改造也即将完成，工业领域VOCs治理基本实现全覆盖，机动车新车国六排放标准与国际基本接轨，各重点领域通过末端治理实现减排的空间已大幅压缩。随着碳达峰碳中和战略逐步实施，集成电路、生物医

① M. Zhou, G. Zheng, H. Wang, "Long-term Trends and Drivers of Aerosol pH in Eastern China", *Atmospheric Chemistry and Physics* 2022, Vol. (20).

② W. Wang, D. D. Parrish, S. Wang, "Long-term Trend of Ozone Pollution in China during 2014-2020: Distinct Seasonal and Spatial Characteristics and Ozone Sensitivity", *Atmospheric Chemistry and Physics* 2022, Vol. (22).

③ J. An, Y. Huang, C. Huang, "Emission Inventory of Air Pollutants and Chemical Speciation for Specific Anthropogenic Sources based on Local Measurements in the Yangtze River Delta Region, China", *Atmospheric Chemistry and Physics* 2021, Vol. (21).

药、新能源汽车、高端装备制造和航空航天等新兴产业加速发展，能源、产业、交通等领域结构调整将成为深化协同减排的主要驱动力。在能源领域绿色低碳发展的背景下，SO_2、NOx 和一次 $PM_{2.5}$ 这些与二氧化碳同根、同源、同过程的大气污染物具备较好的协同减排基础。钢铁行业逐步降低铁钢比，炼钢工艺长流程转向短流程，提升电炉钢比重，将是其减污降碳的重要方向。产业结构方面，伴随产业领域新兴产业高速增长，逐步摆脱对高耗能、高污染传统重工业的依赖，将有效释放其存量减排空间。针对以无组织逸散排放为主的溶剂使用过程的 VOCs 排放，低 VOCs 含量原辅料源头替代相较于过程控制与末端治理减排优势明显，这一源头措施仍需持续深入推进。交通领域新能源机动车、非道路移动机械和船舶加快推广应用，既有助于控制保有量刚性增长带来的排放增量，也有助于加快削减传统燃油车船排放存量。此外，提前规划布局水路、铁路及配套设施，提升多式联运发展水平，对减少公路运输带来的 NOx 和一次 $PM_{2.5}$ 排放将有显著效果。

三　上海大气污染物进一步协同减排路径展望

（一）推进能源低碳转型，优化能源消费结构

实施能源领域碳达峰碳中和发展战略，加快能源领域低碳转型，大力发展光伏、风电、生物质发电和低热利用等可再生能源；加快天然气产供储销体系建设，不断拓展上游增量气源，加快提升天然气储备能力，持续提升可再生能源和天然气等清洁低碳能源消费占比；稳步削减煤炭消费总量，通过优化电力调度、减少非高峰时段机组出力等方式，进一步削减发电用煤；推动钢铁行业短流程生产工艺改造，推动喷吹煤天然气替代，严控石化、化工行业煤炭消费，逐步削减非电行业煤炭消费。

（二）加快产业绿色发展，强化 VOCs 源头防控

加快生物医药、集成电路、新能源汽车、航空航天等新兴行业发展，推

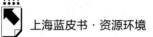

动钢铁、石化、化工等重点行业碳达峰，严控粗钢、炼油等产能规模，遏制高能耗、高污染、低水平项目发展，加快推进高桥、吴泾等重点地区整体转型，依法依规有序推进环保、安全、质量、能耗、技术达不到标准的行业落后产能退出。

完成新一轮 VOCs 排放综合治理，对石化、化工、工业涂装、包装印刷、油品及有机液体储运销、涉 VOCs 排放工业园区和产业集群等 2300 余家单位开展"一厂一策"综合治理。

大力推进工业涂装、包装印刷、涂料、油墨、胶粘剂行业低挥发性原辅料产品的源头替代。参照国标《低挥发性有机化合物含量涂料产品技术要求》，使用水性、粉末、高固体分、无溶剂、辐射固化等低 VOCs 含量的涂料，水性、辐射固化、植物基等低 VOCs 含量的油墨，水基、热熔、无溶剂、辐射固化、改性、生物降解等低 VOCs 含量的胶粘剂，以及低 VOCs 含量、低反应活性的清洗剂等，替代溶剂型涂料、油墨、胶粘剂、清洗剂等，从源头减少 VOCs 产生。建立低 VOCs 推广应用的跟踪评估机制，支持重点行业低 VOCs 含量原辅料及产品技术研发和产业链延长，出台低 VOCs 产品推广的激励政策，着手研究"活性物种控制"代替"总量控制"方案。

加强无组织排放控制。重点对含 VOCs 物料（包括含 VOCs 原辅材料、含 VOCs 产品、含 VOCs 废料以及有机聚合物材料等）储存、转移和输送、设备与管线组件泄漏、敞开液面逸散以及工艺过程等五类排放源实施管控，通过设备与场所密闭、工艺改进、废气有效收集等措施，削减 VOCs 无组织排放。

（三）优化交通运输结构，实施移动源智慧监管

持续推进绿色高效交通运输体系建设，努力打造公交优先、慢行友好的城市客运体系，进一步完善枢纽型、功能性、网络化、一体化公共交通体系。

持续推进绿色货运发展。积极推动货运向"公转铁""公转水"方式发展，进一步提升铁路、水路货运比重。深化集疏运结构调整，积极推动本地

港航企业与长江沿线、长三角区域内港口合作，优化港口集疏运结构，提高水水中转比例，积极鼓励发展江海联运、江海直达、滚装运输、甩挂运输等运输组织方式，基本形成规模化、集约化、快捷高效、结构优化的现代化航运集疏运体系。深化外高桥港口布局调整，完成沪通铁路二期建设，疏解外高桥港区集装箱公路运输需求；在加快推进建设沿江通道（郊环）越江铁路隧道的基础上，研究外高桥港区周边郊环与外环共线段改造，建设集装箱专用道。适度控制并逐步减少外高桥港区集装箱公路运输体量，优先发展水运中转功能，削减运输密集区域柴油车氮氧化物排放。

优化港区功能布局。推进小洋山北侧支线码头建设，优化外高桥、洋山港区集装箱近远洋线布局。加快研究郊环及主要对外物流通道建设货运堆场中心站。提升内河水运在港口多式联运系统中的作用。健全内河水运网络，进一步提升内河通航条件。积极探索长三角毗邻地区物流设施（物流园区、配送中心、货运场站）一体化发展，优化集装箱堆场布局，加快研究堆场向郊环及主要对外物流通道集聚，远期按照"口岸物流互通、工业物流集中、城市物流分散"的原则，谋划货运交通基础设施。

深化机动车总量控制。研究柴油货车和郊区牌照纳入总量控制政策。通过实施提前报废补贴和限行措施，加快淘汰国三柴油车，加快国二及以前汽油车淘汰。强化国四和国五柴油车排放监管。构建全市移动源污染防治智慧化管理系统，实现精准、闭环、动态化管理。通过智慧化监管，实现对重点用车大户、重点车型、重点生产企业的全生命周期闭环管理。

加大新能源汽车推广力度，将新能源车辆纳入总量控制管理。公交、出租、环卫、邮政、公务、市内货运等领域新增车辆力争全面实现电动化，提升个人新增购置车辆中纯电动车辆占比。

严格实施机动车新车国六排放标准，在用汽油、柴油车排放限值和道路运输车辆燃料消耗量限值准入标准。实施重型柴油车国六 b 阶段排放标准，并积极研究实施更高排放标准的可行性和成本效益。完善长三角区域机动车共享体系，推进机动车"天地车人"一体化监控系统建设。

强化港区污染综合治理。持续提高船舶能效水平，加快发展电动内河船舶，新增环卫、轮渡、黄浦江游船、公务船等内河船舶原则上采用电力或液化天然气驱动，积极推广液化天然气燃料、生物质燃料等在远洋船舶中的应用。全面落实船舶排放控制区实施方案和全球限硫令要求，加强船舶使用燃油和替代措施的执法检查，强化船用低硫油供应保障和质量监管。推动实施船舶进入排放控制区使用硫含量≤0.1%m/m的燃油控制措施，并建立完善船用低硫油供应体系，加快研究启动船舶NOx排放控制区。加大岸电使用推广力度，强化监管和引导逐步提升岸电使用比例，持续提升港内车辆和设备清洁能源使用占比。

加大非道路移动机械的污染防控。严格实施非道路移动机械高排放禁止区执法监管，加快未达到国二标准机械淘汰更新。建立非道路移动机械远程排放监管体系，强化非道路移动机械排气监管，严格查处不符合使用规定的机械。持续提升飞机燃油效率，淘汰老旧高能耗飞机，优化机队结构。加快推进机场非道路移动机械清洁能源全面替代，提升机场航站楼远机位地面辅助电源利用率，推进机场地勤设备"油改气""油改电"或改用其他清洁能源。

（四）培养绿色生活方式，提升面源管控水平

制定绿色采购推荐目录，引导企业在现有涂料、溶剂的使用环节开展低挥发性有机物含量产品替代。推进修缮现场封闭式作业，通过设置封闭搅拌场所严格控制扬尘污染；加强扬尘在线监测执法，对于数据超标和安装不规范的行为加大惩处力度。

完善加油站、储油库、油罐车油气回收长效管理机制，完成原油和成品油码头油气回收，原油、汽油（含乙醇汽油）、石脑油等装船作业全部安装油气回收设施。汽修行业实现绿色汽修设施设备及工艺的升级改造，汽修涂料采用低挥发性涂料。开展餐饮油烟气高效治理技术推广，加强设施运行监管，城市地区餐饮服务场所全部安装高效油烟净化装置。推进饮食服务业在线监控设施的安装使用和集约化管理。推广使用低VOCs含量生活日用品。

稳步推进畜禽养殖业恶臭和氨排放协同治理；种植业集中区域，试点推广生态种养、翻施沟施等种植业氨减排技术；选择农业源典型生产模式，试点主要环节氨排放在线监测。

参考文献

王文兴、柴发合、任阵海、王新锋、王淑兰、李红、高锐、薛丽坤、彭良、张鑫、张庆竹：《新中国成立 70 年来我国大气污染防治历程、成就与经验》，《环境科学研究》2019 年第 10 期。

柴发合：《我国大气污染治理历程回顾与展望》，《环境与可持续发展》2020 年第 3 期。

国家统计局：《中国能源统计年鉴 2020》，中国统计出版社，2022 年 3 月。

Min Zhou, Guangjie Zheng, Wang Hongli, Qiao Liping, Zhu Shuhui, Huang DanDan, An Jingyu, Lou Shengrong, Tao Shikang, Wang Qian, Yan Rusha, Ma Yingge, Chen Changhong, Cheng Yafang, Su Hang, Huang Cheng, "Long-term Trends and Drivers of Aerosol PH in Eastern China", *Atmospheric Chemistry and Physics*, 2022. Vol. 22（20）.

Wang Wenjie, Parrish David D., Wang Siwen, Bao Fengxia, Ni Ruijing, Li Xin, Yang Suding, Wang Hongli, Cheng Yafang, Su Hang, "Long-term Trend of Ozone Pollution in China during 2014 – 2020：Distinct Seasonal and Spatial Characteristics and Ozone Sensitivity", *Atmospheric Chemistry and Physics*, 2022. Vol. 22（13）.

An Jingyu, Huang Yiwei, Huang Cheng, Wang Xin, Yan Rusha, Wang Qian, Wang Hongli, Jing Sheng'ao, Zhang Yan, Liu Yimin, Chen Yuan, Xu Chang, Qiao Liping, Zhou Min, Zhu Shuhui, Hu Qingyao, Lu Jun, and Chen Changhong. "Emission inventory of air Pollutants and Chemical Speciation for Specific Anthropogenic Sources based on Local Measurements in the Yangtze River Delta Region, China", *Atmospheric Chemistry and Physics*, 2021. Vol. 21（3）.

B.7

长三角生态绿色一体化发展示范区
生态环境协同治理的制度创新研究

王琳琳*

摘　要： 长三角生态绿色一体化发展示范区在生态环境协调治理方面创造了一批可复制可推广的制度经验，对我国跨区域生态环境保护具有重要借鉴意义。首先，本文从跨地区跨部门协同机制、生态环境管理"三统一"制度、跨界水体一体化管理机制、环评制度改革等角度总结了长三角生态绿色一体化发展示范区生态环境协同治理制度创新的实践成效。其次，本文结合新发展形势，分析生态环境协同治理在深入过程中需要进一步强化环境利益协调、标准统一、产学研协同和多元主体参与等问题。最后，针对面临的挑战和成因，本研究从完善行政合作框架、强化多元协作载体、促进技术创新赋能和构建协同治理网络四个方面提出了完善建议。

关键词： 长三角　生态环境　协同治理

建设长三角生态绿色一体化发展示范区（以下简称"一体化示范区"）是落实长三角一体化国家战略的先手棋和突破口。2019年11月，一体化示范区在上海市青浦区揭牌成立，范围包括上海青浦区、江苏吴江区、浙江嘉善县，总面积约2300平方公里。自挂牌以来，一体化示范区积极探索跨区

---

* 王琳琳，上海社会科学院生态与可持续发展研究所助理研究员，研究方向为可持续发展与协同治理。

域发展新机制，在跨地区跨部门协同机制、生态环境管理"三统一"制度、跨界水体一体化管理机制、环评制度改革等方面实现重大突破，生态环境治理取得显著成效，获评上海唯一的国家生态文明建设示范区。三年来，一体化示范区生态环境质量呈现稳中有升趋势。2021 年，示范区环境空气质量指数（AQI）优良率为 87.4%，较 2019 年上升 9.0 个百分点，PM2.5、SO_2、CO、O_3 平均浓度较 2019 年分别下降 26.3%、25.0%、9.1%、11.2%。地表水环境质量优Ⅲ类水质断面比例为 84.6%，较 2019 年上升 9.6 个百分点，主要污染物评价指标逐年改善①。因此，总结一体化示范区在生态环境协同治理方面的制度创新，对推进其他跨区域生态协同治理有重要的示范作用。本文对一体化示范区生态环境协同治理过程中的制度创新进行系统总结，分析其面临的挑战及成因，提出在新的发展条件下生态环境协同治理的优化对策。

一　一体化示范区生态环境协同治理的制度创新和成效

三年以来，沪苏浙两省一市三级八方生态环境部门会同示范区执委会坚持生态绿色一体化发展的战略导向，共同谋划，系统推进，在不破行政隶属、打破行政边界的情况下，积极探索跨区域生态环境一体化管理的制度创新，创造了一批可复制可推广的制度经验。

（一）深化跨地区跨部门协作，强化协同机制共建

协同治理是一种以共识为导向的集体决策模式，通过对跨行政单位、跨部门和跨行业的资源整合，实现各个组织行为主体之间战略协同、政策协同、制度协同和工作协同，以实现整体大于部分之和的治理功效。

1. 建立多方决策协调机制

为有效推进落实一体化示范区生态环境管理工作，相关方面建立了由两

---

① 《美丽长三角｜共建清洁美丽长三角 示范区 2021 年度生态环境质量状况发布》，上观新闻网，2022 年 6 月 5 日，https：//sghexport. shobserver. com/html/baijiahao/2022/06/05/761958. html。

省一市生态环境部门牵头，示范区执委会、三级八方生态环境和市场监管部门相关领导参加的联席会议和联络员制度，专门负责示范区内跨行政单位和跨部门的管理与协调，保证生态治理工作全面进行。其中，联席会议是环保协同协作的重要交流协商平台，下设工作协调小组和专家技术小组，统筹协调示范区内生态环境保护相关的重大事项。定期召开的联络员工作例会则可以加强工作联络和协调，对生态环保工作协同的进展、存在的具体问题和困难进行总结梳理，分析其产生的原因并共商改进建议。

2. 签订区域合作框架协议

区域各政府间通过协议推进合作是一体化示范区生态环境协同治理实践的重要范式。作为一种行政契约，区域合作框架协议是一种公共管理的有效方式和手段。2019 年 1 月，青吴嘉三地环保部门签订《青浦区、吴江区、嘉善县一体化生态环境综合治理框架协议》，协同开展一体化示范区生态环境综合治理工作，确保区域生态环境安全，切实提升区域内生态文明建设和绿色发展水平。2019 年 5 月，青吴嘉三地环保部门进一步签订《关于一体化生态环境综合治理工作合作框架协议》，明确了一体化生态环境综合治理工作在规划契合、环境标准、信息共享、共治共保等十个方面的重要内容，为生态环境联防联控奠定了基础。

3. 探索区域协同立法

完善的法律法规体系是协同治理工作开展必要的行政环境基础。为更好地增强政策协同的向心力，青吴嘉三地人大于 2019 年 5 月签订了《青浦、吴江、嘉善人大助推长三角一体化发展示范区建设合作框架协议》，环保联合是六大重点领域之一。青吴嘉三地人大定期召开人大常委会主任例会，有序互动，寻求最大合力并发挥作用。2020 年 9 月，沪苏浙两省一市三地人大分别表决通过《关于促进和保障长三角生态绿色一体化发展示范区建设若干问题的决定》，共同赋予示范区执委会相关省际管辖权。该决定是首次就示范区建设同步做出的实质性区域协调立法，为生态环境协同治理提供了及时有效的跨省域法治保障。

（二）建设生态环保"三统一"制度，打通跨区域生态环境管理体系

"三统一"制度主要是指生态环境标准统一、环境监测统一和环境监管执法统一。这三个领域的统一，意味着打通了跨区域生态环境管理体系，形成了统一的生态环境监管尺度和生态环境行为准则，为有效解决跨区域环境问题提供了重要制度性保障。为实现"三统一"制度创新，沪苏浙两省一市有关部门联合相关单位先后出台了多部文件，系统推进"三统一"制度的实施（见表1）。三年来，一体化示范区生态环境"三统一"制度持续深化，在跨区域生态环境一体化制度创新上迈出坚实一步，生态系统跨区域分而治之的局面得以扭转。

1. 加快生态环境标准统一

一体化示范区在国内首创跨省域标准统一立项、统一编制、统一审查、统一发布的"四统一"工作机制，于2021年3月发布首批环保领域统一标准，具有开创性和里程碑式的意义。《长三角生态绿色一体化发展示范区挥发性有机物走航监测技术规范》等首批3项技术规范的发布与实施，不仅有效推进了示范区内监测技术和质量管理体系的统一，也为示范区乃至长三角范围的环境监测和执法工作奠定了基础。

表1　一体化示范区生态环保"三统一"制度相关文件梳理

序号	发布时间	出台的规划/方案/行动计划	主要内容
1	2019年11月	《长三角生态绿色一体化发展示范区总体方案》	明确提出要加快建立生态环保"三统一"制度
2	2020年5月	《两区一县环境执法跨界现场检查互认工作方案》	率先实现跨界执法协作互认，形成三地执法人员异地执法工作机制
3	2020年10月	《长三角生态绿色一体化发展示范区生态环境管理"三统一"制度建设行动方案》	提出建设生态环保"三统一"的56项具体任务
4	2020年11月	《长三角生态绿色一体化示范区空气质量预报工作方案》	首次创新性提出了跨区域轮值首席制度

续表

序号	发布时间	出台的规划/方案/行动计划	主要内容
5	2021 年 3 月	《长三角生态绿色一体化发展示范区挥发性有机物走航监测技术规范》	国内首个针对挥发性有机物走航监测的标准化文件
6	2021 年 3 月	《长三角生态绿色一体化发展示范区固定污染源废气现场监测技术规范》	国内首个以"现场监测"为主要关注点的技术标准
7	2021 年 3 月	《长三角生态绿色一体化发展示范区环境空气质量预报技术规范》	国内首次从预报业务工作的角度对开展环境空气质量预报的流程和技术方法进行了规范化
8	2021 年 10 月	《长三角生态绿色一体化发展示范区生态环境监测统一网络建设方案(2021~2023 年)》	加快推进示范区生态环境监测统一工作
9	2022 年 7 月	《生态环境管理第三方服务规范(试行)》	统一规范了示范区生态环境管理第三方准入要求、服务要求和考核要求

2. 加快环境监测统一

统一的环境监测标准是保证环境数据准确性的重要条件。在监测统一方面,青吴嘉三地环保部门率先建立了"1+7"的示范区统一环境监测网络体系,按照监测"五统一"原则①提升生态环境监测数据质量,并通过统一的平台实现监测数据互联互享,逐步推进生态环境联动监测机制的完善。三地开展了跨域统一的生态环境调查评估并构建形成调查评估指标体系。2022年6·5世界环境日,沪苏浙三地环保部门和一体化示范区执法委员会共同发布2021年示范区生态环境质量状况评价报告,这是全国首部基于统一尺度、统一标准开展的跨行政区域生态环境质量年度评价报告,为全国其他地区构建跨区域生态环境质量评价体系提供了示范样本。

3. 加快环境监管执法统一

为凝聚各方环境监管执法合力,共护区域环境,青吴嘉三地环保部门共

---

① "五统一"原则:统一的监测时间、统一的监测频率、统一的监测指标、统一的监测方法和统一的评价标准。

同印发了《两区一县环境执法跨界现场检查互认工作方案》和年度联合执法计划，建立了跨域统一的执法规程，组建综合执法队伍，多次开展示范区跨界联合执法，入选2021年度生态环境部优化执法方式第一批典型做法和案例。同时，积极探索区域联合执法、跨界生态环境执法、行政处罚自由裁量统一等20多项制度创新任务，并加强三地执法信息互通，杜绝污染企业"打一枪换一地"的游击战行为。

（三）实施跨界水体一体化管理制度，共推水体联保共治

一体化示范区属于太湖流域环淀山湖地带，水网密布，分布有太浦河、汾湖、淀山湖、元荡湖（"一河三湖"）等重点河流湖泊，水面率达18.6%，是长三角区域重要的水源涵养地[①]。改革开放以来，随着长三角地区工业化和城镇化的快速推进，污染物排放量增多，流域污染负荷日益加重，跨界水污染问题十分突出。但由于行政壁垒、职能分割、地方保护主义等因素，协同治污效果不高。因此，水环境治理成为一体化示范区生态协同的重要内容之一。一体化示范区成立后，青吴嘉三地陆续出台《长三角生态绿色一体化发展示范区重点跨界水体联保专项方案》等多项政策，围绕"一河三湖"等主要水体创建三地共治一方水的一体化治理模式，推动示范区内跨界水体从分段分界治理走向流域性一体化治理。具体来看，一体化示范区在制度上做了以下创新。

1. 进一步夯实联合河湖长机制

2020年，水利部太湖流域管理局、江苏省河长办、浙江省河长办、上海市河长办联合设立太湖淀山湖湖长协作机制，共同推进"一河三湖"等重点跨界水体联合河湖长制工作。此后，青吴嘉两区一县又在联合河湖长制工作联席会议制度、联合河长湖长巡河工作制度、联合河长制考核制度等方面出台了多项文件，进一步明确了示范区联合河湖长制各项年度工

---

① 孙杰、刘冬、杨悦等：《长三角生态绿色一体化发展示范区生态环境联防联控机制研究》，《中国生态文明》2022年第4期。

作，有力保障了联合河湖长制度化运行取得实效。两年来，示范区"一河三湖"等重点跨界水体实现了联合河湖长的全覆盖，两区一县共任命或聘请240余名联合河湖长，联合巡河、联合治理、联合养护、联合执法、联合监测"五个联合"机制已实现常态化。

2. 完善联合监测监管机制

跨流域水资源的联合监测监管是一体化示范区联防联控的重要内容。一是不断完善联合监测和预警体系。2020年以来，两省一市生态环境部门共同编制了《长三角生态绿色一体化发展示范区环境监测联动工作方案》《长三角生态绿色一体化发展示范区地表水手工监测网络优化实施方案》等文件，不断推进示范区重点区域水质联合监测工作，示范区生态环境协同监测的长效工作机制已初步成形。二是研究形成了太浦河沿线相关水源地一体化管理要求，积极推进示范区跨界水源保护区协同划分方案的联合制定、联合报批工作。2022年8月，沪苏浙生态环境部门同示范区执委会联合签订《加强长三角生态绿色一体化发展示范区饮用水水源地生态环境保护联防联控工作备忘录》，进一步明确了示范区跨界饮用水水源地联防联控的重点任务。上海市和浙江省分别批复黄浦江上游和嘉善长白荡饮用水水源保护区规划，实现了沪浙跨界水源地的协同划分，并同步配套制定了示范区跨界饮用水水源地联合保护、一体管控和共同决策机制。三是进一步加强了太浦河水生态保护和管控，深入开展了入河排污口整治工作，形成太浦河排污口清单目录。四是有效落实了太浦河流动源污染监管。以加强船舶流动风险源日常监管为重点，建立区域联动机制，三地共同开展了流动源污染联合执法行动。

3. 完善共同执法会商机制

为进一步加强示范区联合巡查、共同执法，2020年以来，青吴嘉三地共同制定了《长三角生态绿色一体化发展示范区水行政执法联动协作工作方案（试行）》等文件，成立了"示范区生态环境综合执法队"，通过指挥调度、队伍建设、检查程序、执法力度和自由裁量的统一，实施生态环境有效监管，极大地提升了执法效能。同时，首次构建示范区生态环境评估指标体系，完成示范区"一河三湖"生态环境调查评估。评估结果显示，在三地的共同努力下，2021年和2022年上半年"一河三湖"水环境质量已达到或优于2025年功能目标要求。以太浦河为例，现状水质优于功能目标，饮用水水源地水质安全得到有效保障。从2021年1月至2022年6月，太浦河平均水质类别均为Ⅱ类，同比持平，优于2025年功能目标要求（Ⅲ类）。2021年以来，太浦河干流各监测断面逐月水质总体达标，仅太浦河桥和平望大桥断面个别月份水质类别为Ⅳ类。

（四）加快环评制度改革，持续优化营商环境

2021年10月，两省一市生态环境部门会同示范区执委会联合印发《关于深化长三角生态绿色一体化发展示范区环评制度改革的指导意见（试行）》（以下简称《指导意见》）。《指导意见》坚持问题导向、突出系统集成，充分吸收两省一市和其他省市的做法经验，提出了四大方面共计14条具体改革举措。一年多来，示范区会同两区一县围绕《指导意见》落地，持续完善配套政策，规范办事流程，加强闭环监管、促进提质增效，实实在在做到了环评要求不降低、环评审批更便利、项目管理更精准。

1. 强化规划环评与项目环评联动

截至2022年10月，示范区降低环评文件等级项目数量361个。其中，嘉善县351个、青浦区4个、吴江区6个。例如，吴江区探索创新"绿岛"项目建设，在工业、农业、服务业等领域探索建设多主体共享的集中治污设施，实现污染物统一收集、集中治理、稳定达标排放。截至2022年5月，示范区两区一县共有24个建设项目按规定优化了环评手续，每个建设项目的环评费用可节省50%以上，环评审批提速约80%，示范区环评制度改革取得阶段性成效①。

2. 实施项目环评管理"正面清单"制度

目前，示范区已实施了超过150个告知承诺审批项目。青浦区超过1/4

---

① 《审批提速约80%！长三角一体化示范区建设项目 环评制度改革红利释放》，《嘉兴日报》2022年5月29日。

的建设项目已享受环评豁免，嘉善县已累计完成 105 个环评承诺登记备案项目。示范区会同两区一县已实现环评审批全程网办，网上申报率、审批率均实现 100%。小微企业打捆环评审批在示范区首先改革试点，青浦区不断优化重大项目环评审批服务保障，探索市政基础设施打捆环评审批；嘉善县首先试点小微园区打捆环评审批，建设 7 个小微产废企业危废收集平台，现已实现运营全覆盖①。

3. 做好环评制度与相关生态环境制度的统筹衔接

改革以来，示范区已完成 3 例环评和排污许可"两证合一"行政审批。在加强事中事后环境监管方面，示范区不断加强对环评项目的事中事后监管，2021 年青浦区环评审批文件（含告知承诺）事中事后抽查比例达 45%，同比增长 19%。嘉善县持续开展环评单位和环评工程师诚信档案专项整治工作，全面参与《嘉兴市建设项目环评管理及报告编制"领跑者"制度实施方案（修订）》要求的 2022 年第一季度评选工作。整体来看，示范区环评改革举措走在全国前列，先行先试，形成了一批较有特色的实践经验，并辐射带动周边区域，得到逐步复制推广。

除此之外，在碳达峰碳中和目标下，绿色低碳、节能降耗已成为一体化示范区生态环境协同治理的新焦点。2022 年 9 月，一体化示范区执委会联合两省一市发展改革、生态环境部门和两区一县政府联合制定《长三角生态绿色一体化发展示范区碳达峰实施方案》和《长三角生态绿色一体化发展示范区水乡客厅近零碳专项规划》，确定碳达峰碳中和工作联合推进机制。其中，《长三角生态绿色一体化发展示范区水乡客厅近零碳专项规划》是全国双碳领域首部跨省域的重点功能片区实施性专项规划。

---

① 《再结硕果！"小微危废收集在线"列全省"无废城市"数字化改革试点项目第一》，嘉兴市人民政府网站，2022 年 9 月 7 日，https://www.jiaxing.gov.cn/art/2022/9/8/art_1557897_59550013.html。

二 一体化示范区生态环境协同治理面临的挑战及原因分析

生态环境一体化保护创新制度的实施落地，既提升了生态环境治理能力与水平，又降低了整体的管理成本。并且，能够在实践创新过程中形成可复制、可推广的引领性制度范例，更好地示范引领长三角地区开创绿色高质量一体化发展新局面。但新形势下，生态环境协同治理的深入推进面临诸多挑战，制度创新仍需进一步加强。

（一）经济发展不平衡，环境治理利益协同制度有待加强

在区域发展过程中，各利益主体之间的利益冲突与协调一直是世界性难题。一体化示范区各地区经济发展水平存在较大差异，使得各方政府在环境协同治理中的投入能力有所不同。近年来，两区一县之间经济规模差距总体呈现拉大趋势，发展仍然存在不均衡问题（见图1）。从经济总量来看，2021年 GDP 第一位吴江区为 2224.53 亿元，青浦区为 1317.25 亿元，嘉善县为789.26 亿元。吴江区的 GDP 是嘉善县的近 3 倍。按常住人口计算，吴江区人均 GDP 为 17.75 万，青浦区人均 GDP 为 10.19 万，嘉善县人均 GDP 为 12.18 万。

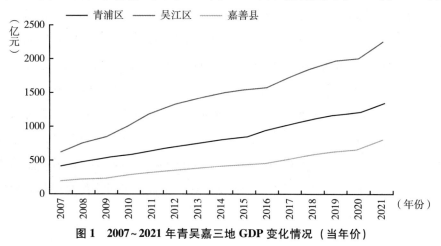

图 1 2007~2021 年青吴嘉三地 GDP 变化情况（当年价）

另外，从产业结构来看，青浦区以第三产业为主（见图2），重点发展战略性新兴产业、生产服务业等。吴江区和嘉善县以第二产业为主。其中，吴江区的第二产业以丝绸纺织、装备制造、电子信息等劳动密集型产业为主，嘉善县的第二产业则以高新技术产业、装备制造业、传统制造业为主。产业结构的差异性使各地对资源的需求不同，进而导致推进环境治理的政策和途径也存在差异。

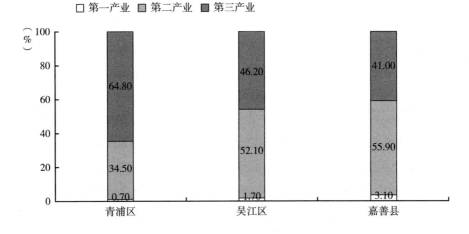

图2 2021年青吴嘉三地产业结构

经济发展水平和产业结构的差异使得区域间的环境治理资金、技术、人员等要素难以协调发展。2021年，青浦区节能环保支出为159.30亿元，吴江区环境保护支出为26.78亿元，而嘉善县2019年的节能环保支出仅为2.11亿元。由此可见，各地政府环境保护支出的差异性，导致环境治理规划措施难以在不同地区得到同步、同效执行。在实际合作过程中，青吴嘉三地政府仍以GDP增长为主要目标，各部门对生态环境的保护意识和关注度不同，地方保护主义依然存在，不利于协同治理的有效推进。随着生态环境治理的区域合作与协同发展进入利益深水区，不同利益诉求的协调和分配将成为重要瓶颈。

另外，跨地区跨部门之间存在"信息壁垒"问题。一体化示范区各地政府及环保部门之间更多以平行关系存在。虽然纵向上接受中央政府的统筹协调，但横向上是地方政府间的联动，没有管理监督指导权力，难以形成强有力的约束和控制。即使建立了信息调度通报和会商机制，府际竞争与府际冲突问题仍然存在，在缺乏牵头部门统筹组织的情况下，数据互通互享面临诸多难点、堵点，协同治理效率有待提高。

（二）条块分割特征明显，环境保护标准制度有待加强

目前，生态环境"三统一"制度建设进度慢，生态协同治理效果不佳的问题仍然存在，主要原因在于各地政府都倾向于追求自身利益最大化，加之受所属行政区域内政策法规的约束，在标准统一方面存在异议。一是青吴嘉两区一县生态空间管控存在差异性，保护尺度不一致。例如，在跨域河流治理方面，位于太浦河下游的青浦区和嘉善县将其定位为饮用水水源，太浦河长白荡饮用水水源保护区更是嘉善县唯一的饮用水水源地，纳入生态红线予以保护。而吴江区内的太浦河则是太湖最主要的泄洪通道，承担着太湖约60%的泄洪任务。三地对太浦河保护尺度的不一致，加之生态保护补偿机制尚未健全，导致太浦河饮用水水源保护区不完整。二是生态环境治理标准也有差异。以三地城镇污水处理厂尾水标准为例，各方对化学需氧量（COD）、氨氮、总氮和总磷等主要污染物的排放限值不同（见表2）。总体来看，青浦区的污染物排放限值高于其他两地。由于未统一排放标准，三地协同治理积极性不高。三是执法标准统一性有待加强。在生态环保"三统一"制度的推进过程中，仍然存在一些跨区域监管体制难以对接的问题。受环境行政执法人员执法区域限制、证件不统一等因素影响，跨区域行政执法行为的合法性受到质疑，联合执法过程中协调配合不够，动真碰硬力度不强，执法成效有待提高。

表2 青吴嘉三地城镇污水处理厂主要污染物排放限值

		青浦区	吴江区	嘉善县	
执行标准		《城镇污水处理厂污染物排放标准》一级 A 及 A+标准	《太湖地区城镇污水处理厂及重点工业行业主要水污染物排放限值》中一、二级保护区标准	《浙江省城镇污水处理厂主要水污染物排放标准》	
				现有	新建
基本控制项目	化学需氧量（COD）	50	40	40	30
	总氮	5(8)*	3(5)*	2(4)**	1.5(3)**
	氨氮	15	10(12)*	12(15)**	10(12)**
	总磷	0.5	0.3	0.3	0.3

＊：括号外数值为水温>12℃时的控制指标，括号内数值为水温≤12℃时的控制指标。

＊＊：括号内数值为每年11月1日至次年3月31日执行标准。

（三）产学研协同不足，环保科技协同创新制度有待加强

科技创新是环境保护的核心驱动力。生态环境协同治理需要借助数字化技术与绿色技术创新手段，明确治理的重点领域，实现全域治理，为推动生态环境进入良性循环轨道指明新路径。一体化示范区不断加强生态环境创新能力。例如，2021年成立的同济大学长三角可持续发展研究院，以创新技术研发与成果转化应用为引导，联合行业龙头企业，探索产学研协同发展新机制。

但总体来看，一体化示范区在环保产业合作、环境科学技术合作等其他领域的区域合作相对较少，科技创新能力与生态环境保护之间缺乏良性协调发展。一方面，科学技术在生态领域应用不够广泛，尤其是对水生态保护与修复、减污降碳、水生生物多样性保护等领域的支撑不够。另一方面，示范区内的科技创新专注于区域产业发展，以新材料研发和高端装备制造为主，节能环保产业规模不足。2019年，青浦区规模以上战略性新兴产业企业数为144户，其中节能环保企业27户，产值为56.10亿元，占战略性新兴产业总产值的15.21%。2021年，青浦区规模以上战略性新兴产业企业数为160户，其中节能环保企业17户，产值为37.26亿元，占战略性新兴产业

总产值的9.50%。无论是从企业数量来看还是从行业产值来看，青浦区环保产业较2019年下降明显。2021年，吴江区规模以上战略性新兴产业企业数为247户，其中节能环保企业23户，产值为161.50亿元，占战略性新兴产业总产值的7.18%。与2019年相比，吴江区环保产业产值有所增加，但在新兴产业总产业中所占的比重变化不大。

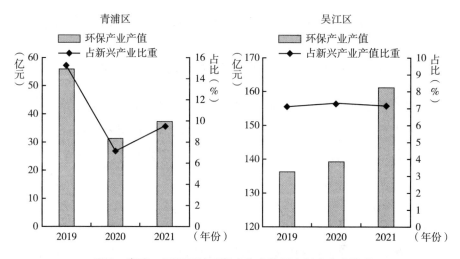

图3　青浦、吴江两地环保产业产值及占新兴产业比重

（四）以行政管制手段为主，多元共治制度创新有待加强

跨区域生态环境的协同治理是一项持久、系统的复杂工程，需要政府、企业、公众等多元主体破圈融合、有序参与。2020年8月，在示范区执委会统筹指导下，长江三峡集团有限公司、上海城投（集团）有限公司等12家单位成立示范区开发者联盟，积极探索业界共治、市场运作的治理新模式。截至2022年7月，联盟成员扩大至53家，为实现示范区跨越式发展赋能助力。但目前一体化示范区还处于制度摸索阶段，在一体化示范区生态治理的实践中，三地政府及生态环境部门仍然是区域环境协同治理的绝对主体，多采用行政性命令和约束性惩罚政策等传统的环境监管手段，企业、公众、社会组织的参与度较低甚至存在缺失。多元主体治理行动的不统一、实

力不均衡、发力不协调等问题导致生态协同治理的系统性、联动性缺乏有效的机制保障。以生态补偿为例，尚未采用生态保护和环境治理联合投入等市场化方式[1]。环境协同治理作为一体化示范区制度创新的新领域，多元主体跨区域参与无成熟经验可循，需要探索新的参与模式和路径。

三 加强一体化示范区生态环境协同治理的建议

（一）完善行政合作框架，创新区域利益的协调机制

完善的利益协调和共享机制是推进示范区生态协同治理的重要途径和保障。一体化示范区在深化联合河长制等已有协同治理机制的基础上，需要创新区域生态环境协同治理的行政融合机制。一是强化跨区域利益协调机构的作用。充分发挥一体化示范区理事会的重要决策平台作用，赋予其必要的权力和资源，制定生态协同治理权责分配、利益协调、资源调控的相关政策，促进各方主体的利益共荣和协同，努力构建跨区域生态环境治理大统战工作新格局。二是畅通多向沟通协调渠道。一定程度上，地方政府是自利性的理性"经济人"，在生态环境治理中难免存在机会主义，需要搭建纵向执委会及青吴嘉三地环保部门沟通协调、建言献策渠道，健全利益诉求和利益表达体系，进一步强化三地生态协同治理共同体理念。三是强化协同立法的保障作用。协同立法有助于保证各个协同主体之间的法律平等，也有利于促进多元主体的实质参与。一体化示范区要加快跨区域合作立法，通过制定和完善相关的法律法规，为区域内资源的开发和利用、污染的防治和生态保护等重大问题提供充分的法律保障。

（二）强化多元协作载体，探索绿色协同发展新路径

环境标准的统一无法一蹴而就，需要建立长效机制。首先，优化生态补

---

[1] 沈洁：《跨省域生态协同治理体系构建及制度创新研究——以长三角生态绿色一体化发展示范区为例》，《嘉兴学院学报》2022年第3期。

偿机制。针对在生态底线标准遵守方面存在的偏差问题，应加快共建示范区生态环境第三方治理服务平台，适时引入具有专业技术优势、信息优势的第三方，加强对区域涉水事务的协调，提出生态补偿意见，减少管理障碍，提升各主体间的认可度。其次，要加强一体化示范区内产业规划和产业结构的协同。两区一县的产业发展战略布局不能局限于本行政区，而是要统筹规划，增强城市之间的互补和联动，发挥"1+1>2"的协同效果。再次，持续健全生态环境经济政策，尤其是要大力发展绿色金融，加快推进《长三角生态绿色一体化发展示范区绿色金融发展实施方案》《长三角生态绿色一体化发展示范区绿色保险战略合作协议》等政策的落实。例如，加快成立一体化示范区绿色金融联盟，加强绿色金融顶层设计，强化金融机构的绿色赋能。最后，开展生态环境导向的开发（EOD）模式试点。通过 EOD 模式将生态与产业绑定，既可以推动生态环境资源化、产业经济绿色化，又能够为生态环境的可持续治理项目提供资金保障[①]。

（三）促进技术创新赋能，强化生态环境保护网络

科技创新是推动解决环境问题的利器。一是打造绿色技术创新生态系统。整合青吴嘉两区一县的绿色技术相关资源，借用全球绿色技术创新资源，发挥优势产业特色，抢抓长三角区域协同创新共同体的建设机遇，落地绿色技术相关产业活动，着力打造绿色技术领域的"航母级"企业，推进创新共同体建设。二是加强科技对生态环境治理的支撑作用。依托长三角区域生态环境联合研究中心等生态环境科研与服务机构，搭建一体化示范区生态环境创新技术和成果转化平台，增强技术服务和应用落地能力。三是加强生态环境数字化协同治理。加快推进一体化示范区数字孪生城市试点建设，充分运用数字孪生技术提升生态环境决策的科学化、精准化、高效化。例如，构建数字孪生太浦河流域系统平台，通过环境数据的整合模拟，实现动

---

① 赵云皓、徐志杰、辛璐等：《生态产品价值实现市场化路径研究——基于国家 EOD 模式试点实践》，《生态经济》2022 年第 7 期。

态监管、综合评估、环境预警、污染溯源、损害取证等，有效支撑相关部门的环境决策管理。

（四）构建协同治理网络，完善多元主体协同参与制度

环境问题产生的原因是企业、公众的社会经济活动，因此，环境问题的解决需要多元协同发挥其他主体的力量。一是完善市场环境，激发企业绿色活力。以市场为导向，以效益为中心，采用企业化运作方式和多元化经营，创新生态环境治理投入机制，不断提升环境治理的市场化、专业化水平。二是加快一体化示范区门户网站建设。门户网站作为政府向企业、公众提供服务的窗口，是人们了解政府工作动态、获取政府信息和反映社情民意的最主要渠道。目前关于一体化示范区的生态环境信息分散在沪苏浙两省一市、青吴嘉两区一县政府网站上，急需整合资源为企业、公众等主体的参与提供便利。三是发挥专业力量的支撑作用。在加强开发者联盟建设的基础上，探索组建以公众需求为中心、政府为主导、专业力量为支撑的专家委员会，鼓励各类企业联盟、行业协会、产学研机构等组织共同参与推动生态环境高质量发展，积极搭建多层次、多领域、多形式的对话交流平台，持续深化多领域协同合作。四是鼓励公众有序、有效参与。将绿色发展理念融入经济、社会、文化建设的各方面和全过程，提升公众参与的效益，实现人与自然和谐共生的发展。

参考文献

《共建清洁美丽长三角，一体化示范区 2021 年度生态环境质量状况发布》，上海市青浦区人民政府，2022 年 5 月 30 日。

孙杰、刘冬、杨悦、邹长新：《长三角生态绿色一体化发展示范生态环境联防联控机制研究》，《中国生态文明》2022 年第 4 期。

潘晓琴：《审批提速约 80%！长三角一体化示范区建设项目 环评制度改革红利释放》，《嘉兴日报》2022 年 5 月 29 日。

《再结硕果！"小微危废收集在线"列全省"无废城市"数字化改革试点项目第一》，嘉兴市人民政府，2022 年 9 月 7 日。

沈洁：《跨省域生态协同治理体系构建及制度创新研究——以长三角生态绿色一体化发展示范区为例》，《嘉兴学院学报》2022 年第 3 期。

赵云皓、徐志杰、辛璐等：《生态产品价值实现市场化路径研究——基于国家 EOD 模式试点实践》，《生态经济》2022 年第 7 期。

扩 绿 篇

Chapter of Green Development

B.8
上海"一江一河"滨水空间开发模式
优化思路及对策

张希栋　李　央*

摘　要：　近年来，上海"一江一河"滨水空间建设取得了诸多积极成效，
　　　　　但是以往的滨水空间建设呈现一种"自上而下"的政府主导的
　　　　　开发模式，对市民、企业的使用需求考虑不足。基于此，本文从
　　　　　"自下而上"的角度出发，研究市民、企业对滨水空间的开发需
　　　　　求。一方面，基于顾客忠诚理论，从9个维度构建了市民对于滨
　　　　　水空间游玩的感知体验，发现市民对于滨水空间游玩的管理体
　　　　　验、信任体验、成本体验、服务体验满意度较高，而对于特色体
　　　　　验、基础设施使用体验、环境体验、情感体验、知识教育体验满
　　　　　意度较低；另一方面，本文也对企业的需求进行了分析，认为企
　　　　　业面临土地权属复杂、捆绑式开发、资金流动性不足等问题。因

---

* 张希栋，上海社会科学院生态与可持续发展研究所助理研究员，研究方向为资源环境经济
学；李央，上海纽约大学社会科学专业本科生。

此，本文认为未来上海市滨水空间功能优化升级应及时响应市民以及企业对于滨水空间功能使用的诉求，及时调整并做出相应改变。

关键词： 滨水空间　城市规划　上海市

黄浦江、苏州河滨水空间是上海市重要的城市空间资源，是上海展现城市魅力、体现城市生活品质、引领城市文化格调最前沿、最直观的城市公共空间。长期以来，上海市委、市政府高度重视"一江一河"滨水空间的功能优化提升，始终致力于打造世界级滨水空间，建设卓越的全球城市的一流滨水空间。随着黄浦江两岸45公里岸线、苏州河两岸42公里岸线贯通开放，上海市正在借助对"一江一河"滨水空间的贯通工程将其打造成为金融、商务、游憩等新兴功能的引领区。2019年，习近平总书记在视察杨浦区滨水空间建设后，提出了"人民城市"的重要理念。这为"一江一河"滨水空间开发建设提供了思想指南。那就是必须转变以往"一江一河"滨水空间建设中以管理部门自上而下地发布指南、规划专家编制规划为主的传统开发思路，以居民、游客以及企业对"一江一河"滨水空间功能需求为导向，即管理部门必须最大化地听取社会各界的声音，从而建成人民满意的、向往的符合上海发展要求的卓越全球城市滨水空间。

一　"一江一河"滨水空间建设成效

"一江一河"滨水空间是上海重要的城市空间资源，对上海未来一段时期的发展至关重要。近年来，上海各区在"一江一河"滨水空间改造、功能优化提升方面开展了大量的工作，为上海城市滨水空间建设增添了诸多魅力。接下来，上海要在以往城市滨水空间建设的基础上，寻求新突破、建设新亮点，这无疑对接下来上海"一江一河"滨水空间建设提出了更高要求。

"一江一河"滨水空间是上海市城市更新改造的重点区域。近年来，上海在滨水空间岸线贯通、基础设施建设、产业空间布局以及岸线腹地联动等方面开展了大量的工作。

（一）岸线基本贯通

"一江一河"滨水空间岸线原本是上海重要的生产性岸线，但随着两岸生产功能的弱化，滨水空间从生产性岸线向服务性岸线转变。沿岸建成了诸多商业、文化、生活功能区，但滨水空间岸线存在部分难以搬迁的封闭型单位，使得滨水空间割裂开来，严重影响了滨水空间的连续性。针对这一突出问题，上海市政府将滨水空间岸线贯通作为"十三五"期间滨水空间建设的重点。2016 年，上海市委市政府提出要实现黄浦江核心段 45 公里滨水岸线的贯通，编制了《黄浦江滨江公共空间贯通开放规划》。上海市委市政府也对苏州河中心城区 42 公里岸线贯通开放进行了合理安排。目前，黄浦江、苏州河滨水空间岸线已经基本实现贯通。整体而言，"一江一河"滨水空间岸线从封闭走向开放。

（二）配套基础设施更加完善

"一江一河"滨水空间作为上海重要的城市公共空间，承载了商业、文化以及游憩等功能，配套基础设施是否完善是影响其服务功能的重要因素。近年来，上海在"一江一河"滨水空间基础设施建设方面做了很多工作，主要有三点。一是完善交通设施配套，增强滨水空间可达性。完善公交系统站点设置，加强滨水区域机动车及非机动车道路建设，建设数量更多、停车位充足的停车场。二是完善游玩休憩设施配套，提升滨水空间吸引力。部分区域设置了具有地方特色的游玩休憩设施。如徐汇区在滨水空间新建了篮球场、攀岩场地、滑板公园等。三是完善公共服务设施配套，增强公共服务能力。"一江一河"滨水空间在完善基本公共服务设施如公共厕所、座椅以及亲水平台等的基础上，也建设了一些具有各区特色的公共服务设施，如徐汇区建设了"水岸汇"滨江驿站、浦东新区建设了"初心"驿站。通过建设滨水空间公共服务设施，增强了滨水空间的公共服务功能。

（三）生态系统服务能力增强

"一江一河"滨水空间生态环境质量提升是上海打造生态之城的重要抓手。上海市作为超级大都市，如何保绿、增绿、添绿一直是困扰决策层的难点问题。"一江一河"滨水空间的功能改造升级为打造滨水空间的生态廊道提供了难得的机遇。一方面，针对滨水空间环境治理的难点，加大资金投入、技术保障，采用生态系统修复的办法改善滨水空间的环境质量，特别是针对苏州河水环境质量，合理安排环卫工作，加强滨水空间的整洁性。另一方面，围绕城市绿地体系建设，打造滨水空间形态各异、富有魅力的生态绿地，并将滨水空间沿线绿地串联起来，提升生态空间的连续性。上海市通过加强"一江一河"滨水空间环境治理以及绿地体系建设，增强了"一江一河"滨水空间的生态系统服务功能。

（四）区段特色进一步凸显

"一江一河"滨水空间穿过黄浦、徐汇、静安、虹口、浦东等城区的核心空间，为避免区段的同质化，各区段在结合自身资源优势的基础上，力图打造风采各异、各具特色、交相辉映的世界级城市滨水区。为此，在上海市层面对"一江一河"进行总体规划的框架下，各区也制定了针对性的规划方案。如徐汇区依托自身本底优势，建成一系列文化地标，打造世界级文化滨江区，同时坚持科创主导的发展方向，打造人工智能、互联网以及大数据等高新技术产业集群，引领徐汇区经济发展；静安区以四行仓库、上海总商会、福新面粉厂等为重要的节点建筑，构建宜乐宜游的城市滨水区慢行空间；杨浦区则结合自身工业、学校、产业等优势，从空间、景观、场所等层面入手，将杨浦滨江从"工业锈带"转变为"生活秀带"，在保留原有老建筑的基础上进行创新性改造，建立了串联滨江的别具特色的历史建筑及公共空间，兑现了"还江于民、还岸于民、还景于民"的承诺。通过上海市统一规划、各区共同发力，"一江一河"滨水空间特色进一步凸显。

二　上海"一江一河"滨水空间建设需求分析

近年来，上海"一江一河"滨水空间建设取得了诸多积极成效，已经初步建成了世界级滨水区，但是也面临一些问题。通过对"一江一河"滨水空间建设进行调研，发现"一江一河"滨水空间建设呈现政府主导的"自上而下"的建设模式，虽然在滨水空间建设过程中也有社会调查，但是"自上而下"呈现绝对态势。"自上而下"的滨水空间建设模式有可能不能最大化地满足市民、企业对滨水空间的使用需求。因此，本文从"自下而上"的滨水空间开发模式角度出发，分析市民、企业对"一江一河"滨水空间的使用需求，进而指出今后"一江一河"滨水空间在开发建设过程中需要完善哪些具体领域。

（一）提升"一江一河"滨水空间市民满意度的调查分析

为了分析市民对"一江一河"滨水空间建设的满意度，本研究基于顾客忠诚理论，对市民游玩"一江一河"滨水空间的感知价值进行调查分析。根据顾客忠诚理论，顾客感知价值与顾客满意度是决定顾客忠诚的重要因素。在"一江一河"滨水空间功能优化升级的背景下，顾客忠诚理论为进一步优化"一江一河"滨水空间的服务功能、建成人民满意的滨水空间提供了理论基础。

考虑到"一江一河"滨水空间整体范围较大，不同区段特色各异，难以采取问卷调研的形式对其进行整体性评估。因而本研究以徐汇滨江为例，以调查期间在徐汇滨江游玩的游客为目标调研群体。调查时间为 2022 年 11 月 1 日至 2022 年 11 月 22 日，调研方式主要是在各类社区微信群、活动微信群进行线上调研。徐汇滨江是"一江一河"滨水空间建设的重要区段，以发展文化软实力以及科技创新为主要目标，建设了一系列文化地标以及科技创新配套产业,对标巴黎左岸、伦敦南岸,试图建设文化与科技创新融合的世界级滨水区。本次调研共收集问卷 539 份。

表1 描述性统计结果

单位:人,%

指标	项目	频数	占比	指标	项目	频数	占比
性别	男	273	50.65	职业	公务员	59	10.95
	女	266	49.35		事业单位	126	23.38
学历	初中及以下	42	7.79		企业从业人员	123	22.82
	高中	92	17.07		专业技术人员	77	14.29
	大专	140	25.97		学生	28	5.19
	本科	202	37.48		退休人员	43	7.98
	研究生及以上	63	11.69		其他	83	15.4
收入	3000元及以下	124	23.01	年龄	18岁及以下	28	5.19
	3001~8000元	136	25.23		19~35岁	251	46.57
	8001~15000元	142	26.35		36~54岁	196	36.36
	15001~30000元	98	18.18		55岁及以上	64	11.87
	30000元以上	39	7.24	居住地	距滨江3公里内	142	26.35
					距滨江3公里外	397	73.65

对样本进行描述性统计分析,结果如表1所示。根据基本统计学结果:从性别来看,男性游客群体占比(50.65%)与女性游客群体占比(49.35%)基本持平;从游客群体的受教育情况来看,超过49%的游客群体拥有本科学历;从游客群体的职业情况来看,事业单位与企业从业人员占比较高,分别占23.38%、22.82%;从游客群体的收入情况来看,收入在3001~8000元、8001~15000元两个范围的人群占比较高,分别为25.23%、26.35%,占所有人群的一半以上;从游客群体的年龄结构来看,前来徐汇滨江游玩的人群主要集中在19~35岁、36~54岁两个年龄阶段,占比分别为46.57%、36.36%,说明前来徐汇滨江游玩的人群以青年、中年群体为主;从居住地来看,本次调研的群体多数居住在徐汇滨江3公里外的范围内,占比73.65%。本研究在以往研究的基础上,从基础设施使用体验、服

务体验、知识教育体验、情感体验、特色体验、环境体验、成本体验、管理体验以及信任体验等9个维度设计调研问卷，考察市民对"一江一河"滨水空间游玩体验的满意度。文中所有测量题项均采用Likert 7点量表，1为"非常不同意"，7为"非常同意"。

基础设施使用体验包含了8个题项，如"公共交通很方便""停车很方便""道路引导标识很完善""环卫公共设施很完善""爱心服务设施很完善""医疗卫生设施很完善"等。这些题项主要用于测量市民在滨水空间游玩时对配套基础设施的使用体验，如果基础设施完善、市民对基础设施设置的主观感受较好，市民会认为滨水空间基础设施的使用体验较好。从调查结果来看，市民对滨水空间基础设施使用体验的平均得分为3.71分。其中，市民对公共交通使用的体验感最好，为4.05分；市民对环境卫生设施以及公共休息设施的使用体验均为3.63分，在所有的基础设施使用体验得分中最低。

服务体验包含了4个题项，如"工作人员能及时解决您的诉求""解说牌设置完善、解说清楚全面"等。这些题项主要用于测量市民在滨水空间游玩时感受到的服务体验，如果工作人员对待市民的态度良好、可以解决市民在滨水空间游览时遇到的问题，或市民通过解说牌能直接解决他们的困惑，则市民会认为来滨水空间游玩受到的服务体验较好。从调查结果看，市民对滨水空间服务体验的平均得分为3.82分。其中，市民对解说牌设置的完善程度最为满意，达到4.23分；市民对"工作人员能够及时解决您的诉求"满意度较低，为3.65分。

知识教育体验包含了4个题项，如"使您认识到滨江发展变迁的历史文化""使您获得了不同于以往的新体验"等。这些题项主要用于测量市民在滨水空间游玩时感受到的知识教育体验，如果滨水空间内的空间设计或安排能够让市民感受到获得了新的知识，则市民会认为前来滨水空间游玩很有收获。从调查结果看，市民对滨水空间知识教育体验的平均得分为3.72分。其中，市民对"使您获得了不同于以往的新体验"题项最为满意，得分4.05分；市民对"使您认识到滨江发展变迁的历史文化"题项最不满意，得分为 3.56 分。

情感体验包含了 4 个题项，如"您感到很愉快""您感到很满足"等。这些题项主要用于测量市民在滨水空间游玩时感受到的情绪体验，如果在滨水空间内游玩各项活动、基础设施、遇到的人、看到的事物均符合市民的需求，则市民会感受到心情愉悦。从调查结果看，市民在滨水空间游玩情感体验的平均得分为 3.73 分。其中，市民对感到愉快最为认同，得分为 4 分；市民对感到很满足最不认同，得分为 3.62 分。

特色体验包含了 8 个题项，如"文化艺术活动很有特色""建筑很有特色""健身锻炼（步道、滑板公园、攀岩墙、篮球场地等）活动多元且很有特色，适宜不同人群"等。这些题项主要用于测量市民在滨水空间游玩时感受到的特色体验，如在滨水空间内游玩看到的景色、参与的活动、买到的商品等在别处体验不到，则市民会认为在滨水空间内游玩很有特色。从调查结果来看，市民在滨水空间游玩特色体验的平均得分为 3.67 分。其中，市民对建筑很有特色最为认同，得分为 4.05 分；市民对健身锻炼活动具有特色最不认同，得分为 3.58 分。

环境体验包含了 7 个题项，如"滨江活动的人群都很友好""滨江空气清新""滨江环境整洁""滨江气候宜人"等。这些题项主要用于测量市民在滨水空间游玩时感受到的环境体验。具体包括两个层面：一是物理层面，主要是滨江的水、空气、气候以及整体整洁性；二是精神层面，主要是滨江活动的人群以及在滨江活动的氛围。市民对滨水空间的环境体验主要来源于物理层面与精神层面，若二者表现良好，则市民会认为滨水空间的环境体验良好。从调查结果看，市民对在滨水空间游玩环境体验的平均得分为 3.70 分。其中，市民对滨江空气质量状况最为满意，得分为 4.10 分；市民对滨江环境整洁情况相对不满意，得分为 3.58 分。

成本体验包含 3 个题项，如"花费的时间是值得的""花费的金钱是值得的""花费的体力和精力是值得的"。这些题项主要用于测量市民在滨水空间游玩时感受到的成本体验，主要从金钱、时间、体力三个维度来衡量。如果市民花费较小的成本，获得了超预期的游玩体验，则市民认为成本体验良好。从调查结果看，市民在滨水空间游玩的成本体验的平均得分为 3.81分。其中，市民比较认同来滨水空间游玩花费的金钱成本是值得的，得分为4.08 分；市民比较不认同花费的体力和精力是值得的，得分为 3.66 分。

信任体验包含 4 个题项，如"您对滨江内出售商品的价格感到放心""您对滨江出售的商品质量感到放心""滨江工作人员能及时提供您所需要的服务"等。这些题项主要用于测量市民在滨水空间游玩时感受到的信任体验。如市民在滨江游玩时感受到购买的商品质量高、价格合理，能够及时获得帮助等，则在滨江游玩时会产生信任感。从调查结果看，市民在滨水空间游玩信任体验的平均得分为 3.84 分。其中，市民对于"您对滨江出售的商品质量感到放心"最为认可，得分为 4.19 分；市民对于"滨江工作人员能及时提供您所需要的服务"认可度相对较低，得分为 3.68 分。

管理体验包含 6 个题项，如"滨江治安情况良好""滨江空间很开放、进入滨江很容易""滨江治安情况良好"等。这些题项主要是用于衡量市民在滨水空间游玩时感受到的管理体验。如市民在游玩时能够得到滨江各类经营活动、休闲活动均非常有秩序，则市民能够得到良好的管理体验。从调查结果看，市民在滨水空间游玩管理体验的平均得分为 3.84 分。其中，市民对"滨江治安情况良好"的认可度最高，得分为 4.27 分；市民对"滨江空间很开放、进入滨江很容易"的认可度较低，得分为 3.74 分。

对基础设施使用体验、服务体验、知识教育体验、情感体验、特色体验、环境体验、成本体验、管理体验以及信任体验 9 个维度的体验价值进行对比分析发现（见图 1）：市民对管理体验、信任体验、服务体验以及成本体验的满意度均超过 3.8 分，在所有的感知体验中满意度较高，特别是管理体验和信任体验，均为 3.84 分；市民对基础设施使用体验、知识教育体验、情感体验、特色体验、环境体验的满意度得分均低于 3.75 分，特别是特色体验，仅为3.67 分，在所有的感知体验中满意度最低，这是今后滨江功能优化提升的重点方向。

更进一步，本文对不同年龄段、不同收入群体以及不同学历人群对滨水空间游玩的满意度进行了分析，尝试揭示不同人群对滨水空间游玩的偏好

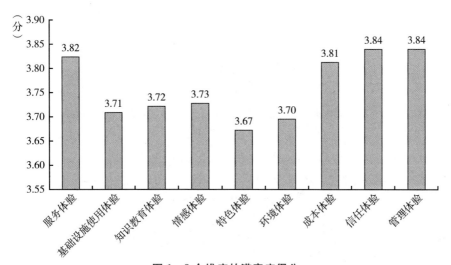

图 1　9 个维度的满意度得分

（见图 2、图 3、图 4）。从不同年龄段来看，55 岁及以上人群对滨水空间游玩的满意度最高，综合得分为 4.09 分，在 9 个维度中有 8 个维度的满意度最高，仅基础设施使用体验的满意度低于 18 岁及以下人群且在所有维度中满意度得分最低；18 岁及以下人群对滨水空间游玩的满意度次之，综合得分为 3.83 分，对情感体验以及特色体验的满意度较低；19～35 岁人群与36～54 岁人群是滨水空间游玩的主力，占所有游玩人群的 82.93%，其游玩的满意度却相对较低，综合得分均为 3.71 分，特色体验的满意度得分较低。

　　从不同收入群体来看，相对于不同年龄段群体对滨水空间游玩的满意度，不同收入人群之间对滨水空间游玩满意度的差异较小，综合得分为3.71～3.81 分；情感体验、成本体验、信任体验满意度随着收入水平的提升呈增加趋势，特色体验则满意度随着收入水平的提升呈下降趋势，基础设施使用体验满意度则随着收入水平的提升先上升后下降，其余维度满意度基本维持小幅波动状态。

　　从不同学历群体来看，呈现"两头低、中间高"的特征，即初中及以下、高中、研究生及以上学历人群对滨水空间游玩的满意度相对较低，综合得分分别为 3.25 分、3.48 分、3.56 分，大专、本科学历人群的满意度相对较高，综合得分分别为 3.73 分、3.78 分，在不同维度中基本上均存在这一特点。

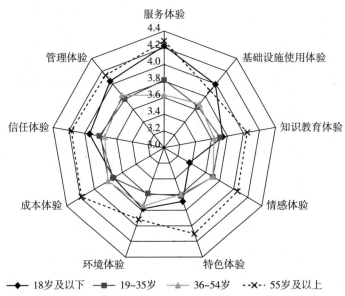

图 2　不同年龄段群体 9 个维度的满意度得分

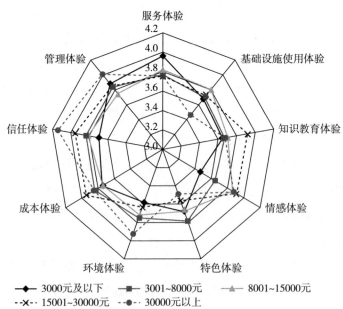

图 3　不同收入群体 9 个维度的满意度得分

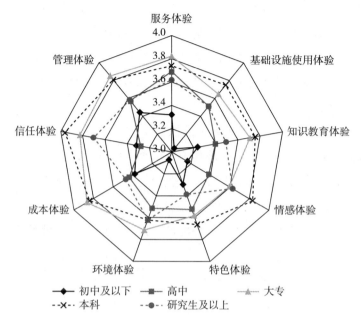

图4 不同学历群体9个维度的满意度得分

（二）企业对"一江一河"滨水空间开发需求的分析

"一江一河"滨水空间开发之初，利益主体众多、土地属性复杂，面临诸多矛盾和利益的权衡要求，随后市政府推动成立开发公司，对滨水空间的土地进行收储。经过几十年的开发，已经初步建成了城市公共空间、文化空间与商业空间相互融合共生的空间格局。在目前的发展背景下，企业对于进入滨水空间以及已经在滨水空间商业化运行的企业还存在何种诉求呢？政府应做好哪些方面的保障工作，从而促进滨水空间的企业健康发展，激发上海经济发展的活力呢？为回答以上问题，本文对企业对"一江一河"滨水空间开发的需求进行了分析，主要有以下几点。

第一，滨水空间土地、房屋使用权属关系复杂，利益主体分散。滨水空间土地地块分散、规模较小，为点状分布，存在诸多利益主体单元，土地开发难以形成连片的规模化区域，在动迁、置换中对原有土地使用者的利益协调和平衡困难较大，难以在土地开发中最大限度地释放土地级别效应。这就对想要进入滨水空间区域的公司造成土地使用上的困难。一方面，有意图在滨水空间落地且对土地规模有要求的商业公司很难找到合适的落点；另一方面，即使有合适规模的土地开发空间依然存在多利益主体的问题，无法保证项目的顺利进展。

第二，捆绑式开发影响企业开发的积极性。"一江一河"滨水空间不仅承载着部分商业功能，但更重要的是其为城市公共空间。因此，政府在部分滨水区段对部分企业的要求往往不限于商业功能，还要求企业承担一定的绿化建设以及公共空间建设等。捆绑式开发的模式尽管减少了政府的开发成本，但影响了企业进入滨水空间开发的积极性。以上海船厂—北外滩为例，用地范围为 115.67 公顷，经营性用地仅占 35.4%，非经营性用地则占了 64.6%。

第三，企业开发成本高，资金回笼慢。"一江一河"滨水空间城区段基本均处于上海城区，而城区土地价格高昂。对滨水空间的土地进行开发且不能完全商用，还需留有部分土地用于建设公共空间，这将为企业带来巨大的开发成本，且开发完成后不能保证资金快速回笼。企业开发成本高、资金回笼慢，企业资金链面临挑战。根据相关研究，在开发初期，部分地区土地基础开发收支就存在差距，再考虑到非营利性项目开发，企业面临较大资金补缺压力。

三 "一江一河"滨水空间开发模式优化的对策研究

"一江一河"滨水空间是上海宝贵的城市空间资源。一方面，城市核心区的滨水区公共空间范围较大，需要采取综合性的规划措施以及资金投入建成人民满意的城市滨水空间；另一方面，城市核心区的滨水空间具有较大的产业承载力，发展合适的产业能够发挥"四两拨千金"的效果，对促进上海市经济发展具有重要作用。上海在"一江一河"滨水空间开发方面取得了诸多积极成效，但以往的滨水空间开发模式主要表现为"自上而下"的开发模式，在了解了市民对"一江一河"滨水空间的使用需求后，应针对市民的使用需求调整"一江一河"滨水空间的开发模式，形成"自下而上"的"一江一河"滨水空间开发模式。对此，本文提出以下政策建议。

（一）在滨水空间功能优化升级中充分吸纳市民诉求

本研究在开展市民满意度调研中发现，市民对于滨水空间的特色体验、环境体验、基础设施使用体验、知识教育体验等满意度相对较低。因此，"一江一河"滨水空间在接下来的功能优化改造中，应将滨水空间特色、环境质量以及基础设施建设等作为推进重点。

第一，进一步强化滨水空间特色。"一江一河"滨水空间在前期优化改造时，做了非常多基础性的工作，特别是滨水空间岸线贯通，让滨水空间的连续性大幅提升。然而，在前期基础性工作完成后，面临的一大难点问题就是如何挖掘不同区段滨水空间的亮点。调查研究也显示，当前市民对滨水空间的特色体验在所有体验中满意度最低。同时，当前各区滨水功能优化提升基本上也以文化休闲等功能为主。功能的同质化是导致不同区段特色不明显的关键。因此，应重点打造滨水空间的特色。一是要继续挖掘本地区本底资源。各区段在打造滨水空间特色时，应以本地区岸线特征、工业遗存、文化资源等为基础，建设具有本地区特色的滨水空间设施。二是要形成具体的符号化形象。符号化形象既方便宣传展示，也具有传播效应，能进一步宣传扩大滨水空间的影响力。应结合地区特点，建设以某一特色为重点、其余特色为辅助的"一区多亮点"的特色地标区域。三是提供具有个性化特色的功能服务。应结合人工智能、虚拟现实等现代化技术手段，为前来滨水区游玩的人群提供个性化的服务，让市民获得不一样的游玩体验。

第二，高质量建设配套基础设施。"一江一河"滨水空间在基础设施建设及更新方面开展了诸多工作，取得了许多积极成效，但是通过调查发现，市民对滨水空间基础设施使用体验的满意度并不高。在原有基础设施建设基础上打造高质量的基础设施成为未来滨水空间基础设施改造升级的关键。本文认为相比原有的基础设施，高质量的基础设施主要体现在舒适性、便利性以及可获得性等方面。一是建设高质量的滨水空间公共休息设施。在"一江一河"滨水空间建设前期,已经提供了数量相对充足的公共休息设施,但市民满意度仍然较低,表明市民更加关注公共休息设施的质量,建议在滨水空间增设特色座椅,打造滨水空间的休息区,给市民更多的选择。二是加强环境卫生设施建设。建设高标准厕所,提高厕所的智能化水平,提升游玩群众的如厕体验;增设垃圾桶,同时增强垃圾桶的卫生管理。三是完善停车设施。增加线上停车服务指引,提高停车的效率,加强非机动车的停车管控,提升停车的便利性和整洁性。四是完善爱心服务设施。针对特殊群体,增设无障碍设施以及母婴室等基础设施,方便残障人士以及孕产妇使用。五是进一步加强道路引导标识建设。合理布局道路引导标识,并且在重点区域以醒目方式增设道路指引标识,同时建立线上标识系统,提升市民的游览体验。

第三,增强综合性知识宣传。"一江一河"滨水空间作为重要的城市公共空间,市民在前来游玩时有较多的空余时间接受新知识。在调查时发现,市民对于"使您认识到滨江发展变迁的历史文化""让您了解到相关的科普知识""让您了解到生态环保、文化艺术等知识"等选项的满意度得分均不高。同时,有67.53%的市民表示"很希望"或者"非常希望"在滨水空间增设与文化艺术、生态环保、滨水空间建设等相关的知识科普宣传场地。这表明市民对于知识教育的诉求并没有得到足够重视。因此,应该采取综合性的措施在滨水空间增加科普知识宣传场地。一是全局统筹规划。在重点区段集中宣传展示知识,同时要注重点与点的链接,在其他非重点区段可适当设置一些相关知识宣传场地,形成知识宣传的廊道。二是注重知识宣传内容与滨江区段特点的结合。一方面,要加强滨水空间发展变迁的宣传介绍;另一方面,要在特定区段加强个性化的知识宣传,如在龙美术馆展示文化艺术类科普知识,在杨树浦水厂展示水生产的相关知识,在苏州河静安段展示水环境治理的相关知识。

(二)在滨水空间功能优化升级中解决企业面临的难点问题

企业是"一江一河"滨水空间功能改造开发的主体,解决企业面临的难点问题,不仅能够更好地释放滨水空间的商业服务功能,提升市民游玩的满意度,更能激发滨水空间经济发展的活力,刺激上海市的经济发展。

第一,进一步整合土地资源。在单家企业面临滨水空间土地权属关系复杂、开发难度大的问题时,政府应成立统一的开发公司,对土地进行收储。待土地收储结束后,对土地进行统筹规划、定向招标,解决单家企业的进入难题。目前,上海市政府在土地收储方面开展了长时间、大量的工作,取得了巨大的成效。未来,应进一步整合土地资源,将分散的土地连接成片,进行规模化开发。

第二,引入多元主体的开发模式。针对捆绑式开发,政府能够降低管理上的压力,但捆绑式开发将管理压力以及成本压力转嫁给企业,增加了企业经营的困难。此时,应引入多元主体,如社区、街道或第三方社会团体,协同管理需要企业管理的公共空间。引入多元主体的方式,既提升了市民的参与度,还减轻了企业的负担。

第三,针对不同类型企业制定针对性的资金扶持政策。对于在滨水空间经营存在资金困难的企业,应根据企业性质制定针对性的资金扶持方案。如企业属于普通餐饮企业,则尊重市场竞争,不设资金支持;若企业属于重点发展企业,则根据区里或市里的重点行业扶持目录,制定一定程度的资金扶持政策。

参考文献

陈水生、甫昕芮:《人民城市的公共空间再造——以上海"一江一河"滨水空间更新为例》,《广西师范大学学报》(哲学社会科学版)2022年第1期。

李永梅、牟振宇、万英伶等:《黄浦江滨水空间综合开发研究》,《全球城市研究(中英文)》2021年第2期。

吕岚琪、李鲁:《上海黄浦江、苏州河沿岸地区发展能级提升策略》,《科学发展》2022年第1期。

唐代中、丁卫平、鲍紫玥等:《滨水区公共服务设施供需特征及满意度研究》,同济大学出版社，2019。

赵磊、吴文智、李健等：《基于游客感知价值的生态旅游景区游客忠诚形成机制研究——以西溪国家湿地公园为例》，《生态学报》2018 年第 19 期。

邹钧文：《黄浦江 45 公里滨水公共空间贯通开放的规划回顾与思考》，《上海城市规划》2020 年第 5 期。

B.9
上海建设人与自然和谐共生的
城乡公园体系的对策建议

吴　蒙*

摘　要： 加快建设令人向往的生态之城，上海城乡公园体系建设需要遵循
人与自然和谐共生的理念，谋求高质量发展。本文首先以伦敦、
纽约、东京等城市为案例，分析了全球城市公园体系建设规划发
展特色与整体发展趋势，并总结全球城市公园体系建设的共性特
征与相关经验启示，为上海建设人与自然和谐共生的城乡公园体
系提供参考方向与规划借鉴。其次，梳理上海城市公园体系发展
演变主要历程与现状，剖析当前城市公园体系建设在规模、结
构、布局与功能品质方面存在的不足。最后，综合考虑公园体系
结构的多层次、多样化、一体化发展，改善公园绿地布局的连通
性、可达性、公平性，增强公园服务功能的复合性、特色性、生
态性，公园建设政策标准的统一性、创新性、统筹性，从四个方
面提出上海建设人与自然和谐共生的城乡公园体系的相关对策
建议。

关键词： 城市建设　公园绿地　上海

一　全球城市公园体系建设规划发展特色与整体趋势

目前，国际上主要全球城市在公园体系建设方面积累了丰富而具有特色

---

*　吴蒙，博士，上海社会科学院助理研究员，研究方向为环境规划与管理、城市生态空间治理。

的规划发展经验，并在一定程度上展现了未来城市公园体系建设的主要发展方向。本文梳理分析全球城市公园体系建设规划发展经验与未来趋势，为上海完善城乡公园体系提供参考方向与规划借鉴。

（一）伦敦城市公园体系建设注重生境保护与精准匹配需求

伦敦城市公园体系的结构特征。结构上是由分为 7 个层级的 3000 多个城市公园构成的，包括区域公园、大都会公园、地区公园、地方公园和开放空间、小型绿色空间、口袋公园、线性开放空间[①]。其中，大型的区域公园和大都会公园由林地和其他各类生态用地组合而成，要求在部分公园当中划出专门的自然保育空间，用于保护城市生物多样性。伦敦城市公园体系建设主要经历了四个重要阶段。①20 世纪初，随着英国《开放空间法》的颁布，城市公园绿地数量骤增，通过建设公共步道将城市公园绿地串联成网，助推城市公园建设逐步向城市公园体系发展。②1938 年，英国《绿带法案》的出台，标志着城市公园体系建设进入结构完善阶段。在霍华德"田园城市"理论、"公园道"理念等指引下，伦敦促进城市公园、环城绿带和其他绿地空间的互联互通，并通过线性绿色基础设施的建设，有效改善了城市生态空间的连通性。③20 世纪下半叶，伦敦城市公园体系进一步加强网络化建设，注重引入城市公园级配模式，逐渐形成了非常完善的城市公园体系。与此同时，伦敦注重生态廊道、绿色基础设施线性网络等与公园绿地网络的融合叠加，使城市公园体系的网络化结构特征更加显著。④迈入 21 世纪，伦敦城市公园体系建设进入综合提升阶段，更加注重公园休闲游憩服务功能的提升，提升公园保护城市生物多样性的生态功能，并明确了国家公园城市建设目标[②]。伦敦以城市公园体系建设为载体，进一步推动城市更新，例如建设城市环形景观步道、恢复河流自然生境、建设健康街道等。

[①] 郝钰、贺旭生、刘宁京等：《城市公园体系建设与实践的国际经验：以伦敦、东京、多伦多为例》，《中国园林》2021 年第 37（S1）期。

[②] 周晓男、谭畅、刘辛：《公园城市背景下公园体系建设初探——以青岛中德生态园为例》，《园林》2021 年第 8 期。

伦敦公园体系发展经验，对上海城乡公园体系建设具有以下几点启示。一是将城市公园体系建设与城市更新有机结合。以城市公园体系为重要载体，完善城市绿色基础设施，提升城市公共空间功能与品质，并加强对城市生物多样性的保护。例如，通过打造不同主题的城市公园（亲水活动型、户外文艺展览型、游乐场型、自然保护型），营造出更多具有吸引力和活力的绿色开放空间，实现城市公共空间功能与品质的提升。通过生态修复、棕地修复、城市公园网络建设等城市绿色基础设施建设，改善公园体系内部不同区域的连通性，将野生动物栖息地改善与公园系统建设有机结合。二是通过城市公园体系建设营造高品质的宜居环境，合理精准锁定不同人群的多样化需求。例如，伦敦金融城通过合理、精准锁定公园绿地的使用人群，针对上班族对户外空间的需要，公园建设注重提供更多休息、放松的宁静场所和配套设施[①]。三是在公园基础设施配置方面充分关注社会弱势群体的特殊需求。社区公园、口袋公园、游园等小型公园的建设，特别关注儿童、老人等社会弱势群体的需求。例如，在步行 15 分钟可达范围内按照相关设计要求，为混龄儿童配置游戏场地、球类场地、组团游戏场地等休闲娱乐和亲近自然的空间，并配置适合老年人、残疾人群使用和可达的设施。

（二）纽约城市公园建设注重社区公园友好性与开放包容性

纽约始终致力于营建对市民健康有益的友好、开放、包容的社区公园。2007 年纽约总体规划《更葱绿、更美好的纽约》中明确提出，到 2030 年让市民在"10 分钟步行圈"内均能享受到公园服务，并通过现有部分土地用途向公园转变、延长公园开放时间、增加公共空间功能与用途实现这一目标。2015 年纽约编制总体规划更新并补充了城市公园建设的相关内容和标准，要求社区公园建设与社区居民的日常生活紧密结合，注重提升社区公园的亲邻友好性。

纽约提升城市社区公园的友好性主要采取了以下几个方面的重点措施。

---

① 郑宇等：《公园城市视角下伦敦城市绿地建设实践》，《国际城市规划》2021 年第 6 期。

第一，"社区公园倡议"和"无障碍设施"，旨在为贫困人口密集、建设资金紧缺的社区提升公园绿地等公共空间的功能与品质，建立满足市民公园服务需求并能让社区居民参与共建的更加公平的城市公园体系。在该倡议促进下，纽约通过激励社区居民参与公园建设，通过一系列设施改造，并通过与社会组织合作，为社区公园设计各类适合儿童、老年人、残疾人的活动节目，提升公园活力。在此过程中，纽约通过与城市公园基金、公园非营利组织合作，保障公园建设与改造资金需求，并通过无障碍设施建设，保障并增进对各类社会弱势群体的关怀，提升公园服务的社会公平性与包容性。

第二，"无边界公园"规划设计。该项计划主要通过一系列公园外观结构与服务设施的更新与改造，将公园建设与社区相关配套服务设施建设相结合，让公园与周边社区实现功能融合。一方面通过公园空间场景营造激发社区活力，另一方面为社区居民提供更多邻里社交的场所和氛围。例如，在公园与社区交接的空间，布置矮栅栏、绿化、长椅等设施，拉近公园与社区之间的距离，同时也为居民提供新的公共活动空间；在公园边界处空间，定期举办各类社区文化活动、文艺展览；将公园附近的人行道、广场等一并纳入社区公园的规划设计当中，激活更多未被利用的城市公共空间，提升社区的生态宜居品质。

第三，加强与其他部门合作，开展公园建设。纽约市将城市公园建设作为促进经济增长、促进社会公平、打造生态宜居社区的有效举措，积极倡导开展跨部门合作，以提升公园建设质量、保障项目推进与开展设施管理维护。例如，纽约市政府与私营机构合作，推进公园步行生活圈计划，计划到2030年让85%的居民可以在适合步行的范围内享受公园服务。纽约公园建设通过与多元社会机构合作，保证未来开发建设的保障性住房周边有足够的公园绿地空间满足市民基本需求。此外，纽约公园计划还与城市规划管理等相关部门合作，通过社区公园建设增强社区气候韧性。

纽约建设友好性社区公园的特色经验，一是公园建设注重以人为本，增强包容性设计，满足不同人群的公园服务需求，尤其是兼顾对老人、儿童、残疾人士等社会弱势群体的关怀，注重公园配套服务设施建设和活动节目的适应性。这在上海城市社区公园建设过程中应当有所体现，通过提升社区公园包容性建设的相关标准，让市民能够真正享受高品质的社区生活环境。二是城市公园建设应当打破一墙之隔，增强公园对社区的渗透性，让社区公园真正融入社区生活，让公园边界逐渐淡化，成为促进社区居民日常社交的绿色活跃空间；通过配套设施的创新改造，释放公园绿地更多的社交功能。这也是上海社区公园建设需要借鉴的地方，一方面需积极改变现有多数公园的封闭式设计，让社区居民更加容易随时随地接触周边绿色空间。另一方面针对当前多数开放性公园绿地和口袋公园的设计，精准锁定周边主要公园使用人群的特征需求，设计相应的配套服务设施。三是城市公园的规划设计需要与其他相关部门合作，例如与规划部门、教育部门、商业部门、文化部门等合作，提升公园建设综合品质，并促进公园服务功能复合叠加，发挥更大的社会效益。

（三）东京城市公园体系建设注重制度创新与激励社会参与

日本是亚洲较早探索公园体系建设的国家，通过公园和绿道的建设将城市公园绿地串联组合形成体系，为城市居民提供了大量的休闲游憩公共空间兼防灾避难场所。东京城市公园体系基于市民对公园的多元化使用需求，按照服务圈层和服务功能进行分类，由地区公园、近邻公园、街区公园、运动公园、广域公园、综合公园、特殊公园组成[1]，并将城市各类生态空间也纳入公园体系当中。随着城市规划新理论、新方法和新理念的不断发展，公园体系建设也逐渐走向与周边地区合作、交流的网络化模式，并伴随着一系列非常具有特色的规划理念与制度保障方面的创新。

2000年编制出台的《东京绿色规划》为城市公园绿地建设提供了较为综合全面的目标与策略指引[2]，包括守护城市生态环境、支撑城市防灾、创

---

[1] 许浩：《日本东京都绿地分析及其与我国城市绿地的比较研究》，《国外城市规划》2005年第6期。

[2] 雷芸：《新世纪以来日本城市绿地规划发展与借鉴——以东京都为例》，《中国城市林业》2019年第2期。

造城市魅力、培育生物栖息空间、以市民为主体而建绿 5 个广泛而细致的方面。此外，该规划将"绿色"创新定义为能够提供生物生存基本环境和丰富市民生活的林地、草地、农田、公园、河流水域、各类附属绿地等各类生态空间，系统涵盖了之前绿地规划当中未被考虑在内的各类水域和公园内未被植被覆盖的空间。

2006 年编制出台的《东京公园绿地规划》在《东京绿色规划》中确定的公园绿地建设的基础上，明确了东京地区此后 10 年公园建设的目标，并充分结合公园的具体功能定位，对规划用地进行评价，明确建设优先级，对于优先建设的公园采取一系列的土地整理措施、街区更新措施来加以保障。其中，"民设公园制度"的创新非常值得关注，该制度创新鼓励广大社会团体与市民个人积极参与公园建设，政府为其提供一系列激励政策，例如，允许在参与建设的公园中建住宅并建立配套经济激励机制，但民设公园必须保障有 35 年的持续经营管理和费用支撑、保证一定规模的开放性，并且在灾害发生时无偿提供避灾场所。此外，为鼓励市民广泛积极参与，2007 年编制出台的《东京绿色 10 年计划》旨在充分调动市民作为主体广泛参与绿色建设当中，培育市民关心绿色、建设绿色、保护绿色的绿色意识。

2016 年编制出台的《东京公园管理规划》旨在从公园使用者视角出发，提供高品质的公园服务。该规划在公园管理方式上有重要转变，从以政府为主导的行政管理转向市民、企业、社会团体等多元相关方共同参与的协同管理。此外，在该规划基础上，东京选取部分公园制定更加详细的公园管理规划，以创造并凸显城市魅力与良好形象。

（四）全球城市公园体系建设的共性特征以及主要经验启示

本文分析伦敦、纽约、东京等全球城市公园体系建设发展历程与规划经验，总结当前全球城市在公园体系建设方面的特征趋势，认为其突出表现为以下四个方面：注重城市公园的连接性与网络体系完善，注重扩大公园服务覆盖范围与以人为本，注重公园的特色性与功能品质提升，注重社会多元参与及体制机制创新。

1. 公园的连接性与网络体系完善

伦敦和东京均通过加强绿色基础设施建设，有效改善了生态空间的连通性，并促进了公园体系的系统性与网络化发展。例如，伦敦通过积极建设一系列专门适合步行、观光、自行车通行的绿色通道，恢复河流自然生境等措施，使城市公园体系的连接性更强、网络体系更加完善。东京通过将城际铁路沿线绿色地带系统连接起来，形成由公园、绿地、河流组成的绿色生态网络。更加强调公园的公共空间属性，突破城乡差异、用地类型差异、空间属性差异等局限，打造城乡一体的公园分级分类标准。例如，东京在《东京绿色规划》当中将能够提供生物生存基本环境和丰富市民生活的林地、草地、农田、河流水域等各类生态空间统等考虑。伦敦建立的七级公共开放空间体系将城市各级公园、小型生态空间、郊野公园、区域型公园等系统涵盖在内。

2. 公园服务覆盖范围与以人为本

全球城市普遍关注城市公园绿地空间供给的公平性与包容性，不仅强调公园服务范围的全覆盖，还从以人为本的视角强调绿色网络的友好性与可达性。尤其是对与居民日常生活密切相关的社区公园、口袋公园、小型绿色空间等的规划设计，充分强调布局的均衡性。例如，伦敦要求在步行15分钟可达范围内按照相关设计标准，针对儿童、老年人、残疾人等不同人群的需求，打造具有针对性的休闲娱乐和亲近自然的空间；纽约在《纽约2030》中提出要让99%的人在步行800米范围内享受公园服务。悉尼在2030年规划中提出要让居民在出门步行3分钟内即可到达通往公园的绿道。

3. 公园的特色性与功能品质提升

全球城市普遍注重打造具有特色性的公园绿地空间并提升其功能品质。例如，伦敦、纽约在规划上都强调公园的特色化建设，打造旗舰公园。纽约在2030年规划中明确提出打造一批有特色的旗舰公园，其中非常具有代表性的特色公园是高线公园。日本东京将部分大型城市公园绿地改造为特色化的历史文化公园、奥运公园，除了突出公园休闲游憩服务功能与品质的提升，全球城市还注重公园与防灾、体育运动、生物多样性保护等功能的复合，例如，伦敦在部分城市公园内设定了自然保育区，明确具体的生物多样性保护要求；东京将城市公园建设与城市防灾体系建设有机结合，提供城市重要的防灾避灾场所；纽约市通过与城市规划管理部门合作，让社区公园建设充分发挥增强社区气候韧性的调节服务功能。值得注意的是，上海的静安雕塑公园、闵行体育公园、世博文化公园也充分遵循了公园功能复合的这一发展趋势。

4. 社会多元参与及体制机制创新

全球城市在公园体系建设管理方面注重激励多元相关方的广泛参与并不断进行体制机制创新，激发城市公园绿地建设活力与可持续的运营管理能力。例如，纽约创新引入了"社区公园倡议"，有效引导广大市民和社会公益组织积极参与到社区公园建设当中，不仅为社区公园设置各类适合儿童、老年人、残疾人的活动节目，还通过与城市公园基金、公园非营利组织合作，充分保障公园建设与改造的资金需求。此外，公园管理部门通过开展跨部门合作，提升公园建设质量、保障项目推进与后期管理维护。日本通过公园建设土地、资金、管理等政策创新，建立"民设公园制度"，广泛调动民间个人和社会团体参与公园建设，并不断促进公园管理方式转变，从以政府为主导的行政管理转向市民、企业、社会团体等多元相关方共同参与的协同管理。

二 上海城市公园体系建设发展现状与存在主要差距

本文梳理上海城市公园体系发展演变主要历程与当前发展水平，剖析城市公园体系建设在规模、结构、布局与功能品质方面存在的不足。

（一）上海城市公园体系建设与城市转型发展相辅相成

回顾上海城市公园体系建设的发展历程，每一步都与城市发展的转型升级相辅相成，公园让城市更美好，城市让公园更生态。

改革开放之初，上海将园林绿化建设作为改善城市基础设施相对落后局面的重要举措之一，在积极扩绿和增绿的过程中，逐渐意识到园林绿化建设不是单纯建几块绿地，而是系统建设完整的城市生态园林绿化体系。到 20 世纪 90 年代中期，上海园林绿化建设由"见缝插绿"升级为"规划建绿"，1994 年出台了《上海市城市绿地系统规划（1994~2010 年）》，进一步强调公园对城市发展的重要性，公园绿地建设被系统纳入城市规划发展大局当中。到了 21 世纪初，上海市政府积极响应创建国家园林城市号召，积极探索城市园林绿化发展升级的新路径。此后三年，公园绿地规模快速扩大，并于 2004 年获得"国家园林城市"称号。2005~2010 年，围绕加快推进生态城市建设，上海市投资近亿元，对建于 20 世纪 50~60 年代的 80 余座老公园实施全面改造，重点提升其服务功能，同时在世博园区附近新建部分城市公园。至此，上海城市园林绿化建设整体水平明显提升，但城乡公园网络体系仍不完善，服务功能与品质仍亟待提升。

"十二五"时期，上海围绕生态文明建设要求，更加注重城市公园体系建设的系统性、均衡性与功能提升，着手构建与生态宜居城市相匹配的绿地、林地、湿地基本生态空间系统，并在 2012 年 5 月批复了《上海市基本生态网络规划》，这也是国内首部城市生态网络规划。此间，面对土地资源紧缺、生态空间与居民休闲游憩空间缺乏的多重挑战，上海重点在全市启动了 21 座郊野公园建设，实现了拓展城市生态空间、完善城乡公园体系、巩固提升城市生态安全格局的有机结合。"十三五"以来，上海围绕基本建成多层次、成网络、功能复合的绿色生态网络框架[①]，大力拓展绿色生态空间，截至 2022 年 9 月，全市人均公园绿地面积达 8.8 平方米，公园数量增加到约 650 座；到"十三五"时期末，随着全市"环、楔、廊、园、林"的生态网络格局基本形成[②]，上海城乡公园体系基本形成相对完整的结构框架。

面向"十四五"，上海以"生态之城"建设目标为引领，着力建设"公

---

① 张浪、姚凯、张岚：《上海市生态用地规划机制研究：以大治河生态廊道为例》，《风景园林》2012 年第 6 期。

② 杨博、郑思俊、李晓策：《生态空间承载城市未来发展宏图：以上海市生态空间规划及美丽乡村建设为例》，《园林》2017 年第 9 期。

园城市""森林城市""湿地城市"三大支撑体系和"廊道网络""绿道网络"两大网络体系①，并计划在中心城区通过社区公园或口袋公园建设，打造"千园"工程，持续完善城乡公园体系②，这也展现出上海城市公园体系建设已经正式进入系统全面完善的发展阶段，并且城乡公园体系建设已系统纳入韧性生态之城建设。城乡公园体系建设在功能上也朝着满足市民休闲游憩空间需求、提升城市生态空间品质、保护城市生物多样性等多元复合的方向发展。

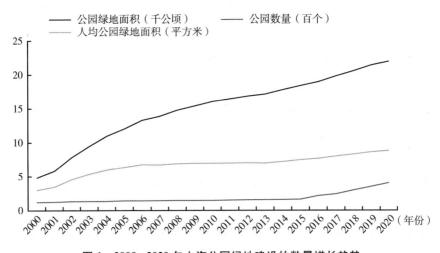

图1 2000~2020年上海公园绿地建设的数量增长趋势

（二）城市公园体系建设仍面临发展不均衡不充分挑战

上海将城市公园体系建设视为推进绿色发展、贯彻人民城市理念、提升城市生态品质与核心竞争力、为市民提供更多生态福祉的新思路、新定位，积极开展"公园城市"建设，加速推进实施千座公园计划，建设环城生态公园带，完善城乡公园体系。但对标伦敦、纽约、东京等全球城市，上海城

① 《构建"双环、九廊、+区"，上海生态空间专项规划今起公示》，"上海发布"澎湃号，2020年4月14日，https：//m. thepaper. cn/baijiahao_ 6968625。
② 陈琳：《上海提升城市生态品质路径研究》，《科学发展》2018年第2期。

市公园绿地的规模扩大和品质提升仍有较大空间。

1. 人均公园绿地面积仍然明显偏小

根据住建部《2020 年城市建设统计年鉴》，2020 年底，中国超大城市人均公园绿地面积指标，广州为 23.35 平方米，北京为 16.59 平方米，深圳为 15.00 平方米，重庆为 16.50 平方米，而上海约为 9.05 平方米，明显低于其他超大城市以及全国平均水平（14.78 平方米）。根据科技部发布的《全球生态环境遥感监测 2020 年度报告》，2020 年，世界城市人均公园绿地面积已达到 18.32 平方米，而北京市城市规划设计研究院规划研究室基于全球各大城市基准资料测算，早在 2015 年前后世界主要国际大都市人均公园绿地面积就已接近或远超这一水平，其中，伦敦 33.40 平方米，新加坡 18.00 平方米，纽约 14.70 平方米，首尔 16.20 平方米，而当前上海仍与这一平均水平有较大差距。一方面缘于上海人口高度集聚，土地资源紧张，公园建设土地空间严重受限；另一方面缘于上海中心城区有诸多老城厢、老建筑、历史文化街区，实施公园改扩建面临诸多方面的阻力。

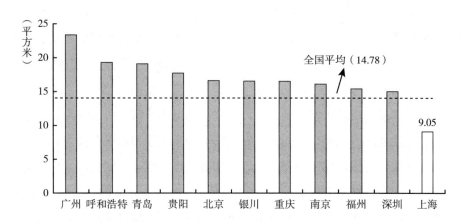

图 2　全国排名前十城市人均公园绿地面积与上海对比

2. 城乡公园绿地空间布局仍不均衡

从公园绿地布局来看，上海近郊各区明显优于中心城区和远郊各区。具体从人均公园绿地面积指标来看，2021 年，近郊的浦东新区、宝山区、闵行区、嘉定区人均公园绿地面积的平均值约为 10.73 平方米，中心城区 7 个区人均公园绿地面积的平均值仅为 4.36 平方米，远郊的金山区、松江区、青浦区、崇明区、奉贤区人均公园绿地面积的平均值约为 8.53 平方米，中心城区人均公园绿地面积不足全市平均水平一半，人口高度集聚与公园绿地分布不均的矛盾依然突出。从公园绿地服务覆盖水平来看，在选取的上海全市 20076 个普通住宅区 POI 点当中，有 17611 个位于公园绿地 1500 米缓冲区覆盖范围内，公园服务覆盖水平高达 87.72%，其中，中心城区公园绿地服务基本实现了全覆盖，但由于中心城区人口高度集聚，游人密度远高于全市平均水平，公园处于超负荷服务状态。近郊地区和农村地区仍有部分空间尚未实现公园服务覆盖，整体来看，公园绿地布局仍有待进一步优化。

3. 城乡公园分级分类体系有待完善

近年来，上海城乡公园分级分类体系建设日臻完善，上海绿化和市容管理局官方数据显示，2021 年，上海公园数量增加至 532 座，其中，城市公园 399 座、郊野公园 7 座、口袋公园 103 座、乡村公园 29 座、主题公园 1 座①。口袋公园建设按照"小""多""匀"的布局特色积极推进，为市民推门见绿获取绿色公共空间提供了极大便利。然而，随着市民对城市公园服务功能与品质的需求不断提升，未来仍需持续完善城市公园体系结构，进一步丰富公园类型和层级。例如，加强建设生态保护型的自然公园，统筹规划建设更多彰显滨海城市特色和保护海洋资源的海岸公园，打造更多具有综合休闲游憩功能的各类城市公园等。尤其需要加强主题型社区公园建设，便于开展多样化、特殊的休闲游憩活动，例如各式球类运动社区公园、广场舞社区公园、大型演讲集会社区公园等，以满足市民日益旺盛的户外活动需要。与此同时，公园体系在空间布局上应进一步与河流、绿道体系充分衔接，以加强公园之间的网络连通性。

4. 公园绿地的功能与品质有待提升

上海现有的城市公园在内部景观和休闲游憩设施建设方面取得显著进

---

① 《公园绿地"这十年"：高质量发展创造美好生活》，《绿色上海》2022 年第 5 期。

展，满足了市民对日常休闲游憩服务功能的基本需求。但随着市民对城市美好生活的需求日益升级并呈现多样化趋势，当前公园绿地服务功能较为单一，难以充分发挥吸引力，以满足不同人群的特色化需求，尤其是公园绿地的教育、康体、文化陶冶等多重功能不足。值得注意的是，近年来上海市相继建成的静安雕塑公园将广场雕塑、园艺展览、自然博物馆融入公园绿地当中；闵行体育公园将体育活动、生态健身等活动融入公园主题当中；上海郊区多座大型郊野公园集农业农村风光体验、江南水乡文化展示、休闲游憩观光等多重功能于一体，受到了广大市民的一致好评。未来仍需针对特定区域公园服务主要人群的需求特征，通过设施改造和拆墙见绿，进行公园品质的优化提升，尤其是社区公园及口袋公园的建设亟须提升对老年人与儿童等社会弱势群体的包容性与适应性；发挥上海各类公园绿地建设对保护城市生物多样性的重要支撑作用，进一步发挥公园绿地的生态保护功能。目前，上海的综合公园与郊野公园功能仍较为单一，主要是提供绿色休闲游憩场所，未来仍需进一步突出郊野公园在科教、生态环保、江南水乡文化保护等方面的多重功能，通过与城市文化设施、体育设施等融合，形成城市公园综合体，以提升公园绿地功能的复合性与文化的多元性。

三 上海建设人与自然和谐共生的公园体系相关建议

本文结合上海城乡公园体系建设发展现状，对比全球城市公园体系规划发展经验，综合考虑公园体系结构的多层次、多样化、一体化发展，改善公园绿地布局的连通性、可达性、公平性，增强公园服务功能的复合性、特色性、生态性，公园建设政策标准的统一性、创新性、统筹性，从四个方面提出上海完善城乡公园体系的相关对策建议。

（一）公园体系结构的多层次、多样化、一体化发展

目前上海市已初步建成了包含多个层级、类型丰富的城乡公园分级分类

体系，统筹兼顾了城乡地区多样化的生态空间，但目前生态环境保护型的各类自然公园、综合休憩型的各类城市公园，以及多样化的主题型社区公园仍然有待丰富。从国外滨海城市发展经验来看，多数滨海城市在公园建设过程中，还异常重视对海岸带资源的保护与利用，通过建设特色化的海岸公园来统筹保护海洋资源，然而目前上海市以海洋资源保护为目的的海岸公园相对缺失，应尽快启动相关规划及建设行动计划。上海城乡公园体系是城市绿色基础设施的重要组成部分，应进一步加强对各类公共开放空间的综合性统筹，从生态环境保护角度出发，将城市化地区的各类蓝绿生态空间纳入公园体系当中，以扩展公园体系的服务层级和服务圈层。同时还应注重线性绿色基础设施网络与城乡公园体系的融合，以实现对城市生态网络的完善、修复与重建，促进城乡公园体系建设与生态系统保护的有机结合。

（二）改善公园绿地布局的连通性、可达性、公平性

一方面，在公园网络体系完善的过程中，需要持续推进生态廊道建设，统筹规划建设一系列线性绿色基础设施，例如步行绿色通道、自行车绿色通道、生态保护绿色通道、河流滨岸带，以绿色生态廊道连通城乡地区各类大型公园绿地及其他斑块面积较大的生态空间，以缓解上海中心城区公园绿地规模不足、破碎化、点状分散的功能布局缺陷。另一方面，目前中心城区多数城市公园仍有围墙制约周边社区可达性，未来需进一步突破"一墙之隔"，进一步改善社区公园的可达性，并借鉴国外"无边界公园"的规划设计理念，将公园与社区服务设施建设统一起来，增强公园对周边社区的渗透性。此外，需要积极改善城市公园绿地布局的社会公平性，确保所有居住区都能够在公园服务覆盖范围之内，所有市民都享有平等的公园绿地休闲游憩服务。尤其是要关注当前上海城市人口老龄化背景下，各类社会弱势群体对公园绿地服务的特殊需求，结合中心城区人口分布结构特征，创新建设一批主题型社区公园，例如，符合老年人康体运动需求的广场舞社区公园，适应青少年的球类运动主题公园、滑板运动主题公园等。

（三）增强公园服务功能的复合性、特色性、生态性

从提升公园服务功能复合性角度来看，上海不仅需要通过将城市公园与其他公共基础设施和功能进行深入融合，形成体育型、科技型、文化型等特色型公园，强化公园绿地的教育、康体、文化陶冶等多重功能，还需要充分挖掘公园的其他重要特殊功能，例如，郊野公园对防洪安全的保障，滨海湿地公园对海洋资源与鸟类生物栖息地的保护，城市综合公园作为应急避难场所等。从公园功能特色性塑造角度来看，需要结合公园绿地自身及其周边的资源环境本底特征，充分挖掘公园绿地的特色化资源禀赋，例如，郊野公园的建设需要结合公园生态资源禀赋，挖掘其生态功能，打造海岸型、湿地型、森林型、江南水乡特色型公园等。从提升公园服务功能的生态性的视角来看，一方面，需要在郊野公园和大型城市综合公园建设过程中，注重功能生态性，例如，借鉴国外城市经验，在公园当中划定特定的生态保育区域，明确对城市生物多样性的具体保护要求。另一方面，在公园绿地建设时应注重原生态，尤其是对于以生态保护为目标的公园建设来说，应贯彻生态环保、可持续发展的理念，重视采用基于自然的解决方案，推崇自然、朴实的设计方法，避免因过度商业开发对周边生态环境产生负面影响。例如，上海在郊野公园和湿地公园建设过程中，需要充分保护农田水网与湖泊相互交织的江南水乡人文自然景观特色，形成与中心城区城市公园迥然不同的原生态自然野趣，通过最大限度保护原有的自然生境，与当地特色乡村文化元素有机融合，提供更加具有吸引力和与众不同的郊野公园休闲游憩体验。

（四）公园建设政策标准的统一性、创新性、统筹性

目前，上海城乡公园体系建设在法律保障、政策和标准规范方面都具有相当大的完善空间，如当前已有的相关行业标准和管理条例相互之间缺乏统一性和一致性，虽然可以对城市公园建设发挥规范指导作用，但对乡村公园、郊野公园的建设则缺乏指导性和适用性，未来应当持续完善覆盖城乡地

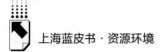

区各类型公园建设的标准体系、技术规范和保障制度。其次，需要在城乡公园体系建设过程中加强政策创新，借鉴国外城市经验，通过一系列差别化的土地政策和激励性的配套财政政策，积极鼓励引导民间团体参与公园建设，例如东京的"民设公园制度"创新，既可以更加充分地提供公园建设与后续运营管理的资金保障，又可以充分调动市民积极参与城市绿色建设。此外，城乡公园体系是城市生态空间的重要组成部分，在规划建设过程中涉及的管理部门众多，包括市容绿化部门、水务、规划、农林业、生态环境等部门①，不同职能部门的管理要求和政策标准存在差异，因此，在城市公园建设过程中需要建立跨部门的统筹协调机制。

参考文献

郝钰、贺旭生、刘宁京等：《城市公园体系建设与实践的国际经验——以伦敦、东京、多伦多为例》，《中国园林》2021 年第 37（S1）期。

刘新宇、薛求理、王晓俊：《十九世纪波士顿公园体系的形态演变历程及其动因分析》，《中国园林》2022 年第 9 期。

马骏、魏民：《加拿大国家公园体系的建设经验与启示》，《城市建筑》2022 年第 15 期。

马聪玲：《城市公园对城市休闲生活的贡献：以世界著名公园为例》，《城市》2021 年第 10 期。

王馨羽、李梦雨、刘煜等：《纽约大都市区区域绿色空间规划演进（1922—2020 年）及启示》，《风景园林》2021 年第 12 期。

张静雨、张景秋：《从芝加哥城市公园体系透视国家中心城市人文创新环境建设》，《北京规划建设》2017 年第 1 期。

路遥：《大城市公园体系研究》，同济大学硕士学位论文，2007。

顾瑛：《浅谈公园城市体系下城市公园创新管理模式》，《风景名胜》2019 年第 9 期。

周泽林、陈刚：《公园城市体系下的城市公园创新管理模式研究》，《园林》2018 年

---

① 李艳：《全球城市发展背景下上海市城乡公园体系建设思考》，《上海城市规划》2018 年第 3 期。

第 12 期。

李艳：《全球城市发展背景下上海市城乡公园体系建设思考》，《上海城市规划》2018 年第 3 期。

李禾、王思元：《公共安全视角下日本东京都防灾公园体系规划》，《中国城市林业》2021 年第 3 期。

王鹏、鲁潇：《日本防灾公园体系建设及经验借鉴》，《中国减灾》2020 年第 19 期。

孙培博、刘宁京：《国外不同尺度开放空间规划研究与借鉴》，《中国园林》2021 年第 37（S1）期。

增 长 篇

Chapter of Economic Growth

B.10
上海新能源汽车产业政策特征
及优化路径研究

张文博*

摘 要: 新能源汽车产业是上海汽车产业转型升级的主攻方向,也是推动全市交通低碳转型的重要突破口。自 2010 年上海作为全国首批新能源汽车推广试点城市以来,上海已经出台了涵盖推广应用、财税支持、规划引导、行业规范、设施保障、管理监督等多种类型的新能源汽车产业政策。在全方位多领域的政策推动下,上海在新能源汽车的市场规模、产业链地位、技术竞争力等方面都处于全国前列。随着新能源汽车向电气化、智能化、网联化转型,上海新能源汽车产业也面临市场转向存量竞争、产业生态深刻变革、技术国际竞争力不足、低碳环保竞争趋紧和充电设施需求增大等新挑战。上海新能源汽车产业政策亟须在产业空间布局、产业生态构建、创新激励手段、绿色低碳转型引导、充电基础设施

---

* 张文博,经济学博士,上海社会科学院生态与可持续发展研究所助理研究员,研究方向为资源环境经济、生态文明政策。

管理等方面进一步调整和优化。

关键词： 新能源汽车 汽车产业 上海

上海新能源汽车产业在我国的新能源汽车产业链中占据举足轻重的地位。上海聚集了上万家新能源汽车相关企业，以上海为核心的长三角地区已经成为国内核心汽车零部件、动力电池和汽车芯片生产制造的集聚地，形成了从原材料到整车制造相对完整的新能源汽车产业链。上海2021年新能源汽车产量达到63.2万辆，占全国新能源汽车产量的17%。随着国家对新能源汽车补贴政策的调整，传统车企、造车新势力以及百度、滴滴、华为等跨界企业涌入新能源汽车产业，新能源汽车产业已经从增量扩张进入存量竞争的阶段，核心技术和绿色低碳等领域竞争更趋激烈，现行的产业政策迫切需要深度调整和优化。

一 上海新能源产业政策的特征及效果

上海既是我国最大的新能源汽车消费市场之一，也是国内领先的新能源汽车产业集聚地。随着新能源汽车市场竞争形势的变化，以及技术路径的多元化和产业生态的变革，上海新能源汽车产业政策的类型、特征也不断演进和优化。

（一）上海新能源汽车产业政策的特征和趋势

新能源汽车产业政策的分类有多种视角，部分学者根据政策作用方式，将政策举措分为行政许可、财税措施、金融措施、引导措施、监管规范等类型。考虑到新能源汽车产业发展对规划引导、技术研发支持和基础设施配套等相关政策的依赖，结合何源、郭本海等学者对新能源汽车产业政策的分类标准①，本文将新能源汽车产业扶持政策分为推广应用、财税支持、规划引导、行业规范、设施保障、管理监督、其他措施（见表1）。

表 1　新能源汽车政策类型

措施分类	定义
推广应用	新能源汽车牌照政策、新能源汽车专用车位
财税支持	购置税收优惠、销售补贴、运营奖励、产学研合作资金补助、项目专项资金支持等
规划引导	将新能源汽车产业列入重点领域、确定推广目标、引导建设各类研发平台、政府采购等
行业规范	产品抽检制度、动力电池准入管理制度、服务费和电费标准、下放审批权限等
设施保障	公共充电桩、充换电设施建设、加氢站建设、各类基础设施建设比例
管理监督	基础设施及其设置场所的日常消防安全检查及管理方案、信息登记制度、质量安全监控平台建设等
其他措施	金融服务支撑、对电网企业服务不合规与充电基础设施运营违规企业予以限制或禁入、加强人才队伍保障、建设多层次的人才培养体系等

资料来源：何源、乐为、郭本海，《"政策领域-时间维度"双重视角下新能源汽车产业政策央地协同研究》，《中国管理科学》2021年第5期。

从政策类型的变化来看，上海市新能源汽车产业政策呈现推广政策逐渐减少、产业规划类政策逐渐增加的趋势。2014年上海出台了7项新能源汽车推广政策，而到2021年，这类政策减少到2项，而上海新能源汽车的规划引导政策在2019年后数量开始增加，到2021年增加到5项，其中有3项是关于氢燃料电池汽车产业的规划（见图1）。这说明上海新能源汽车产业政策已经从需求端的产品推广和消费刺激政策转向供给端的产品升级和产业优化政策。

从政策侧重点变化来看，对上海2014~2021年新能源政策的关键词进行分析，发现在2014~2018年，上海新能源汽车产业政策主要侧重消费端的推广应用，措施以资金支持、补贴，以及基础设施配套为主。2018年以

---

① 郭本海、陆文茜、王涵等：《基于关键技术链的新能源汽车产业政策分解及政策效力测度》，《中国人口·资源与环境》2019年第8期；何源、乐为、郭本海：《"政策领域-时间维度"双重视角下新能源汽车产业政策央地协同研究》，《中国管理科学》2021年第5期。

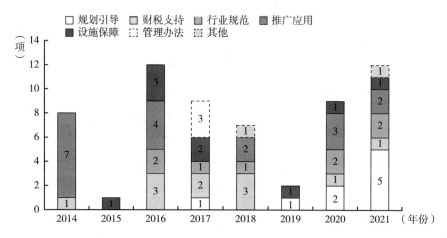

图 1 2014~2021 年上海市新能源汽车政策类型变化

资料来源：根据政府公开文件整理。

后，上海对新能源汽车产业的支持重点从消费端转向生产端，其中对氢燃料电池、智能网联汽车等新技术、新场景的支持政策增加（见表2）。

表 2 2014~2021 年上海市新能源汽车政策高频关键词变化

名次	2014 年	2016 年	2017 年	2018 年	2019 年	2020 年	2021 年
1	推广应用	推广应用	平台	推广应用	嘉定区	消费	燃料电池
2	购买	购买	数据	购买	许可	购买	推广应用
3	嘉定区	充电	充换电设施	燃料电池	燃料电池	充电补助	自由贸易试验区临港新片区
4	浦东新区	基础设施	燃料电池	专项资金	加氢站	设施	智能网联汽车
5	补贴	专项资金	生产厂	财政补贴	经营	燃料电池	充电设施

注：剔除"上海""新能源汽车""通知""办法""措施"等重复词，剔除"加快""进一步""关于"等副词，只列出词频前五的关键词。其中 2015 年只出台 1 项新能源汽车相关政策，没有列入表格。

（二）上海新能源汽车产业政策效应

上海一直是新能源汽车政策探索和试点的先行者，目前已经形成了覆盖

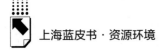

研发、生产、购置、使用等新能源汽车产业各个环节的政策体系。在一系列政策的推动下,上海新能源汽车产业的研发能力、产业链地位已位居全国前列。

1.多种推广政策并举,市场驱动产业发展成效显著

上海新能源汽车产业发展采取以市场驱动产业发展的思路,通过新能源汽车的需求刺激和市场培育政策带动产业的发展(见表3)。上海通过购置补贴、免费发放牌照、充电补贴等政策,促进新能源汽车消费,并通过消费端调整对插电混动汽车等类型产品的支持政策,引导生产端企业向纯电动车转型。在购置补贴方面,上海重点加大了对置换的补贴力度,根据《上海市加快经济恢复和重振行动方案》,"个人消费者报废或转出名下在上海市注册登记且符合相关标准的小客车,并购买纯电动汽车的,给予每辆车10000元的财政补贴"。在牌照优惠方面,为新能源汽车提供免费专用牌照,极大地提升了消费者购买新能源汽车的动力。在用电补贴方面,上海市发改委、市财政局联合出台了《消费者购买新能源汽车充电补助实施细则》,消费者购买新能源汽车时可获得5000元充电补贴。

表3　2014~2022年上海市新能源汽车推广应用政策

发布时间	政策名称
2014年3月	关于推广应用节能和新能源等环保型公交车的实施意见
2014年5月	上海市鼓励购买和使用新能源汽车暂行办法
2014年6月	上海市新能源汽车推广应用实施方案(2013~2015年)
2014年7月	嘉定区加快新能源汽车推广应用实施意见
2014年7月	嘉定区新能源汽车推广应用实施方案(2013~2015年)
2014年8月	上海闵行区私人购买新能源汽车资金补贴管理办法
2014年10月	浦东新区鼓励购买新能源汽车暂行办法
2014年10月	浦东新区关于加快促进新能源汽车推广应用的实施意见(2014~2015年)
2016年4月	上海市交通委等《关于支持本市新能源货运车推广应用的通知》
2016年9月	闵行区推广应用新能源汽车资金补贴管理办法
2016年10月	崇明县鼓励购买和使用新能源汽车暂行办法
2016年11月	嘉定区新能源汽车推广应用专项资金实施细则(2016~2017年度)
2018年5月	上海市燃料电池汽车推广应用财政补助方案

发布时间	政策名称
2018 年 6 月	2018 年度闵行区相关单位推广应用新能源汽车申请补贴的通知
2020 年 4 月	关于提振消费信心强力释放消费需求的若干措施
2020 年 4 月	关于促进本市汽车消费若干措施
2020 年 5 月	消费者购买新能源汽车充电补助实施细则
2021 年 9 月	关于本市电动汽车充电设施用电价格政策有关事项的通知
2022 年 1 月	2022 年上海市扩大有效投资稳定经济发展的若干政策措施

资料来源：作者自行整理。

从政策效果来看，上海新能源汽车的推广政策涵盖补贴、牌照、用电等多个领域，在多种推广手段的推动下上海的新能源汽车市场需求迅速扩大。截至 2022 年 9 月，新能源汽车累计销量达 188126 辆，占全国的 5.3%，为全国新能源汽车销量最高的城市。2022 年 11 月，上海新能源汽车市场渗透率达到 53.53%，位居全国第一（见表 4）。以消费带动生产、以市场驱动产业发展的成效显著，上海新能源汽车产量也位居全国前列，2021 年全年产量达到 63.2 万辆，较 2020 年增长 160%，占全国新能源汽车产量的 1/6。

表 4　2022 年 11 月部分省份新能源汽车市场渗透率

单位：%

省份	PHEV（插电混动）	纯电动	新能源汽车
上海	22.59	30.94	53.53
海南	9.11	33.30	42.41
广西	6.82	33.05	39.87
河南	11.09	28.32	39.41
重庆	11.04	27.80	38.84
浙江	6.91	31.29	38.20
天津	13.10	23.90	37.00
北京	4.05	32.00	36.05
江苏	6.54	27.34	33.88
广东	12.23	20.89	33.12

资料来源：《中国各省市新能源车渗透率大比拼》，上观，2022 年 12 月 15 日，https：//export. shobserver.com/baijiahao/html/561882.html。数据截止时间为 2022 年 11 月。

2. 存量转型与增量培育并重，产业链地位不断提升

从 2018 年起，上海新能源产业的政策重点从消费端转向生产端，通过推动本地车企转型和引进培育新企业两条路径，打造新能源汽车产业集群（见表 5）。上海市人民政府在 2019 年发布《关于本市进一步促进外商投资的若干意见》，将新能源与智能网联汽车作为鼓励外商投资的重点领域之一。同年，特斯拉上海超级工厂开工建设，并实现当年交付产品。在存量转型和增量培育双重政策的支持下，上海形成了包括上汽大众、上汽通用等本土汽车巨头，特斯拉、沃尔沃亚太、福特中国等新入驻企业，以及蔚来、威马等造车新势力在内的各类新能源汽车企业。截至 2021 年底，上海聚集了 13293 家新能源汽车相关企业，并形成了完整的新能源汽车产业链，从原材料到整车制造，都在全国占有重要地位。

表 5　2016～2022 年上海市新能源汽车产业发展政策

发布时间	政策名称
2016 年 6 月	关于组织申报 2016 年度上海市新能源汽车专项资金项目的通知
2020 年 4 月	上海市促进在线新经济发展行动方案(2020～2022 年)
2021 年 2 月	上海市加快新能源汽车产业发展实施计划(2021～2025 年)
2021 年 7 月	上海市先进制造业发展"十四五"规划
2022 年 1 月	嘉定区关于持续推动汽车"新四化"产业发展的若干政策

资料来源：作者自行整理。

从政策效果来看，上海在整车制造、汽车零部件配套，以及"三电"研发和生产等领域都形成了集聚效应，在全国新能源汽车产业链中的地位不断提升。在整车制造领域，全球新能源汽车销量排名前十的企业中，上海已有特斯拉、上汽两家车企，在整车制造领域有较强的产业基础和竞争力（见表 6）。

表6　2018~2021年全球新能源汽车销量排名前十的企业

单位：辆

排名	2018 年	销量	2019 年	销量	2020 年	销量	2021 年	销量
1	特斯拉	204885	特斯拉	308410	特斯拉	407710	特斯拉	936172
2	比亚迪	192437	比亚迪	208526	大众	166745	比亚迪	593878
3	北汽	127133	北汽	124011	比亚迪	151841	上汽通用五菱	456123
4	宝马	112804	上汽	122812	宝马	137231	大众	319735
5	尼桑	89864	宝马	117932	上汽通用五菱	127787	宝马	276037
6	上汽荣威	86039	尼桑	74940	奔驰	113771	上汽	228144
7	奇瑞	59501	吉利	73699	雷诺	97450	沃尔沃	226963
8	雪佛兰	49478	大众	71002	沃尔沃	94346	奥迪	171371
9	华泰	48566	现代	65193	奥迪	91949	现代	159343
10	大众	46656	丰田	51259	现代	81873	起亚	158134

注：上汽通用五菱为三方合资企业，生产基地分布于柳州、青岛和重庆，销量数据仅包括"五菱""宝骏"两个品牌，上汽集团新能源汽车销量统计中不包括上述两个品牌。

资料来源：Clean Technica 网站。

在汽车零部件生产领域，上海的汽车零部件企业超过700家，其中博世、采埃孚、安波福、霍尼韦尔、高田等企业在汽车零部件各领域中处于国际垄断或龙头地位。汽车零部件上市公司，上海有17家，包括华域汽车、保隆科技、岱美股份、新朋股份、松芝股份等龙头公司。

在"三电"研发和生产领域。上海在新能源汽车的电驱、动力电池、电控领域的研发能力较强，聚集了宁德时代、杉杉科技和璞泰来等众多动力电池产业链企业（见表7）。上海的政策红利，以及在研发、人才、金融和国际化等方面的优势，也吸引了宁德时代、恩捷股份和蜂巢能源等企业将上海作为"第二总部"。电机领域的头部企业，如特斯拉、博格华纳、上海电驱动、联合电子等，电控领域的头部企业，如国轩高科等，也已在上海设立工厂或研发中心。

表7　国内"三电"系统头部企业及其分布

	企业	主要领域	研发和生产基地布局
电池	宁德时代	动力电池、储能系统	宁德
	比亚迪	动力电池、整车	深圳、上海松江
	欣旺达	动力电池	深圳
	力神	动力电池	天津
	比克	储能产品、电池回收	郑州、深圳

续表

	企业	主要领域	研发和生产基地布局
电机	大洋电机	电机、动力总成	中山
	特斯拉	整车、电机	上海
	蔚来动力	整车、电机	合肥
	博格华纳	电机、传动	宁波、上海研发中心
	方正电机	电机	丽水
	上海电驱动	电机	上海
	联合电子（UAES）	电机、电驱控制	上海、无锡、西安、芜湖和柳州
电控	英博尔	电动车辆电机控制系统	珠海
	国轩高科	电池组、电池管理系统	合肥、上海嘉定研发中心

资料来源：根据互联网公开资料整理。

3. 技术升级与前沿探索相结合，技术竞争力持续增强

上海对新能源汽车研发领域的支持政策主要分为两方面，一方面是推动新能源汽车核心技术升级，另一方面是瞄准燃料电池、智能网联、自动驾驶等新能源汽车技术"蓝海"，率先布局前沿技术的探索和应用（见表8）。

表8　2019~2022年上海市新能源汽车创新支持政策

发布时间	政策名称
2019年7月	嘉定区鼓励氢燃料电池汽车产业发展的有关意见(试行)
2021年10月	关于支持本市燃料电池汽车产业发展若干政策
2021年10月	上海市智能网联汽车测试与示范实施办法
2021年10月	中国(上海)自由贸易试验区临港新片区氢燃料电池汽车产业发展"十四五"规划(2021~2025)
2021年11月	中国(上海)自由贸易试验区临港新片区关于加快氢能和燃料电池汽车产业发展及示范应用的若干措施
2021年12月	上海市智能网联汽车测试与应用管理办法
2021年12月	关于开展2021年度上海市燃料电池汽车示范应用项目申报工作的通知
2022年1月	2021年度上海市燃料电池汽车示范应用拟支持单位公示
2022年1月	嘉定区加快推动氢能与燃料电池汽车产业发展的行动方案(2021~2025)

资料来源：根据政府公开文件整理。

在核心技术升级方面，上海通过专项资金投入和税收优惠等方式支持新能源汽车企业进行核心技术研发，如在《上海市加快新能源汽车产业发展实施计划（2021~2025 年）》中提出，"加大战略新兴产业高质量发展、科技创新计划等专项资金对新能源汽车核心技术攻关的支持力度"。从政策效果来看，经过多渠道专项资金的扶持，上海新能源汽车关键技术已具有较强竞争力，其中，在驱动电机产品、逻辑器件（MCU 微控制单元）、存储芯片、锂动力电池管理系统（BMS）等"三电"核心技术领域，上海企业的技术水平均处于国内领先地位。

在前沿技术探索和率先应用方面，上海以"未来车"作为新能源汽车产业发展的重点，重点支持燃料电池、智能网联、自动驾驶等领域的技术探索和应用。从政策效果来看，目前上海已经拥有四大网联车道路测试基地，累计开放 243 条 559.87 公里的测试道路，累计道路测试总里程超过 190 万公里。在高精地图、C-V2X 等车路协同关键技术领域，以及车载网联技术标准制定和产业推进方面处于国内领先地位，在通信模块及基站建设上处于全球领先地位。

4. 车桩配套与资金补贴并重，充电设施数量全国领先

上海充电设施的发展扶持政策从两方面着手。一是车桩配套政策，即针对插电混动汽车，要求购买插电式混合动力（含增程式）汽车须"落实一处符合要求的自用或专用充电设施"。二是充电设施建设补贴政策（见表9），上海市在 2020 年出台《上海市鼓励电动汽车充换电设施发展扶持办法》，分别对公交、环卫等特定行业专用充换电设施，其他为社会车辆服务的公用充换电设施等，以及居民小区充电桩建设、改造升级进行补贴，2020年补贴资金总额达到 9122 万元。

表9　2013~2022 年上海市新能源汽车充换电基础设施建设相关政策

发布时间	政策名称
2013 年 3 月	上海市鼓励电动汽车充换电设施发展暂行办法
2015 年 5 月	上海市电动汽车充电设施建设管理暂行规定
2016 年 3 月	上海市电动汽车充电基础设施专项规划(2016~2020 年)(征求意见稿)

续表

发布时间	政策名称
2016 年 4 月	上海市鼓励电动汽车充换电设施发展扶持办法
2016 年 8 月	关于进一步加强本市电动汽车充电基础设施规划建设运营管理的通知
2017 年 2 月	新能源汽车生产厂商、车型备案登记要求(2017 年)
2017 年 4 月	关于上海市新能源汽车数据平台正式启用的通知
2017 年 6 月	关于经营性集中式充换电设施认定条件的通知
2020 年 4 月	上海市促进电动汽车充(换)电设施互联互通有序发展暂行办法
2021 年 8 月	关于规范停车场(库)充电设施设置的通知
2021 年 9 月	关于本市电动汽车充电设施用电价格政策有关事项的通知
2022 年 2 月	关于本市进一步推动充换电基础设施建设的实施意见

资料来源:自行整理。

从政策效果来看,上海公共充电桩数量也位居全国前列(见表 10),新能源汽车充电桩的车桩比在 2022 年已经达到 1.36∶1,全国领先。

表 10 2022 年全国部分省份充电设施排名情况

排名	地区	公共充电桩保有量(万台)	排名	地区	公共充电站保有量(千座)
1	广东省	35.6	1	广东省	18.7
2	江苏省	12.1	2	江苏省	8.4
3	上海市	11.7	3	浙江省	8.1
4	浙江省	11.7	4	北京市	7.0
5	北京市	10.8	5	上海市	6.6
6	湖北省	9.6	6	山东省	6.1
7	山东省	8.3	7	河北省	4.0
8	安徽省	7.8	8	四川省	3.9
9	河南省	6.5	9	天津市	3.7
10	福建省	6.3	10	河南省	3.3

注:数据统计时间截至 2022 年 10 月。

资料来源:中国充电联盟。

二 上海新能源汽车产业政策面临的挑战

在电气化、智能化、网联化的趋势下,新能源汽车产业出现市场竞争加剧、产业生态变革、低碳环保竞争趋紧等新趋势，上海新能源汽车产业政策需要进行进一步调整和优化。

（一）市场转向存量竞争，产业政策的精细化水平待提升

上海新能源汽车行业正逐步从高速成长期步入成熟期，截至2022年11月，上海新能源汽车的渗透率已经达到53.53%，根据行业发展规律，市场渗透率超过35%~40%时行业发展进入成熟期，市场从增量拓展阶段进入存量竞争阶段，上海新能源汽车产业政策也需要进行及时调整和优化。

一是在存量竞争背景下，新能源汽车产业的布局亟须调整和优化。目前上海新能源汽车产业已经形成了以嘉定、金桥、临港为核心的产业集群，随着新能源汽车产业进入存量竞争阶段，同质化的产业发展目标和政策将加剧各区域的产业竞争，需要根据各区域产业发展的优势和特点，制定差异化发展政策，形成错位发展、各有侧重的产业布局特征。

二是在多元化竞争背景下，产业链整合成为进一步发展的重点。截至2021年，上海已经集聚了13293家新能源汽车相关企业，既包括上汽等传统车企，也包括蔚来、理想等造车新势力，还有百度阿波罗、AutoX等专注自动驾驶的企业。新能源汽车企业的数量还在持续增加，仅2022年前三季度的新注册企业数量就已超过上一年度，新能源车企的竞争对手更加多元，竞争的领域也从硬件性能延伸到软件、设计、服务等方面。在多元竞争的趋势下，不同类型新能源车企的优势和产业链分工各有特色，但以整车产量、性能技术指标为核心的新能源产业政策，容易导致新能源车企盲目追求整车产能和销量，导致不同类型车企的优势难以整合和同质化竞争。新能源汽车产业政策需要细化对产业链各环节的支持，推动不同类型车企合作和错位发展。

三是在补贴退坡形势下，新能源汽车产业政策需要进一步精细化。2021年底，国家提出新能源汽车补贴标准退坡30%，上海也将于2023年停止插电混动汽车牌照的免费发放政策，新能源汽车补贴退坡速度加快。目前新能

源汽车产业的发展仍然有较强的政策依赖性，政策红利减退后，新能源车企既面临售价提高带来的市场不确定性增大、利润空间减少等问题，也面临欧洲市场补贴加码、国际竞争力下降等外部压力。新能源汽车企业，尤其是传统车企和部分初创企业面临较为严峻的生存形势，需要进一步根据企业特点、产品和技术应用前景制定差异化、多样化的扶持政策，帮助企业平稳渡过补贴退坡的阵痛期。

（二）产业生态深刻变革，场景建设和服务规范待健全

汽车产业的电气化、智能化、网联化转型推动了产业生态的变革，汽车逐渐从交通工具转变为移动硬件空间，软件和服务在汽车产业链和价值链中的地位不断提升，传统以整车制造和产品销售为核心的产业生态，将逐渐向服务端转向，"汽车管理+出行服务"将成为未来产业生态的主要模式，预计未来新能源汽车的主要利润来源将从新车销售转向后市场服务。目前上海新能源汽车产业政策仍未摆脱传统汽车产业的支持模式，在产业生态建设方面仍需进一步提升。

一是服务环节的支持和监管政策相对滞后。目前上海新能源汽车产业政策主要集中于生产和销售环节，针对服务环节的政策相对较少，目前只出台了针对汽车分时租赁行业发展的政策，对换电服务、电池多场景管理、金融服务和后市场服务等领域的支持政策相对滞后。

二是对新能源汽车软件生态的监管尚不完善。新能源汽车的软件增值服务已经成为厂商获取超额利润的重要环节，但目前对相关服务质量、定价和消费者权益的监管和保护政策尚不完善。辅助驾驶软件技术缺陷造成的交通事故追责困难。动力电池强制锁定、软件增值服务定价不合理等一系列问题都需要相应的制度进行规范和监管。

三是数据生态的建设仍处于起步阶段。数据是智能网联汽车发展的核心竞争力，目前国内主流自动驾驶企业的数据之和不足特斯拉的10%，数据产权、数据安全、数据资产化等领域制度建设仍然相对滞后，导致国内新能源汽车企业各自为政，缺乏技术快速更新迭代的数据支撑。

（三）技术国际竞争力不足，创新支持政策手段待丰富

上海新能源汽车产业的技术水平目前已经处于国内前列，但目前仍存在关键核心技术的国际竞争力不足、前沿引领性技术的探索刚刚起步等问题，需要进一步加大对关键技术领域和前沿技术的创新支持力度，提升政策的多样性。

一是关键核心技术与国际先进水平仍有差距，重点领域创新支持政策需要进一步强化。上海新能源汽车产业"三电"技术、关键零部件等领域与国际先进水平仍有差距，如电池的能量密度提升和生产工艺落后于特斯拉等企业；电驱系统的集成度、功率密度和可靠性都落后于国际先进水平，逆变器、芯片和控制器仍依赖进口；电控系统的逻辑器件性能落后，SoC系统的芯片依赖进口。从企业申请的专利类型来看，也以外围技术居多，发明专利数量相对较少。从上海新能源汽车产业政策的关键词变化可以看出，政策的焦点仍然集中于推广和产业培育，对关键核心技术创新的支持政策相对较少，需要进一步强化对"三电"核心技术和关键零部件、车载芯片、核心材料等领域的技术创新支持。

二是前沿引领性技术的探索起步较晚，创新支持政策需要向前沿领域倾斜。上海在氢燃料电池、自动驾驶、智能网联等前沿技术领域起步相对较晚。其中，燃料电池的质子交换膜、催化剂、碳纸等核心部件目前尚无法实现进口替代，车载芯片仍存在"卡脖子"的风险，自动驾驶的数据、算法等也落后于特斯拉等国际顶尖新能源车企。上海虽然自2018年开始出台了一系列支持燃料电池、车载芯片技术创新和产业发展的政策，但仍然晚于日本、美国等国。此外，上海以政策资金为主导的创新投入模式，相比国外以风险投资、大型企业为主的创新投入模式，在资金量、支持领域的多样化等方面仍存在不足。

三是创新支持的政策手段待丰富，对企业创新的驱动效果待提升。新能源汽车关键核心技术自主创新具有高风险、高投入的特点，在新能源汽车补贴和扶持政策的推动下，企业短期内更倾向于抢占市场、获取补贴，

而非技术研发。据测算,目前政府专项研发资金的直接投入政策对上海新能源汽车专利核心技术研发的贡献度最高。随着补贴退坡和扶持政策向高技术产品倾斜,新能源汽车技术的创新主体和投入主体将回归企业,需要政府提供创新研发投入的税收抵扣、创新平台搭建、金融支持等多种类型的政策支撑。

(四)低碳环保竞争加剧,引导绿色转型的政策待强化

随着首批动力电池退役高峰期的到来,新能源汽车动力电池的回收拆解、资源循环利用也将带来新的环境风险。而据麦肯锡测算,到2040年,原材料生产造成的碳排放将占汽车行业全生命周期碳排放的60%。但目前上海针对新能源汽车全生命周期绿色低碳转型的政策远少于产业发展政策。

一是全生命周期的绿色低碳转型政策尚不完善。上海新能源汽车产业绿色低碳转型的政策主要集中于生产、消费环节,其中生产端以能耗总量和强度控制,以及VOCs等污染物排放的监管为主,消费端主要是通过产品的补贴和优惠政策变化来引导消费,如停止对插电混动汽车的补贴和免费车牌政策。但针对原材料、回收再制造环节的相关政策较少,目前原材料端的碳减排主要由企业自主推动,带来的碳减排也无法进入碳市场为企业带来额外收益,而回收和再制造环节,目前对回收企业的管理规范、财税激励和技术研发支持等政策尚不完善。

二是低碳环保贸易规则尚未跟进。2022年,随着中国新能源汽车大举进入欧美等市场,欧美等也提高了基于碳排放和环保标准的贸易壁垒,如欧盟议会已经通过了碳边境调节机制(CBAM),欧盟将实施的"新版电池法规"要求动力电池或工业储能产品进入欧盟市场,必须符合全生命周期碳足迹限额及可再生材料使用最低比例,欧美国际汽车品牌对上游车身钢架和铝轮毂等供应商提出绿色评级要求。目前,上海的新能源汽车绿色低碳技术标准体系建设仍相对滞后,在国内外环保标准和规则的衔接和转换等方面仍难以满足新能源车企出海的需求。

（五）充电设施需求增大，规划布局和管理制度待完善

上海目前出台的新能源汽车基础设施配套政策，主要聚焦于建设领域，公共充换电基础设施数量和增速已经位居全国前列，但公共充换电基础设施的管理并未跟上设施建设的速度，建而不管、分布不均、有效利用率不足、油车占用等问题仍然突出。

一是公共充电设施的管理滞后，存在燃油车占用新能源汽车专用车位、充电设施故障、公共充电桩设备损坏、安全隐患等管理问题不足。二是充电设施空间分布错配。插电混动新能源汽车在上牌前需要落实配套的充电桩，但在实际操作中存在虚报的问题。部分公共停车场的充电设施比例没有达到标准，高速公路服务区充电设施不足，老旧小区充电设施配套不足。三是利用效率不足。部分充电设施建设时间相对较早，以慢充为主，充电时间过长，快充和慢充的比例不协调。

三　上海新能源汽车产业政策的优化路径

随着政策红利的消退，新能源汽车产业的竞争重点已经从抢占市场转向核心技术研发，以及产业生态的构建和完善。上海要想在新的竞争形势下巩固其产业链地位，其产业政策也需要进行进一步调整和优化。

（一）优化产业空间布局，加强关键环节支持力度

针对新能源汽车行业进入成熟期后，存量竞争加剧、从规模扩张向竞争力提升转变的趋势，需要进一步优化新能源汽车产业的空间布局，提升政策的精细化水平。一是优化新能源汽车产业空间布局。立足上海各区新能源汽车产业的基础、优势和产业链分工，制定差异化的产业政策，引导各区形成各具特色的错位发展格局。出台新能源汽车产业集群的发展规划和空间规划，在招商引资中，统筹企业布局，避免同质化竞争。二是加大对产业链关键环节的政策支持力度。重点支持产业链薄弱环节、"卡脖子"环节的企业

引进和培育，加速推动补链、强链项目落地。丰富政策支持的方式和依据，避免整车制造环节的企业集聚。引导企业强化分工合作，支持企业通过相互持股、共同成立合资企业等方式优化产业链分工，促进优势互补。三是推进产品购置补贴政策有序退坡。提升支持政策的精细化水平，继续保持对先进产品的政策支持。依据产品技术特点、产业链分工和市场发展趋势，合理确定补贴退坡的力度和速度。通过领跑者制度，对技术指标、市场反应良好的车型和企业给予奖励，引导企业优化业务重点，追赶技术领跑者。

（二）规范出行服务秩序，健全产业生态政策体系

针对新能源汽车产业生态向"汽车管理+出行服务"转变的特点，新能源汽车产业政策也需要向用车场景、软件和服务进一步倾斜。一是完善新能源汽车软件和服务领域的政策体系。根据新能源汽车应用场景变化和价值链环节的变化，聚焦新能源汽车的软件服务、车辆控制、后市场服务等领域，加快形成完整的新能源汽车产业生态。加强新能源汽车软件和服务领域标准、制度规范的建设。二是加快优化智能网联汽车生态。进一步扩大自动驾驶和智能网联汽车示范试点的范围。依托5G等信息通信技术，提升车路协同配套服务能力，加快城市交通的智慧转型。三是加快完善数据的监管政策体系。加快建立新能源汽车数据的分级管理制度，强化对汽车管理软件、自动驾驶技术、个人隐私数据等领域的监管。逐步统一交通、驾驶、停车和充电等领域数据的标准和接口，鼓励和支持企业在数据安全的前提下，开展数据互通共享，挖掘数据资产价值。

（三）丰富创新激励手段，构建共性技术创新平台

针对上海新能源汽车关键核心技术国际竞争力不足、创新支持政策单一等问题，需要进一步优化新能源汽车的创新支持政策，以多元化政策工具推动新能源汽车技术创新。一是强化对核心关键技术的支持。加大对控制系统、整车集成、动力电池、车载芯片等核心关键领域的技术创新支持力度。推动核心部件的独立自主研发，提升供应链、产业链、技术链的安全性和稳

定性。二是丰富创新支持政策的类型和支持方式。在现有专项资金支持、研发投入抵扣征税额度等政策的基础上，推动创新支持政策手段的多元化。通过设立新能源汽车产业发展基金、新能源汽车关键核心技术研发基金，支持新能源车企上市等方式，引导社会资本进入新能源汽车技术创新领域，拓展创新投入资金来源。三是持续提升共性技术创新能力。推动官产学研协同创新平台建设，建立多主体协同创新联盟共性技术公共服务平台。加大对新能源汽车领域人才的政策支持力度，落户、教育、住房等领域的政策支持适度向新能源汽车领域倾斜。

（四）强化生态环境约束，推动全生命周期碳减排

针对新能源汽车领域环境约束趋紧、绿色低碳竞争加剧的趋势，需要进一步强化新能源汽车领域的能源环境政策落实。一是加快构建新能源汽车产品全生命周期碳核算标准体系。开展新能源汽车全产业链碳排放统计，建立产业链各环节碳排放数据库。开展新能源汽车产品全生命周期碳排放核算，重点推动关键材料、动力电池的碳足迹追溯。二是探索将碳排放标准、环境标准纳入新能源汽车的行业标准。试点通过碳排放限制指标，倒逼新能源汽车提升能效水平、推出全生命周期低碳产品。三是加大对多元减排技术路径的创新支持力度。重点加强车辆轻型化、智能化、电动化、氢能化等多元碳减排技术路径的创新支持。加强车体和电池回收环节的监管和再利用，鼓励新能源车企和动力电池企业建立专业回收渠道，完善动力电池的退役再利用制度、信息追溯和问责机制。

（五）健全设施管理制度，提高充电设施利用效率

针对公共充电设施建而不管、相关管理制度滞后的问题，需要进一步完善充换电基础设施的推广和管理政策。一是加快制定公共充电设施管理办法，明确公共停车场（库）共用桩的配建要求，明确充电桩和专用车位的管理制度，强化对充电设施配套不足、非充电车辆占用专用车位等问题的监管。二是提升充换电基础设施的密度和效率。结合旧房改造建设小区公共充

电场地，推动公共充电桩进小区。鼓励公交、环卫、物流等企业的自有停车场站加装充电设施，提供营利性充电服务，提升高速公路服务区充电设施覆盖率。推进充电车位的分时共享，推进既有充电设施"慢改快"，打造"快充为主、慢充为辅、适度超前"的公共充电网。三是依托数据互联和充电桩信息共享平台建设，利用大数据技术分析充电桩建设的分布特征，引导企业在充电设施分布较少的区域建设公共充电桩。推动充电设施、新能源车辆、停车等信息平台信息互通和数据互联，引导充电服务主体提供电量提醒、充电导航、充电设施故障检测等信息服务，通过大数据技术和信息服务缓解新能源汽车使用时的"里程焦虑"。

参考文献

熊世伟、王呵成：《上海发展新能源汽车产业的重点与对策研究》，《现代管理科学》2022 年第 5 期。

郭本海、陆文茜、王涵等：《基于关键技术链的新能源汽车产业政策分解及政策效力测度》，《中国人口·资源与环境》2019 年第 8 期。

何源、乐为、郭本海：《"政策领域-时间维度"双重视角下新能源汽车产业政策央地协同研究》，《中国管理科学》2021 年第 5 期。

乐为、谢隽阳、刘启巍等：《新能源汽车产业政策关联及其耦合效应研究》，《管理学刊》2022 年第 5 期。

李国栋、罗瑞琦、谷永芬：《政府推广政策与新能源汽车需求：来自上海的证据》，《中国工业经济》2019 年第 4 期。

李晓敏、刘毅然、杨娇娇：《中国新能源汽车推广政策效果的地域差异研究》，《中国人口·资源与环境》2020 年第 8 期。

乔英俊、赵世佳、伍晨波等：《"双碳"目标下我国汽车产业低碳发展战略研究》，《中国软科学》2022 年第 6 期。

汪涛、郑婷予、彭瑜欣：《基于 CiteSpace 图谱量化的新能源汽车产业研究热点分析》，《技术经济》2020 年第 5 期。

王丹丹、乐为、杨雅雯等：《嵌入性风险视角下我国新能源汽车产业技术创新网络演化研究》，《中国管理科学》2023 年第 1 期。

张蕾、秦全德、谢丽娇：《中国新能源汽车产业的政策协同研究——评估与演化》，

《北京理工大学学报》（社会科学版）2020 年第 3 期。

张永安、周怡园：《新能源汽车补贴政策工具挖掘及量化评价》，《中国人口·资源与环境》2017 年第 10 期。

左世全、赵世佳、祝月艳：《国外新能源汽车产业政策动向及对我国的启示》，《经济纵横》2020 年第 1 期。

金永花：《新发展机遇期我国新能源汽车产业链水平提升研究》，《经济纵横》2022 年第 1 期。

B.11
上海促进氢能产业发展的对策研究

罗理恒　曹莉萍*

摘　要： 目前上海氢能产业已粗具规模，基本形成"南北两基地、东西
三高地"的产业空间布局，拥有制氢、储运氢、加氢及多元化
场景应用等完整氢能产业链，但依然存在各环节关键技术及核心
零部件亟须创新突破、上下游产业链难以协同降本、区域间氢能
产业规划缺乏协调机制、安全管理体系尚未形成、市场环境有待
优化等诸多难题。本文结合上海氢能产业发展现状、挑战及国际
经验，提出促进上海氢能产业发展的对策建议：一是突破氢能关
键核心技术，促进氢能供给侧全面降本；二是推动氢能全产业链
协同与跨区域协作，促进长三角氢能产业一体化发展，全面提升
氢能产业综合竞争力；三是优化氢能产业空间布局，坚持"南
北两基地、东西三高地"的总体战略定位；四是构建氢能应用
安全保障体系，形成氢能全链条安全管理制度；五是从财税工
具、市场机制、土地配置、人才引进等方面健全氢能产业发展配
套政策体系。

关键词： 上海　氢能产业　绿色发展

氢能产业是目前世界各国制定和实施零碳战略的重要组成部分，促进氢

---

* 罗理恒，上海社会科学院生态与可持续发展研究所助理研究员，研究方向为环境政策与经济
增长；曹莉萍，上海社会科学院生态与可持续发展研究所副研究员，研究方向为循环经济和
全球城市可持续发展比较。

能产业发展也是我国应对气候变化、实现"双碳"目标的重要战略，对推进国家能源系统向零碳系统转型和全社会绿色转型具有重要意义。2022年3月，国家发改委、国家能源局联合发布《氢能产业发展中长期规划（2021～2035年）》，氢能成为推进我国能源系统转型的重要新型能源。上海作为涉足氢能产业较早的城市和首批开展氢燃料电池汽车示范应用城市群的牵头城市，于2022年6月出台《上海市氢能产业发展中长期规划（2022～2035年）》，并连续密集发布相关文件，旨在推动上海氢能产业高质量发展。现有研究多从制、储、运、加、用全产业链各个环节的技术层面分析氢能产业发展的痛点难点问题，本文则从上海氢能全产业链发展现状、产业链各环节特征、政策支持体系等视角全方位系统分析上海氢能产业发展面临的挑战，并提出相应的对策建议。

一　上海氢能产业发展现状

在应对气候变化和促进能源系统转型背景下，许多国家都在积极推进氢能产业发展并已经形成了各具特色的氢能产业发展政策体系（见图1）。在我国，直到2019年，发展氢能才正式写入我国政府工作报告，由此以推动氢燃料电池汽车为主的氢能相关产业政策陆续出台。2021年我国出台氢能产业发展中长期规划，上海作为我国改革开放排头兵、创新发展先行者，早在"十五"期间就参与国家燃料电池汽车和关键设备的研究。进入"十四五"时期，上海加快氢能自主研发，也出台了市级层面的政策，大力推动氢能产业发展，并获得了较好的成效。

（一）氢能产业总体规模及布局分析

2020年，上海抓住推广应用氢燃料电池汽车契机，出台支持氢能产业发展的政策，同时，超前布局加氢站建设，打造相对完善的城市加氢网络。以上海为牵头城市的上海示范城市群作为2021年8月首批启动燃料电池汽

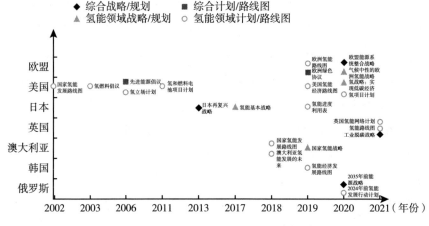

图1　2002~2021年主要国家和地区氢能政策变迁

资料来源：中国人民大学国家发展战略研究院，《中国氢能产业发展前瞻、政策分析与地方实践》，《政策简报》2022年第1期。

车示范应用的城市群①之一，第一年完成指标位列第二，仅次于京津冀城市群。2021年，上海根据支持燃料电池汽车产业的实施计划选出优秀的支持单位形成了"示范应用联合体"，推进以氢能为主的燃料电池汽车产业发展。构建跨地域的燃料电池汽车示范应用城市群，以及实施"以奖代补"政策能够有效破除因行政区划限制而导致的氢能产业链断链，同时将氢能产业链上下游企业及其所在城市进行强强联合，推动氢能产业高质量发展。其中，上海市嘉定区安亭镇环同济创智城2018年开始建设上海市首个氢能产业园，即嘉定氢能港。由此可见，上海是国内涉足氢能产业较早的城市。

1.牵头示范城市群，氢能产业规模与应用效应初显

2001年，上汽集团、同济大学等企业、高校、研究机构组成项目团队聚焦氢能源燃料电池车辆研发。2003年，第一辆燃料电池汽车研制成功，虽然当时这款车更偏概念性，但是使上海在氢能产业发展中具有先发优势。从氢能产业发展规划来看，2021年以来上海处于氢能产业目标规划城市的

---

① 财政部等：《关于开展燃料电池汽车示范应用的通知》（财建〔2020〕394号），2020年9月16日。

第一梯队，2025 年规划总产值达 1000 亿元（见图 2）。同时，上海地处长三角地区，氢能产业园建设经验丰富，氢能产业发展处于全国领先地位。

首先，上海氢能产业科研力量雄厚，同济大学、上海交通大学等国内知名院校早已参与氢能领域高端技术研究。而且，以上汽集团为代表的企业拥有较为领先的氢能技术布局，截至 2022 年 7 月，仅上海、苏州、杭州、镇江及嘉兴五地氢能相关有效专利约占我国氢能有效专利总数的 15.67%[1]。

其次，上海氢能产业链完整。制氢方面，上海作为中国主要炼化基地之一，工业副产氢资源相对丰富，2022 年上海工业产氢供氢能力已经达到 50 万吨[2]；加氢方面，截至 2022 年 7 月，上海市加氢站已建成数量为 12 座，在直辖市中仅次于北京市，其中 7 座加氢站可为氢能源乘用车提供加氢服务；但在用氢方面，上海仍存在较大问题。

最后，在氢能具体应用方面，上海已经实现氢能燃料电池汽车核心零部件[3]完整布局；同时，基本实现燃料电池乘用车、客车、货车等车型全覆盖，2020 年燃料电池汽车销量已达 1050 辆[4]。截至 2022 年 9 月，上海牵头的示范应用城市群共计完成燃料电池汽车上牌销售 732 辆，只完成第一年推广任务的 73.2%[5]，距离示范应用首年推广目标还有较大差距。上海虽然在 2021 年已经出台相关政策并完成 1000 辆燃料电池汽车招标，但受 2022 年上半年新冠肺炎疫情影响，第一年推广任务仅完成 26%[6]。目前，上海燃料电池汽车应用推广的车型以货车为主，尤其是以重型货车为首选，截至 2022 年 9 月共销售 790 辆，占推广目标的 79.0%，其中重型货车 540 辆，

---

① 参见赛迪智库《基于专利分析全球氢能发展趋势与我国面临的挑战》，2022 年第 45 期。

② 参见上海市发展和改革委员会等《上海市氢能产业发展中长期规划（2022~2035 年）》，2022。

③ 八大核心零部件分别是电堆、膜电极、双极板、质子交换膜、催化剂、碳纸、空气压缩机以及氢气循环系统。

④ 参见上海节能《上海氢能产业实践与发展研究》，2021 年第 8 期。

⑤ 参见长江证券《第一年示范期结束，燃料电池车推广及补贴情况如何》，2022 年 10 月。

⑥ 参见《燃料电池汽车城市群示范推广进度：北京完成 71%，上海完成 38%，广东完成 14%》，2022 年 7 月 29 日，"香橙会"网易号，https：//3g.163.com/dy/article/HDEUC8V D0519EFR3.html。

占比为54%①。随着疫情形势好转，上海基于先发优势的燃料电池汽车应用推广力度将不断加大。目前，上海正在抓紧出台办法，集中统筹奖励资金，推进上海氢燃料电池汽车产业及其相关应用环节协调运作。

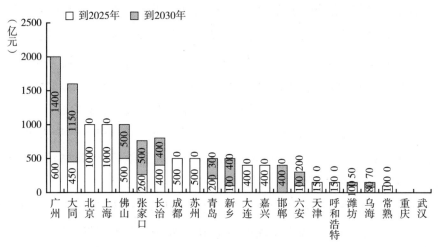

图2　典型城市氢能产业总产值规划目标（截至2022年6月1日）

资料来源：氢电邦，《我国地方性氢能发展政策的文本量化分析》，2022年12月1日。https：//chinaautoms.com/m/view.php？aid=22334。

2.　"南北两基地、东西三高地"产业空间布局初步形成

早在2019年5月，长三角地区就出台了"氢走廊"基建规划，包括上海在内26个氢能产业城市的长三角氢走廊城市群也正式形成。其中，上海市嘉定区已率先开启以上海、苏州、南通、如皋、盐城等为核心的高速公路加氢站布局②。此外，长三角区域调研数据显示，区域内40家氢能重点企业，无论是在氢能源层面、燃料电池系统层面还是在其他支持性产业链环节层面均实现了充分覆盖，并且对处于产业核心地位的氢能源和燃料电池系统具有显著侧重（见图3）③。

---

① 参见长江证券《第一年示范期结束，燃料电池车推广及补贴情况如何》2022年10月。
② 参见上海节能《上海氢能产业实践与发展研究》2021年第8期。
③ 参见上海燃料电池商业化促进中心、上海智能新能源汽车科创功能平台《长三角氢能及燃料电池产业创新白皮书》，2019。

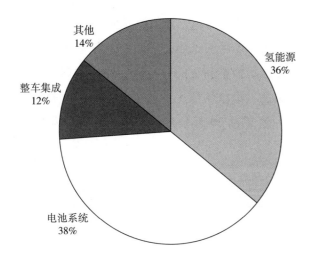

图3 2019 年长三角重点企业产业链覆盖情况

资料来源：上海燃料电池汽车商业化促进中心、上海智能新能源汽车科创功能平台，《长三角氢能及燃料电池产业创新皮书》，2020。

长三角氢走廊城市群经过两年建设，每个城市也呈现具有地方特色的氢能产业空间布局。上海地区氢能产业规划出"南北两基地、东西三高地"的产业空间布局①和 8 个世界级示范场景②。截至 2022 年 10 月，除市级层面的氢能产业发展规划，嘉定区和临港新片区两大高地也相继出台促进氢能与燃料电池汽车产业的发展规划和行动方案。截至 2021 年底，嘉定"氢能港"氢能产业项目产值达到 95 亿元，同比增加 48.4%③；全区 2025 年氢能及燃料电池全产业链产值目标达 500 亿元④。在上海自贸区临港新片区，不

---

① "两基地"指金山和宝山两个氢气制备和供应保障基地，"三高地"为临港、嘉定和青浦三个产业集聚发展高地。参见上海市发展和改革委员会等《上海市氢能产业发展中长期规划（2022~2035 年）》，2022。

② 国际氢能示范机场、国际氢能示范港口、国际氢能示范河湖、世界级氢能产业园、深远海风电制氢示范基地、零碳氢能示范社区、低碳氢能产业岛和零碳氢能生态岛。参见上海市发展和改革委员会等《上海市氢能产业发展中长期规划（2022~2035 年）》，2022。

③ 2022 年 10 月 15 日调研数据。

④ 参见上海市嘉定区经济委员会等《嘉定区鼓励氢燃料电池汽车产业发展的有关意见（试行）》，2019。

仅有中石油、中石化等关注能源转型的制氢、加氢装备企业，还集聚了 20 多家氢能产业链上下游关键企业在该区的"国际氢能谷"注册了一批氢能产业链企业[①]（见表 1）。宝山区积极推动氢能科技园建设，发挥氢能产业集聚效应。2022 年，位于宝山的上海氢气体工业有限公司获得上海 7 个加氢站点供气首批许可，累计加氢超过 20 万公斤，可减少 4 万公斤以上的 CO_2 排放量[②]。

表 1　2022 年上海临港"国际氢能谷"氢能产业链上下游代表性企业

产业链	代表企业	产业链	代表企业
整车	陕汽德创	双极板	治臻新能源
燃料电池系统	康明斯	燃料电池辅助设备	金士顿
燃料电池电堆	氢晨科技	制氢设备	康明斯
膜电极	唐锋能源	加氢站	中油申能
气体扩散层	上海嘉资	储氢瓶	浙江蓝能
催化剂	升水新能源	检验检测	上海电气
质子交换膜	汉丞科技	生产设计	律致新能源

资料来源：根据互联网公开资料整理。

（二）氢能产业链环节及特征分析

氢能产业链包括制氢、储运氢、加注及多元化应用等多个环节（见图 4）。目前，上海石化氢气年产量为 23 万吨左右，以自用为主。但根据测算，上海供氢能力远不能满足 2025 年、2030 年需求[③]。

---

① 《自贸试验区以开放促改革、促发展、促创新，提升产业链供应链现代化水平：建设世界领先的产业集群》，中国政府网，2022 年 1 月 8 日，http://www.gov.cn/xinwen/2022-01/08/content_ 5667058. htm.

② 参见科创上海《上海科创中心重大项目建设进展（宝山氢能科技园项目）》，2022。

③ 参见中国氢能联盟《中国氢能源及燃料电池产业白皮书（2020）》，2021。

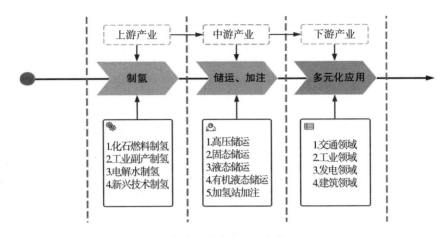

图 4 氢能产业链全景

资料来源：毕马威，《氢能产业链解析》，2022。

1. 制氢环节：短期以工业副产氢为主，长期向"绿氢"发展

目前制氢主要有四种手段，即化石燃料制氢、工业副产制氢、电解水制氢、新兴技术制氢，其中化石燃料制氢、工业副产制氢等"灰氢""蓝氢"技术相对成熟，且成本较低，但会产生 CO_2；而电解水制氢、生物质能制氢、光解水制氢等"绿氢"具有环保特性，但技术尚未成熟，且成本较高（见表 2）。

表 2 制氢方法比较

制氢方法		制氢成本	应用评价
化石燃料制氢	煤制氢	原料煤 600 元/吨时，制氢成本约 8.85 元/公斤	技术成熟，成本较低，可大规模稳定制备，但会产生 CO_2
	天然气制氢	目前天然气占制氢比重达 70%以上	技术成熟，成本取决于天然气价格，也会产生 CO_2
工业副产制氢	焦炉气制氢	10~16 元/公斤	成本低，建设地受原料供应限制，产生空气污染
	氯碱制氢		产品纯度高，原料丰富，建设地受原料供应限制

制氢方法		制氢成本	应用评价
电解水制氢	碱性电解	30~40 元/公斤	技术成熟,但存在腐蚀污染问题,制氢需要脱碱和稳定的电源供应
	质子交换膜电解		环保,操作灵活,装备尺寸小,适用于可再生能源发电供应,但供应链局限较大,其关键零部件和贵金属应用存在短板
	固体氧化物电解		环保,转化效率高,适合核电厂等特定场合下应用,包括钢厂余热制氢,但仍在实验探索阶段
生物质能、光解水制氢		成本较高	环保,但技术不成熟,产品纯度低

资料来源:毕马威,《氢能产业链解析》,2022;中国氢能产业联盟,《中国氢能源及燃料电池产业白皮书》,2019。

上海具有丰富充足的工业副产氢资源。2021 年,以工业副产氢为特色的上海石化氢燃料电池供气中心在金山成立,日供氢能力达到 2500 公斤[1]。上海化工区工业副产氢资源量可达到年均 12000~17000 吨,制氢成本约为 10 元/公斤,工业副产氢产能足以满足 2025 年全市不低于 2 万辆燃料电池汽车的用氢需求[2]。目前"绿氢"成本较高,在大规模应用的情况下,经济性是最重要的考量因素,从短期来看,上海将以工业副产氢为主要供氢来源。从中长期来看,上海将不断推进光伏发电制氢、风电制氢等可再生能源制氢的"绿氢"示范工程,鼓励氨氢转换等高效低成本的创新制氢技术。

2. 储运环节:以压缩气运和低温液运为主,新技术与国际先进水平差距大

如表 3 所示,压缩气运和低温液运是目前两种技术较为成熟的氢气输送

---

[1] 《上海石化供氢中心落成,预计每年减少二氧化碳排放 2920 吨》,新浪财经网,2021 年 10 月 3 日,https://cj.sina.com.cn/articles/view。

[2] 徐君、钟磊:《积极布局氢能产业发展 助力实现"双碳"目标》,《上海节能》2022 年第 5 期。

表 3 不同储运氢技术对比

储运方式	运输工具	压力(MPa)	单车载氢量(kg)	运输质量密度(Wt%)	能耗(kWh/kg)	成本(元/kg)	适宜场景(km)	技术成熟度	国内技术水平
压缩气态储运	长管拖车	20	300~400	约1	1~1.3	2.02	城市内配送≤150	发展成熟、广泛应用于车用氢能领域	关键零部件仍依赖国外进口,储氢密度较低
	管道	1~4	连续输送	—	0.3	0.3	国际、跨城市与城市内配送≥500		
低温液氢储运	液氢槽罐车、运输船	0.6	7000	约10	12~20	12.25	国际、规模化,长距离≥200	国外约70%使用液氢运输,安全运输问题验证充分	民用技术处于起步阶段,与国外先进水平存在差距
有机液体(液氢甲醇)储运	槽罐车、运输船	常压	2000	约5.7	15~20	15		距离商业化大规模使用尚远	处于攻克研发阶段
固体储运(吸附储氢)	货车	4	300~400	约2.5	14~18	10~13.3	≤150	大多处于研发实验阶段	与国际先进水平存在较大差距

资料来源:中国氢能联盟研究院,《中国氢能及燃料电池产业手册(2020)》,2020;中国氢能联盟,《中国氢能及燃料电池产业白皮书(2019)》,2019;中国电动汽车百人会《中国氢能产业发展报告》,2020。

方式，其他两种储运方式的技术水平与国际先进水平存在较大差距。而现有成熟技术中，压缩氢气采用长管拖车，输运成本与距离呈正比，适合短距离配送，目前国内的每公里运输成本约为 20 元/公斤；而管道输氢方式的初期投资成本相当高，根据国内现有的输氢管道"济源—洛阳"项目测算，仅固定成本就高达 34.5 万元/年公里，但当管道输送氢气距离超过 300 公里时，其每公里运输成本与液氢槽罐车运输成本相当，约为 17~20 元/公斤（运输距离 500 公里）①，而且输氢量越大输氢成本就越低。截至 2022 年，上海已经建成近 30 公里的输氢管道②。2022 年上海石化在化工区又招标建设了 4 公里输氢管道，但相较于化石燃料储运成本，氢气的储运成本仍相当高。

3. 加注环节：已形成两种氢气加注能力，加氢基础设施提前布局

自 2006 年上海建成我国第一座氢能示范固定加氢站安亭加氢站以来，"环上海加氢站走廊"已基本建成。2019 年，根据长三角氢走廊规划，着力推进长三角氢能产业"气—车—站"一体化发展的产业联盟也已形成③。2020 年 12 月底，上海已建成或在建加氢站 9 座，分布在宝山区、嘉定区、奉贤区（见表 4），其中，嘉定区、奉贤区数量最多。而上海化工区的加氢站具备中压 35MPa 和高压 70MPa 两种氢气加注能力，日供氢能力达到 5 吨，该加氢站也是国内首座长管拖车充装和车辆加氢合二为一的加氢站。目前安亭和化工区这两座加氢站均已实现盈利。同时，中国石化销售股份有限公司上海沪西石油分公司，自 2019 年起已经在上海布局建成 3 座油氢合建站。油氢合建站是加氢模式中盈利最快的模式，这种模式具有节约土地成本的优势。根据同济大学对加氢站的量化风险分析，油氢合建站安全等级处于可接受水平，且尚未产生风险越级④。同时，2022 年上海已出台《上海市燃料电

---

① 参见中国电动汽车百人会《中国氢能产业发展报告》，2020。
② 参见上海市发展和改革委员会等《上海市氢能产业发展中长期规划（2022-2035 年）》，2022。
③ 数据来自长三角氢能基础设施产业联盟（YHIIA），参见上海节能《上海氢能产业实践与发展研究》，2021 年第 8 期。
④ 《专家观点 | 潘相敏—氢安全事故案例分析及加氢站安全设计》，中国城燃氢盟网站，2021 年 10 月 22 日。

池汽车加氢站建设运营管理办法》及相关地标，油氢合建站、气氢合建站将成为未来加氢站建设运营的优化选择。

表 4　上海市已建成或在建加氢站分布与规划新增数量（截至 2020 年 12 月）

序号	区域	2020 年 12 月已建成或在建站点	至 2025 年规划新增站点
1	宝山区	1 座	6 座
2	嘉定区	4 座	14 座
3	青浦区	0 座	9 座
4	松江区	0 座	6 座
5	闵行区	0 座	8 座
6	金山区	0 座	8 座
7	奉贤区	4 座	5 座
8	浦东新区	0 座	12 座
9	崇明区	0 座	1 座

资料来源：上海市住房和城乡建设管理委员会，《上海市车用加氢站布局专项规划》，2021。

上海在加快新能源汽车产业发展计划中支持推广氢燃料电池汽车，并在最新出台的上海市氢能产业中长期规划中对于建设氢能产业两大基地和三个高地产业链进行全面布局，还在上海车用加氢站布局专项规划中提出建设各类加氢站。规划 100 座，到 2022 年底预计建设 25 座，到 2023 年建成运行 30 座，到 2025 年建成运行超过 70 座[①]，主要分布在非中心城区的 8 个区，形成"重点区域覆盖、中间走廊串联"的空间格局。其中，临港新片区聚焦推进应用场景的高质量发展，提出到 2025 年，全区要建成 14 座以上加氢站；嘉定区发布的氢能与燃料电池产业行动方案则提出到 2025 年，全区力争建成 18 座加氢站，含 3 座撬装站[②]。同时，2022~2025 年，上海市将对加氢站建设给予不超过投资总额 30% 的补助，补助资金分三年拨付，并且在

---

① 2021 年《上海市车用加氢站布局专项规划》提出至 2025 年，全市共规划加氢站 78 座。其中，已建站点 9 座（截至 2020 年 12 月底），新增站点 69 座。
② 参见上海临港《临港新片区打造高质量氢能示范应用场景实施方案（2021-2025）》，2022。

补助期内梯次减少①。

4. 用氢环节：集中在燃料电池系统与整车集成，用氢成本较高

目前，氢能的"最后一公里"——用氢环节成本压力最大。上海乃至长三角的用氢成本较高，仅独立加氢站建设投资成本就高达 1800 万元/座，是传统加油站的 10 倍，2019 年上海市安亭加氢站的氢气价格也高达 70 元/公斤②。2020 年国家制定了燃料电池汽车示范应用补贴引导政策，2021 年上海也出台了相应氢气补贴政策，相较于补贴前，上海通过积分补贴的用氢价格有所下降。根据"中国氢价格指数体系"（见图 5）③，自价格指数发布以来，长三角氢价格均在 35 元/公斤以下并保持相对平稳④。

目前，上海氢能源主要应用于交通领域商用车辆，如公交车、大巴车、商务网约车以及环卫车辆，上海申龙客车有限公司生产的氢燃料电池车辆数量在全国氢燃料电池车型目录中排第二位⑤。然而，与传统车辆用能成本相比，即使我国车用燃油价格总体呈缓慢上升趋势，但目前的油价仍为普通购车消费者可接受的价格。以公交车能耗理论计算为例，根据 2022 年 10 月 18 日最新调整的汽油价格（见表 5），长三角柴油平均价格为 7.85 元/升，按公交车百公里平均油耗 20 升计算⑥，其行驶成本为百公里 157 元；而氢燃料电池公交车百公里耗氢量为 8~10 公斤，即使按照示范群项目下燃料氢积分奖励价格 35 元/公斤计算，其行驶成本为百公里 280~350 元，约为燃油公交车行驶成本的 2 倍，这一价格如果没有相应的补贴政策，公交车辆营运者也很难接受。

---

① 2022 年、2023 年、2024~2025 年底取得燃气经营许可证的，每座加氢站补助资金分别不超过 500 万元、400 万元、300 万元，补助资金分三年拨付。参见上海市发展和改革委员会等《关于支持本市燃料电池汽车产业发展若干政策》，2021。
② 安亭将建氢燃料汽车产业集聚区，http：//www.jiading.gov.cn。
③ 该指数是由上海环境能源交易所、上海期货交易所、上海长三角氢研究院联合发布的中国氢价格指数体系构成，直观反映了长三角氢价格及清洁氢价格的总体水平和变动趋势。
④ 《中国氢价格指数体系价格信息》，上海环境能源交易所网站，2023 年 1 月 1 日，https：//www.cneeex.com/c/2022-12-19/493556.shtml。
⑤ 参见中国电动汽车百人会《中国氢能产业发展报告》，2020。
⑥ 参见中国汽车工程学会《节能与新能源汽车技术路线图 2.0》，2020。

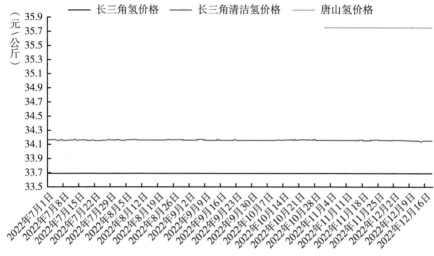

图 5　中国氢价指数体系价格信息

注：此数据（每两周更新发布）截止时间为 2022 年 10 月 10 日，该指数中清洁氢核算考虑了碳排放因素，将氢气定价与碳排放价格挂钩，进而充分发挥碳市场价格引导作用，促进碳氢协同发展。

资料来源：上海环境能源交易所，《中国氢价指数体系价格信息》，2022。

表 5　长三角三省一市车用油品价格（截至 2022 年 10 月 18 日）

单位：元/升

地区	92 号汽油	95 号汽油	98 号汽油	0 号柴油
上海	8.15	8.67	9.67	7.84
江苏	8.16	8.68	9.36	7.82
浙江	8.16	8.68	9.50	7.85
安徽	8.14	8.70	9.53	7.90
长三角平均	8.15	8.68	9.52	7.85

资料来源：《今日油价调整信息：10 月 18 日调整后，全国 92、95 汽油价格最新售价》，2022 年 10 月 18 日，https：//www.163.com/dy/article/HJVDCU3P0539GGRL.html。

二　上海氢能产业发展面临的挑战

目前具有先发优势的上海氢能产业已经进入沉淀期，聚焦氢能设备性能提升、应用技术创新积累、管网和加氢等氢能基础设施的建设以及安全性等各个方面，但在氢能产业链各环节的技术研发、核心零部件国产化方面还需努力。同时，由于产业链各环节发展不均、政策间缺乏协同、安全评估体系缺失、市场投资主体单一等问题，氢能产品的应用推广在形成规模化和市场化过程中还面临诸多挑战。

（一）关键技术创新与核心零部件国产化需要进一步加强

现阶段，上海在氢能全产业链主要环节均存在关键技术创新和核心零部件国产化的需求。在制氢环节，上海虽然目前以工业副产氢为主要氢源，未来将重点开发采用可再生能源电力的电解水制氢技术[①]——"绿氢"技术，但从目前三大主流的电解水技术成本来看，均存在技术难点和关键零部件短板（如质子交换膜国产化应用），从而造成电解水制氢成本高的问题；在储运环节，35MPa储氢瓶已不能满足乘用车和重卡的储氢需求，但应用场景更广泛的70MPa高压储氢瓶生产零部件还需要依赖进口。由于国内法规限制使用70MPa三型高压储氢瓶，根据国标（GB/T35544-2017）只有经过检测实验安全的70MPa三型高压储氢瓶才可以应用于大卡车、商务用车，而目前国内具备生产70MPa三型高压储氢瓶能力的5家企业[②]均未布局在上海。同时，相比于欧洲国家，上海对于70MPa高压储氢气瓶及其关键材料（碳纤维）的研发应用尚处于起步阶段。2022年9月上海嘉定区氢能港引入彼欧新能源（上海）有限公司入驻，希望通过关键零部件的引入来弥补氢能全产业链的不足。未来，上海还需在液态储氢等新技术方面寻求突破，从而实现高效运输。在加氢环节，上海舜华已完成第一代70MPa加氢机研发，目前正在与日本龙野株式会社联合开发第二代70MPa加氢机。虽然上

---

① 《上海电气已全面布局氢产业链的制氢、储氢、用氢环节》，CBC金属网，2022年5月6日，http：//www.cbcie.com/news/1122007.html。
② 目前科泰克、中材科技、天海工业、斯林达、国富氢能等企业已具备量产70MPaⅢ型储氢瓶能力。参见《【国鸿氢能·产业纵览】70MPa储氢及配套装备技术"破局"》，腾讯新闻网，2021年3月14日，https：//new.qq.com/rain/a/20210314A07FO300。

海在 70MPa 加氢机技术方面处于全国领先地位，但是在 70MPa 加氢站建设方面相对滞后，数量较少。在用氢环节，上海重点应用于交通领域，在八大车载氢燃料电池核心部件中以车用的质子交换膜燃料电池和固体氧化物燃料电池技术为例，包括上海在内的国内氢燃料电池系统核心技术对标国际一流水平差距较大，尤其是固体氧化物燃料电池技术尚未能形成商业化推广。

（二）产业链各环节发展不均，上下游产业难以协同降本

从上海氢能重点企业产业链覆盖情况来看，制氢、储氢、运氢、加氢、车载氢系统及氢燃料电池系统，企业覆盖了 70% 以上；整车集成与其他氢能产品应用、氢能工程测试、氢能交通设施运维及监控平台和产业投融资企业占比不到 30%。根据产业微笑曲线理论，上海以氢燃料电池汽车为例的氢能全产业链尚未形成产业可持续发展模式，产值多集中在高附加值的氢能基础科学、应用技术研发、产品技术研发等上游环节，但低附加值的产品生产、销售、制造仍处于订单式商业销售模式，难以实现规模化推广。同时，上海在塑造氢能产品品牌影响力和提供高品质服务方面尚未形成具有品牌依赖性的高附加值，因此上海的氢能产业链中下游环节产值和利润空间均较小，从而造成氢能全产业链上游高成本向下游应用端传导，整个产业链成本居高不下。

（三）区域间规划存在同质竞争，缺少部门协调机制

在"双碳"战略要求下，全国各地尤其是可再生能源富集的中西部地区都已制定氢能产业发展规划，长三角地区也有 26 个城市布局了氢能及氢燃料电池汽车产业，其中江苏 13 个地级市均布局了氢能产业。通过对比长三角区域内上海、江苏、浙江、安徽关于促进地方氢能及燃料电池汽车产业发展的规划或行动方案发现，三省一市有关于氢能产业发展的"十四五"规划或行动方案均提出在本地布局氢能全产业链，并提出 2025 年氢燃料电池汽车推广目标和加氢站建设目标，区域间存在明显的同质竞争。即使在上

海"南北两基地、东西三高地"氢能中长期规划布局中，嘉定区和临港新片区两大高地的"十四五"规划和行动方案也存在相似的氢能及燃料电池全产业链布局。从上海及相应区域现有氢能产业发展规划和行动方案的发布单位和责任单位来看，上海氢能产业发展涉及多个部门。然而，在三高地调研过程中发现，现有城市土地规划中预留的氢能产业发展空间较少，尤其是加氢站建设需求与现有土地规划存在一定的矛盾，需要城市在规划用地过程中腾退空间。同时，在推进氢能技术研发的规划中，目前上海高校尚未开设氢能工程与科学、氢能产品应用与管理相关专业，致使上海氢能全产业链各环节缺乏相应的技术与管理人才，从而间接地影响上海地区氢能产业各部门的协调发展。

（四）安全管理缺少上位法，安全评估体系尚未建立

2020 年 4 月《中华人民共和国能源法（征求意见稿）》首次公开将氢能从危险化学品转变确认为重要的新能源之一，但在氢能的安全生产与管理领域，相应的法律依据、主管单位与管理体制仍是空白。目前，中国尚未出台氢能领域涵盖氢生产、充装、储运、销售、氢能基础设施及相关产品制造使用等全过程的安全基本法，因此亦未有全面的安全管理规定和责任界定，仅有针对氢能全产业链各环节出台的相应技术和管理标准。上海于 2022 年 1 月出台的加氢站建设运营管理办法已经从氢能应用端开始完善氢能安全管理制度，但是在制氢、储运、用氢等环节尚未出台地方性安全管理制度和办法，致使上海尚未建立氢能全产业链安全评估标准体系，消费者对氢能产品接受度较低。

（五）市场投资主体单一，"以奖代补"模式不可持续

上海的氢能产业虽然起步较早，但是氢能全产业链各环节，尤其是上中游环节投资主体以国企为主，如制氢、储氢环节重点企业——上海石化、宝武集团；加氢环节重点企业——上海舜华、上海驿蓝；氢燃料电池及整车重

点企业——上海捷氢、上海重塑等①。依托国企和政策激励，上海氢能产业初期发展势如破竹。以上海为牵头城市的示范应用城市群成为我国首批燃料电池汽车示范城市群之一。为推动氢能及燃料电池产业的发展，国家出台相应的"以奖代补"政策，除对关键技术与核心零部件奖励外，每个城市群在氢燃料电池汽车推广应用（购置）、氢能供应方面可获得的中央财政奖励上限约为18亿元②。从实施时间来看，时间跨度为4年，即中央财政补贴城市群奖励约4.5亿元/年，但这一补贴额度细分到城市群中单个城市奖励额度就相对较少。2021年11月，上海出台了配套财政支持政策奖励燃料电池汽车产业发展。国家和上海的奖励资金政策在上海氢能企业和项目数量较少的产业初期，起到了较大的激励作用，但后期随着产业规模的不断扩大，"以奖代补"资金激励模式面临着不可持续的困境。

三 氢能产业发展的国际经验与启示

氢能已逐步成为全球能源绿色转型的重要载体，"氢能经济"的发展将使得全球范围内的深度脱碳成为可能，同时将推动世界各国实现气候目标、促进绿色增长，并创造可持续的就业机会。当前欧盟、加拿大、日本、韩国等世界主要经济体已经推出氢能源发展战略，争相占领氢能源领域竞争战略高地，积极推动氢能项目示范试点，聚焦符合本国实情的氢能源重点发展领域，构建氢能发展政策支持体系，这为上海氢能产业发展提供了良好的经验启示。

（一）积极推动氢能项目试点示范

2021年，全球氢能需求达到9400万吨，约占全球终端能源总消费的2.5%，虽然大部分增长用于传统工业领域，但对新场景应用的需求增长到

---

① 李宗云：《上海能源用氢供给现状浅析》，《上海节能》2021年第10期。
② 中国电动汽车百人会：《中国氢能产业发展报告》，2020。

约 4 万吨，较 2020 年增长了 60%。到 2030 年，全球氢能需求可达 1.15 亿
吨①（见图 6），氢能产品关键应用在全球领域竞相开展。2022 年，欧盟支
持的首个大规模"绿氢"地下储存示范装置初具规模，全球首条氢动力列
车专线在德国开启运营，日本生产的全球第一艘液化氢航母完成首次国际航
行，南非氢谷项目推出全球最大氢动力汽车，同时全球还有 100 多个在航运
中使用氢及其衍生物的试点和示范项目②。

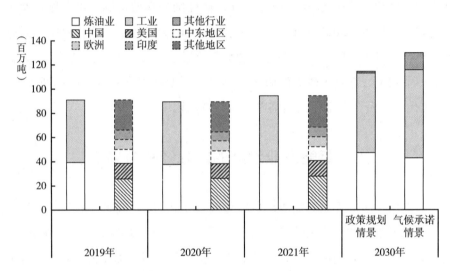

图 6　2019～2030 年政策规划和气候承诺情景中按部门和地区分列的氢能需求情况

资料来源：IEA, *Global Hydrogen Review* 2022。

（二）聚焦氢能源重点领域发展

世界各国依据经济及产业发展的实际国情纷纷制定国家氢能发展战略。
欧盟国家聚焦工业和交通部门的深度脱碳，推动经济摆脱化石能源依赖，掌
握能源消费的主动权。如德国积极推动石化、炼钢等重工业及军用车、公共
汽车等重型车辆的氢能源替代；法国积极开展航海航空部门的氢能应用试点

①　IEA, *Global Hydrogen Review* 2022。

②　IEA, *Global Hydrogen Review* 2022。

示范；西班牙和葡萄牙则以可再生能源制氢、消费及出口为氢能发展目标。美洲国家聚焦"绿氢"的生产、消费及出口，推动氢能成为经济新增长点。如智利依托丰富的可再生能源优势，积极推进用本地绿色氨替代进口氢，大力发展"绿氢"在物流运输领域的应用；加拿大作为碳氢化合物主要出口国，把氢能目标集中在技术相对成熟的燃料电池终端应用领域。亚洲国家，日本和韩国聚焦于发展氢能经济。日本致力于氢能在电力和交通领域的应用，利用燃料电池进行分散式小规模发电以满足家庭使用，同时扩大国内燃料电池汽车市场规模；韩国积极探索通过分散系统在家庭及建筑中使用中央发电和燃料电池，并提出打造全球氢动力汽车主要领导者的氢能发展目标。

（三）构建氢能发展政策支持体系

世界各国制定促进本国氢能发展的政策措施虽然具有差异性，但总体上存在共性规律，即从扩大公共投资、运用税收或补贴手段及优化市场环境三个方面形成政策合力，共同筑牢本国氢能发展的保障基石，促进氢能技术及产品向产业化、规模化、商业化模式发展。

1.扩大公共投资促进"氢能经济"发展

氢能关键技术及核心零部件的研发和氢能产品多元化场景应用都依赖于大量的财力支撑。部分国家在氢能发展战略规划中将氢能公共投资作为发展本国氢工业或氢经济的重要政策工具。如法国计划到 2030 年投资 70 亿欧元，目标是工业脱碳、重型运输和研发；德国已经通过 70 亿欧元的"未来一揽子计划"，以加快氢技术在全国的市场推广，并辅以 20 亿欧元促进国际氢能合作；日本已承诺提供约 15 亿美元用于支持国内和海外的零排放氢气生产，并加快基础设施建设[①]。

2.利用税收或补贴手段促进氢价值链发展

氢能作为一种新兴的能源载体，财政激励能有效弥补氢能与现有替代能

---

① WEC，*National Hydrogen Strategies* 2022。

源之间的经济成本差距。税收政策是激励能源结构从化石燃料转向新能源载体的有效手段。如挪威计划在2025年之前每年增加5%的碳税，以更高的碳排放价格推动氢能源的替代；欧盟制定碳差额合同（CCfD）计划以支持低碳、循环钢和基础化学品的生产，在该计划中，将通过支付二氧化碳约定价格与碳交易实际价格之间的差额来补偿投资者，以弥补与传统制氢相比的成本差距。此外，为氢燃料电池汽车提供补贴或为乘坐氢动力汽车的消费者提供退款等补贴手段也有助于刺激氢能需求。如葡萄牙通过一种"购买"机制来促进现有太阳能和风力发电厂的氢气生产，通过这种机制，氢气生产的奖励措施取代了上网电价。

3. 优化市场环境促进氢能产业发展

简化审批程序以及减少潜在政府行政干预是目前各国高效推动氢能项目市场化的重要手段。如葡萄牙正在积极推动制氢项目在环境、工业、行政许可证程序等方面的优化调整；法国通过建立公私合作伙伴关系（即PPP模式）来减少氢能项目的行政负担；智利将审查土地使用法规和相关许可程序以减少氢能项目实施的潜在阻力，此外还将审查和更新电力市场法规，以促进氢能技术在电力市场的参与，并提供各种服务。

四　促进上海氢能产业发展的对策建议

在全球"氢能经济"、"氢能社会"及国家"双碳"战略目标驱动下，氢能作为推动能源绿色转型的"加速器"具有广阔发展前景，上海氢能产业发展迎来重大机遇。上海是全国氢能产业发展的引领者，已经形成制取、储运、加注、场景应用等较为完整的产业链，并在工业副产制氢、加氢站基建、燃料电池汽车等领域具有先发优势，但仍需在关键核心技术研发、产业链协同发展、产业空间布局、安全保障体系、配套保障机制等方面进一步发力，从而推动上海氢能产业赋能经济加速迈向绿色低碳和高质量发展，将上海打造成为国际一流的氢能科技创新高地、产业发展高地、多元示范应用高地。

（一）突破氢能关键核心技术

关键核心技术的创新突破是实现氢能结构由"灰氢""蓝氢"向"绿氢"转变、打通上海氢能产业链各个环节、促进氢能供给侧全面降本及推动氢能多元化场景应用的根本着力点。上游产业链，应强化提升工业副产氢变压吸附技术（PSA）提纯制氢的清洁低碳水平和安全高效性，加速推动电解水制氢核心技术的攻关研发，从电催化剂、膜电极、双极板、电解槽等关键材料及零部件着手提升电解水制氢工艺水平，积极推动生物质能制氢、光解水制氢等新兴制氢技术的研发应用，实现上海"蓝氢""绿氢"供应全覆盖及制氢低成本化。中下游产业链，应推进低温液态储氢、固态金属储氢、有机溶液储氢等安全高效储运环节的核心材料研发应用，持续降低氢能储运成本；加大燃料电池全链条核心技术的研发力度，提升金属板电堆、质子交换膜、碳纸等关键材料的安全可靠耐用性；加快氢能多元化场景应用的共性技术研发创新。

（二）推动氢能全产业链协同与跨区域协作

加强上海氢能产业链各个环节联动协同，补足短板环节，同时扩大优势氢能产业，全面提升氢能产业综合竞争力。扩大上海化工区工业副产氢资源优势，挖掘老港垃圾填埋场生物质天然气制氢潜力，优先保障上海氢能供应，同时大力推广光伏发电制氢及风电制氢等可再生能源制氢、生物质能制氢及光解水制氢等新兴技术制氢的"绿氢"示范应用，从源头上解决上海氢能需求及制氢绿色低碳化问题，逐步打造"绿氢"供应体系。推进高压缩气态、低温液态、固态金属、有机溶液等多种储运方式相互协同，进一步整合长三角氢能资源，加强输氢管道建设，实现上海氢能输送全覆盖，推动构建长三角安全高效低成本的输氢网络，形成长三角制氢输氢畅通的稳定供氢体系。积极推动加氢站基础设施建设，推进制氢加氢、油氢合建一体化发展，优先布局供氢用氢重点区域的加氢站，并向长三角不断延伸。促进氢能多元化场景应用，持续扩大上海氢能在燃料电池公共乘用车、叉车、重型卡车、船舶、航空等交通领域应用的先发优势，培育龙头企业，发挥上海在氢能示范城市群的牵头引领作用，带动苏州、南通、嘉兴等长三角周边城市氢能产业一体化发展。同时不断拓展氢能在能源领域（如氢气储能、氢能热电联供、氢混燃气轮机）、工业领域（如氢冶金、氢能替代）等多个领域的场景应用，打造长三角氢能应用示范基地。加强上海与长三角各地区氢能产业跨区域协作，扩大上海氢能产业在氢能技术、加氢站基础设施及燃料电池汽车等创新链、应用链方面的先发优势和引领作用，打通长三角氢能需求内循环，激发长三角氢能市场活力，推动形成长三角氢能产业体系，打造长三角氢能产业协同创新生态。

（三）优化氢能产业空间布局

坚持上海氢能产业空间布局"南北两基地、东西三高地"的总体战略定位[①]。打造金山和宝山"氢能供应基地"，推动金山上海化工区及上海石化工业副产制氢稳定健康发展，提升工业副产氢综合利用效率，引导企业加强在氢能储运、燃料电池应用环节的核心零部件及关键材料研发，提升宝山宝武集团冶金制氢能力，形成稳定的氢源供应体系。打造临港、嘉定及青浦氢能产业集聚高地，不断完善临港"国际氢能谷"上下游氢能产业链，推动制氢设备、加氢站、质子交换膜、催化剂、膜电极、燃料电池系统等全产业链企业一体化发展，形成临港氢能高质量发展产业集群，建设洋山港等氢能示范性港口；依托嘉定"氢能港"氢能特色产业基础及环同济大学科技园、上海氢能与燃料电池检测中心等研发平台，优化加氢站布局，培育燃料电池应用龙头企业引领上海氢能产业发展；依托青浦特有的交通区位优势，打造物流运输领域的氢能应用示范区，推动上海氢能产业链布局向长三角延伸。

（四）构建氢能应用安全保障体系

氢气具有易扩散易燃易爆的特性，故对氢能制、储、输、用等各环节

---

① 上海市发展和改革委员会等：《上海市氢能产业发展中长期规划（2022－2035年）》，2022。

的安全性能具有极高要求。安全性是当前制约全球氢能产业大规模应用的重要因素，用氢安全保障是实现氢能商业化、规模化推广应用和促进氢能产业稳定健康发展的根本前提。推动上海氢能产业全链条规模化发展，需以各环节的核心技术安全为基础。因此，应依托上海在技术、人才、资本等方面的资源禀赋优势，率先成立国家级氢能技术安全平台，对标国际经验，建立氢能产业在各环节的技术安全标准，强化氢能关键材料及核心零部件的安全性能，形成制氢安全、储运安全、加注安全、用氢安全等链条化、系统化的安全规范章程。健全氢能安全保障机制，加强氢能安全监管，注重管理创新，落实各部门各环节的氢能安全主体责任，形成系统的氢能安全管理体系。运用大数据平台、人工智能等先进技术手段实现氢能安全的实时监测，并加强消防宣传及建立应急响应机制，全面提升氢能安全风险的防范管控能力。

（五）健全氢能产业发展配套政策体系

强化财税政策对氢能产业发展的促进作用，以税收减免或税收优惠手段激励企业扩大氢能产业规模，通过补贴、奖励等手段激发企业在关键材料及核心零部件领域的技术创新，推动氢能产业链全面降本，为上海氢能产业发展提供资金支持。优化氢能产业营商环境，健全氢能市场机制，推动高性能膜电极、耐久性燃料电池电堆、燃料电池商用车等关键产品产业化、商业化、规模化发展，打造形成一批具有国际先进水准的品牌产品，全面提升上海氢能产品的国际竞争力和影响力，抢占全球氢能源新赛道，拉动上海氢能全产业链高质量发展。优化土地资源配置，盘活土地存量、创新土地利用模式，在嘉定"氢能港"、临港"国际氢能谷"率先试点以租赁方式建设运营加氢站，从土地要素源头上解决建站成本高的问题。加大国内外氢能领域高端人才引进力度，依托氢能项目及高校科研平台实现氢能技术领域的突破。搭建氢能领域的国际国内合作交流平台，增强氢能技术、产业发展经验等多领域的互享互通。

参考文献

上海市节能协会专家委员会:《上海氢能产业实践与发展研究》,《上海节能》2021年第 8 期。

势银、中鼎恒盛:《中国加氢站产业发展蓝皮书》,2022。

徐君、钟磊:《积极布局氢能产业发展 助力实现"双碳"目标》,《上海节能》2022 年第 5 期。

中国电动汽车百人会:《中国氢能产业发展报告》,2020。

中国汽车工程学会:《节能与新能源汽车技术路线图 2.0》,2020。

中国氢能联盟:《中国氢能源及燃料电池产业白皮书(2019)》,2019。

中国人民大学国家发展与战略研究院:《中国氢能产业发展前瞻、政策分析与地方实践》,《政策简报》2022 年第 1 期。

B.12
上海绿色低碳新材料产业发展态势及对策研究

董　迪*

摘　要： 绿色低碳新材料产业既是材料工业的先导，又是经济全面绿色转型的基础产业。在全球供应链格局变化和国内国际双循环背景下，如何提升产业链核心竞争力和提质增效成为上海绿色低碳新材料产业亟须破解的重要问题。当前上海绿色低碳新材料产业在产业规模、空间布局、政策环境、创新成果、产业化应用等方面发展取得初步成效，但产业发展仍面临产品处于价值链中低端、关键配套原料不足、核心技术受制于人、创新成果转化率低、新建项目成本高等短板和挑战。针对上述问题，本研究认为应通过政策引导、推动机制创新、加强自主创新、健全产业链供应链、数字化赋能平台建设、优化土地政策、集聚产业专业人才、鼓励多元合作等措施促进上海绿色低碳新材料产业提质增效，提升产业核心竞争力。

关键词： 绿色低碳　新材料　碳纤维复合材料　电子化学品　钢铁产品

新材料产业是经济社会发展的基础产业，在提升传统制造业和发展新一代信息技术、高端装备制造业、新能源产业等多个领域以及突破"卡脖子"

---

* 董迪，博士，上海社会科学院生态与可持续发展研究所助理研究员，研究方向为循环经济、资源环境经济。

技术等多方面都起着至关重要的作用。世界各国均把大力研究和开发新材料作为 21 世纪的重大战略决策。在上海市新赛道绿色低碳产业迅速发展的背景下，叠加"碳达峰碳中和"目标对新材料市场需求的拉动，新材料在绿色低碳发展进程中作用十分突出。"十三五"期间，上海市新材料产业生产总值从 1967 亿元增加到 2663 亿元，占原材料工业比重从 35% 上升至 46%。为进一步推动产业提质升级，2021 年 12 月，《上海市先进材料产业发展"十四五"规划》提出要加快推动新材料产业向高端化、绿色化发展，助力构建"3+6"新型产业体系。从长远发展趋势看，"绿色低碳"将成为上海新材料产业发展的"主导色调"。

一 绿色低碳新材料产业内涵与分类标准

2015 年，习近平总书记在参观曼彻斯特大学时指出，"在当前新一轮产业升级和科技革命大背景下，新材料产业必将成为未来高新技术产业发展的基石和先导，对全球经济、科技、环境等各个领域发展产生深刻影响"。[①]2017 年，《新材料产业发展指南》中提出新材料是指"新出现的具有优异性能或特殊功能的材料，或是传统材料改进后性能明显提高或产生新功能的材料"，该项指南把新材料产业大类分为先进基础材料、关键战略材料和前沿新材料。2021 年，《重点新材料首批次应用示范指导目录》中进一步明确了新材料产业分类以及材料性能要求。先进基础材料包括先进钢铁材料（如部分高端装备用钢）、先进有色金属材料（如铜材）、先进化工材料（如电子化学品）、先进无机非金属材料（如特种玻璃）、其他材料等，关键战略材料包括高性能纤维及复合材料（如碳纤维）、稀土功能材料、先进半导体材料和新型显示材料、新型能源材料、生物医用及高性能医疗器械用材料等。详细新材料产业分类见表 1。

---

① 范志明、于灏：《布局新材料产业迎接新一轮产业变革》，《新材料产业》2016 年第 4 期。

表 1 新材料产业分类

分类	材料名称	部分细分材料
先进基础材料	先进钢铁材料	海洋工程用钢、交通装备用钢、能源装备用钢、航空航天用钢、电子信息用钢
	先进有色金属材料	铝材、镁材、钛材、铜材
	先进化工材料	特种橡胶及其他高分子材料、工程塑料(苯乙烯基弹性体)、膜材料、电子化工新材料
	先进无机非金属材料	特种玻璃及高纯石英制品、绿色建材、先进陶瓷粉体及制品、人工晶体、矿物功能材料
关键战略材料	高性能纤维及复合材料	高性能碳纤维、大丝束碳纤维及其热塑性复合材料、高模玻璃纤维、航空制动用碳/碳复合材料
	稀土功能材料	AB 型稀土储氢合金、汽车尾气催化剂及相关材料、稀土化合物
	先进半导体材料和新型显示材料	超高纯 NiPt 合金靶材、铜和铜合金靶、光掩膜版、电子封装用热沉复合材料
	新型能源材料	反光釉料、氢能源燃料电池用柔性石墨双极板、新能源复合金属材料、三元材料
	生物医用及高性能医疗器械用材料	高生物相容性血液透析膜、海藻纤维及应用
前沿新材料	前沿新材料	电子线路板片、石墨烯散热材料、实用化超导材料

资料来源:《重点新材料首批次应用示范指导目录》。

　　绿色低碳是新材料产业提质升级的内在要求,是支撑化石能源清洁化、多元化利用的有效途径[①]。与传统材料相比,新材料可以降低碳排放、减少碳足迹并提高材料的循环性,而不会影响最终产品的功能要求和性能[②]。但是,新材料不一定是绿色低碳材料[③]。路小彬和陈鸿媛认为绿色材料指在原料选用、产品制造、再循环利用和废物处理等环节,有保护环境和有益健康

---

① Ramakrishna, S., Pervaiz, M., Tjong, J., Ghisellini P., Sain M., "Low-carbon Materials: Genesis, Thoughts, Case Study, and Perspectives". *Circular Economy and Sustainability*, 2022, 2 (2): 649-664.

② Liu K., Tebyetekerwa M., Ji D. et al., "Intelligent Materials", *Matter*, 2020 (3): 590-593.

③ 谭红燕:《绿色建筑施工管理存在的问题及优化对策》,《江西建材》2021 年第 5 期。

作用的材料[1]。然而，也有研究认为绿色低碳材料不应只考虑材料自身生命周期的绿色化定义，还应考虑材料的绿色低碳化应用[2]。这一点在国民经济行业统计标准中也有体现，比如《战略性新兴产业分类（2018）》中的先进有色金属材料、先进钢铁材料、高性能纤维及制品和复合材料、先进石化化工新材料等材料分类；《绿色产业指导目录（2019）》中的绿色建筑材料和环保专用材料等材料分类。在《节能环保清洁产业统计分类（2021）》中，涉及绿色低碳新材料的产业包括电子信息材料、储能电池材料、风能材料等。目前，虽然基于产业发展的政策背景和整体趋势，对绿色低碳新材料产业的概念、产业边界、行业包括的细分领域等尚未进行界定，但普遍认为绿色低碳新材料可以提高能源效率和资源效率，是广泛应用于下游绿色能源、交通、化工、建筑等领域的环境友好产品。

绿色低碳新材料产业是减污降碳背景下的新兴领域，对促进经济社会发展全面绿色转型具有先导性作用。绿色低碳新材料产业的发展既是高新技术进步的突破口，又是开展减污降碳扩绿增长的基石。历史表明，每一次重大的技术革新和新产品的成功研发，都依赖于新材料的研究、开发和应用。从某种程度上来说，全球产业竞争是技术竞争，也是新材料的竞争，在气候变化背景下，更是绿色低碳新材料的竞争。因此，"十四五"期间，加快发展绿色低碳新材料产业，将为上海促进经济社会发展全面绿色转型提供重要支撑。

二 绿色低碳新材料产业发展现状

在新材料产业领域，上海已在先进化工材料（电子化学品）、关键战略材料（高性能纤维及复合材料）和前沿新材料（高温超导材料）领域取得显著成效，将新材料用于大力发展战略性新兴产业，同时持续推动钢铁和化

---

[1] 路小彬、陈鸿嫒：《绿色材料发展现状及研究进展》，《山东化工》2022年第3期。
[2] 何盛宝、黄格省：《化工新材料产业及其在低碳发展中的作用》，《化工进展》2022年第3期。

工行业高水平、绿色化转型，不断提升产业能级。2022年，上海聚焦新材料特定方向，全力打造超能新材料科创园、碳谷绿湾产业园、奉贤化工新材料产业园、上海电子化学品专区和宝武（上海）碳中和产业园。本节将从产业园区的视角，以高性能钢材、碳纤维复合材料、电子化学品等材料为研究对象，从产业规模、空间布局、技术创新、产业化应用和环境效益五个方面分析上海绿色低碳新材料产业发展现状。

（一）产业规模稳步增长，集群发展格局初步形成

近几年，随着新兴技术不断发展，上海绿色低碳新材料产业获得了极大的发展动力，产业规模稳步扩大，稳居全国前列。据不完全统计，上海在特性金属、电子化学品、碳纤维等领域产品技术水平和产量均位居全国前列，拥有大批行业龙头企业，例如宝山钢铁股份有限公司（简称宝钢）、中国石化上海石油化工股份有限公司（简称上海石化）等在绿色低碳发展方面成效显著。基于环境保护、有毒有害物质控制、能源效率和资源利用效率、产品寿命、包装和回收等各类产品情况，第三方企业将宝钢的绿色钢铁产品认证分类为BEST（尖端）、BETTER（优良）、BASE（基本）型，体现了"绿色是宝钢高质量发展的底色"。2021年，宝钢BEST和BETTER型绿色钢铁产品销量较2015年增长83.7%，基本保持稳中有升的发展态势。电工钢、高强钢、涂镀产品及高耐候产品等高效钢材被广泛应用于航空、新能源等众多领域，产业规模稳步扩大。

电子化学品是世界各国发展集成电路的重要支撑材料之一，其主要制造环节需要大量使用光刻胶、电子特气、高纯超净试剂等电子化学品。这些电子化学品不仅是直接影响集成电路部件和电子产品质量的重要原材料，而且影响微电子制造技术的产业化。2020年12月，为了给集成电路产业发展提供原材料支撑，上海成立了上海化工区电子化学品专区，重点发展光刻胶以及配套材料、电子特气和湿电子化学品三大类产品。"十三五"期间，上海电子化学品产业蓬勃发展，上海化工区工业总产值超过1000亿元，年均增长约4.7%。

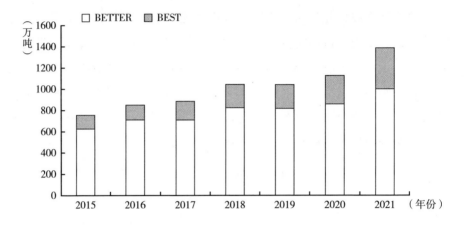

图1　2015~2021年宝山钢铁股份有限公司的绿色钢材销售量

资料来源：宝山钢铁股份有限公司。

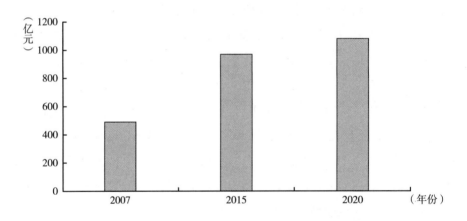

图2　2007年、2015年、2020年上海化工区工业总产值

资料来源：上海化学工业区发展有限公司、中国石油和化学工业联合会。

　　在产业规模扩大的同时，上海绿色低碳新材料产业区域集群发展态势逐渐明显。根据上海市产业发展规划和园区空间布局、企业空间布局，同时考虑行政区位、交通条件、土地属性、开发难度、新产业以及优势产业项目引进等多方面因素，遵循产业相对集聚发展、功能相互有所错位、强化科技研发、加强服务配套支撑等原则，上海材料领域规划形成

"2+3+X"空间布局，绿色低碳新材料产业空间布局也不断优化。上海在宝山区、金山区、奉贤区、松江区、浦东新区、嘉定区、闵行区、青浦区均有新材料产业布局，部分行政区结合自身环境特点，形成了多个具有优势特色的产业集群。如金山建立碳谷绿湾产业园，大力发展碳纤维及其复合材料；奉贤建立奉贤化工新材料产业园和电子化学品专区，聚焦发展电子化学品、先进高分子材料等；宝山建立宝武（上海）碳中和产业园，联合宝钢大力发展特性金属、绿色钢材；嘉定区、浦东新区、闵行区等形成了以先进高分子材料、先进有色金属等为主的先进材料产业集群，产业集聚效应不断增强，为上海产业强链、补链、固链打下坚实的基础。

（二）政策环境持续优化，创新成果不断涌现

近年来，上海市各级政府对先进新材料产业的发展高度重视，制定颁布了各类产业相关培育政策，组织实施了多项科技研发技术项目，大力提升了上海市绿色低碳新材料产业的技术水平，创新能力持续增强。市级层面，上海市政府和相关部门发布了《上海市先进材料产业发展"十四五"规划》《上海市战略性新兴产业和先导产业发展"十四五"规划》《夯实基础推动本市先进材料产业高质量发展三年行动计划（2021~2023年）》《上海市瞄准新赛道促进绿色低碳产业发展行动方案（2022~2025年）》《上海市首批次新材料专项支持办法》等政策文件，加快培育发展绿色低碳新材料产业。区级层面，浦东新区、奉贤区、金山区、宝山区等地也出台了一系列促进绿色低碳新材料产业发展的配套政策和措施，从产业用地规划、重点特色材料、园区服务、产业链关键环节提升等方面给予资金、人力和政策支持，促进区域内新材料产业综合实力攀升。行业层面，上海化学工业区管理委员会印发《上海化学工业区发展"十四五"规划》，加大力度支持电子化学品产业发展，推进化工产业高质量发展。

表 2　上海市新材料领域相关政策

政策名称	发布部门	年份
《上海市瞄准新赛道促进绿色低碳产业发展行动方案（2022~2025年）》	上海市人民政府办公厅	2022
《上海市先进材料产业发展"十四五"规划》	上海市经济和信息化委员会	2021
《上海市战略性新兴产业和先导产业发展"十四五"规划》	上海市人民政府办公厅	2021
《夯实基础推动本市先进材料产业高质量发展三年行动计划（2021~2023年）》	上海市经济和信息化委员会、上海市发展和改革委员会、上海市教育委员会、上海市科学技术委员会	2021
《浦东新区促进制造业高质量发展"十四五"规划》	浦东新区人民政府办公室	2021
《松江区先进制造业高质量发展"十四五"规划》	松江区人民政府	2021
《上海化学工业区发展"十四五"规划》	上海化学工业区管理委员会	2021
《上海市首批次新材料专项支持办法》	上海市经济和信息化委员会、上海市财政局	2020
《关于加快推进上海高新技术产业化的实施意见》	上海市人民政府办公厅	2009
《金山区人民政府关于加快推进新材料高新技术产业发展的若干意见》	金山区人民政府及其他机构	2009
《关于加快发展新材料产业的若干意见》	奉贤区人民政府	2009

　　围绕绿色低碳新材料各领域的关键技术、重点材料、核心装备等，上海市各级政府精准实施了一系列重大科技研发项目，如在上海市重点建设计划中，设立了中国石化国产万吨级大丝束产业化装置项目、中国石化高性能弹性体项目、英威达尼龙化工项目、宝钢集团无取向硅钢产品结构优化项目等多个重大建设项目，这些项目陆续产出多个重要研发成果，并投产应用。英威达己二腈、宝钢无取向硅钢、彤程化学生物降解材料等 7 个项目开工，总投资约 159.5 亿元。高性能纤维及复合材料、集成电路配套材料等 10 个重点产业链项目和 6 个新材料研发中心项目，涉及总投资 268 亿元。上海在绿色低碳新材料领域的科技创新资源实力也大幅提升，园区内实验室、技术研发机构、测试中心与高校、科研院所联合探索技术难题，在碳纤维、电子化学品、超导材料等领域攻克了一批技术壁垒，突破技术封锁，填补了多项新材料领域技术空白。例如，2022 年 10 月，上海石化研发的第一套国产万吨

级 48K 大丝束碳纤维工程投产并生产出合格产品，成为国内第一家、全球第四家拥有大丝束碳纤维技术的企业。该项关键技术历史性的突破代表着中国在大丝束碳纤维领域已具备工业试生产、产业化的能力，未来在规模化和关键装备国产化方面将快速发展，有望改变我国大丝束碳纤维进口依赖度高、相关产业发展"卡脖子"的局面。

同时，逐步完善绿色低碳新材料产业创新体系，以市场为导向、政府为支撑、企业为主体，政企学研用相结合，加快特色绿色低碳新材料的研发进度，提高新材料的使用性能，推进新材料低碳化发展，推动重大技术研发转化为应用成果。在前沿新材料领域，上海超导科技股份有限公司自主研发、自主建设的第二代高温超导生产线和生产设备，标志着中国正式掌握了高性能第二代高温超导带材的核心生产技术，同时也填补了中国在高端制造业装备领域的空白。上海榕融新材料科技有限公司研发的国产氧化铝连续纤维完成中试，突破了实验室到产业化应用的屏障，对航空航天等高端制造业的发展具有重要意义。上海在绿色低碳新材料领域的研发创新和规模化应用取得重大突破，部分新材料生产达到国际领先水平。根据中国专利信息中心专利检索数据库统计资料，截至 2021 年 12 月底，上海在超导磁体、光刻胶、气凝胶系列材料等领域的发明专利数量均位居全国前三（见图 3），在碳纤维领域技术供给也相当充足，为上海绿色低碳新材料产业的创新发展提供了技术保障。

（三）产业生态逐渐完善，产业化应用加速突破

经过多年的发展，上海市在多个绿色低碳新材料细分领域已经逐渐形成了比较完善的产业生态（见表 3），在集成电路材料、碳纤维复合材料等领域形成了较为完整的产业链，涵盖了原材料、研发设计、实验测试、应用及装备的各个环节。如宝山区建立了以超碳、超导、超硅新材料（石墨烯材料、高温超导材料、硅材料）为特色的超能新材料科创园，已具备较强的石墨烯及超导材料的产品研发能力，吸引了上海国际超导科技有限公司、上海超碳石墨烯产业技术有限公司等企业入驻；金山区碳谷绿湾产业园着力打造碳纤维、新材料、节能环保等领域材料，已经成为集生产制造、研发检测

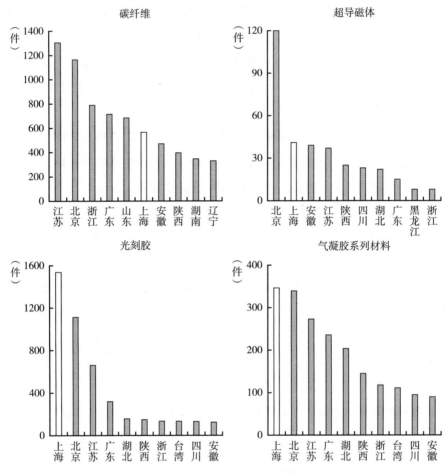

图3 上海碳纤维、超导磁体、光刻胶和气凝胶系列材料有效发明专利数量

资料来源：中国专利信息中心专利检索数据库，截至2021年12月。

于一体的专业化工新材料基地；奉贤化工新材料产业园构建起包括电子化学品、高分子复合材料、专用功能化学品和医用高分子材料等门类较齐全、技术水平较高的"高、新、先"精细化工新材料产业体系。同时，上海汇聚了国家新材料产业示范基地、上海新材料产业基地、上海超导产业基地、化学品检验检测和专业仓储企业等多领域、多层次的创新平台，高标准组建了碳纤维研究院、奉贤水性材料研发与转化功能性平台等专业化高端创新平台。

表 3　上海部分绿色低碳新材料产业园布局

园区名称	宝山超能新材料科创园	金山碳谷绿湾产业园	奉贤化工新材料产业园	上海电子化学品专区	宝武（上海）碳中和产业园
面积	2.56 平方公里	8.58 平方公里	6.56 平方公里	4.36 平方公里	2.14 平方公里
主要材料领域	超碳、超导、超硅新材料（石墨烯材料、高温超导材料、硅材料）	碳纤维、新材料、节能环保	电子化学品、高分子复合材料、专用功能化学品、医用高分子材料	光刻胶及配套材料、电子特气和湿电子化学品	钢铁
发展特色	已具备较强的石墨烯及超导材料的产品研发能力	已经成为集生产制造、研发检测于一体的专业化工新材料基地	重点发展以"高、新、先"为特色的精细化工、新材料等	形成了以乙烯、丙烯、碳四、芳烃为原料的中下游石化及精细化工产业链，产品之间关联度达80%以上	上海首个以绿色低碳创新及产业发展为特色的核心产业园区
主要企业	上海国际超导科技有限公司、上海超碳石墨烯产业技术有限公司等	德国 BASF、科凯、美国 Huntsman、花王、立邦等	确信乐思、藤仓化成、大日精化、大韩道恩、森佩理靖等	华谊新材料、3M、昭和电子、彤辉电子等	宝地资产、宝钢工程、宝武重工、宝武清能、宝武碳业等
功能平台	上海市石墨烯产业功能型平台、上海超导产业基地、国家新材料产业示范基地	碳纤维研究院、化学品检验检测企业、专业仓储企业	上海新材料产业基地、奉贤水性材料研发与转化功能性平台	化工区科创中心	全球低碳冶金联盟、宝武碳中和股权投研平台、宝山"科创港"人才创新股基金

资料来源：《上海市特色产业园区公告目录（2022 年版）》以及园区官网。

得益于一系列的政策支持和创新平台资源，上海绿色低碳新材料在新能源汽车、新一代信息技术、节能环保、航空航天等领域产业化应用取得积极成效。在碳纤维领域，上海石化自主研发生产的碳纤维，已成功应用于北京冬奥会火炬"飞扬"外壳、交通高铁等领域。在电子化学品领域，2021年9月，上海化工区电子化学品专区与兴发集团合作布局电子化学品专区基地建设，大力推动了上海以及长三角地区集成电路产业的发展，力争2025年实现主要产品国产化全替代。此外，在C919大飞机制造领域，航空航天300M钢、芳纶蜂窝材料等均实现产业化应用。如今，宝钢已经成为中国钢铁精品的制造基地，也是钢铁新技术、新工艺、新材料的研发基地，其产品被广泛应用于汽车、航空航天（如C919大飞机）等其他高端装备制造，极大地缩短了中国钢铁工业与国际先进水平的差距。

三 绿色低碳新材料产业发展面临的短板和挑战

"十三五"期间，在集成电路、人工智能等产业快速发展的驱动下，上海绿色低碳新材料产业发展取得了长足的进步。但是，上海相比发达国家起步较晚，在创新能力、研发技术、产业链布局等方面都有较大的上升空间，"无材可用、有材不好用、好材不敢用"现象依然存在。"十四五"期间，上海发展"4+5+2+X"的先进材料产业体系以及绿色低碳新材料产业仍面临诸多短板和挑战。

（一）产品处于价值链中低端，关键配套原料不足

当前来看，上海多数绿色低碳新材料产品附加值较低，仍处于产业价值链的中低端水平，高端产品市场份额小，与美国、日本等发达国家相比差距较大。例如从全球来看，碳纤维产品主要应用于汽车、风力发电、航空航天、基础设施、石油和天然气设施以及体育休闲用品。然而，目前上海碳纤维产品在体育休闲用品领域已较成熟，在碳纤维增强工程塑料、压力容器、风力发电、交通、医疗器械等领域还有成长空间，整体来看应用仍处于产业

价值链的中低端水平（见表4）。2020年，国际碳纤维市场已形成美国、中国和日本三足鼎立的形势，美国企业产能占比22%，中国企业产能占比21%，日本企业产能占比17%。虽然中国的碳纤维产能位居世界前列，但大丝束碳纤维规模化生产仍处于起步阶段，而美国赫氏市场份额超过50%。在电子化学品领域，上海仍有很多高端电子化学品依赖进口。上海本地供给与经济社会发展需求仍有一定的差距，风电涂料、湿电子化学品、电子特种气体等产品严重依赖巴斯夫、左敦漆、京都化工、日本三菱、美国空气化工等企业。上海是全国集成电路、航空航天等产业制造创新重要基地，产业发展在全国处于领先地位，但上游的大飞机发展战略中重点制造的C919大型客机的航空发动机、航电系统等核心部件、集成电路所需电子化学品等均依赖进口，国产材料在集成电路本土生产线上的使用率不足15%。在近年来疫情的夹击下，高端电子化学品的供应短缺更影响了上海集成电路产业的发展。

短期内，上海绿色低碳新材料产业提升产品在全球价值链中的地位主要面临部分关键配套原料"卡脖子"、设备不足等问题。在碳纤维领域，碳纤维复合材料发展还存在关键配套原材料缺乏、创新设计动力和水平不足以及应用标准体系不健全等短板，导致碳纤维复合材料应用领域较窄。绿色低碳新材料产业链上游高纯原材料和中游的加工辅料、高端金属材料等高纯原料的研制受工艺及加工装备的限制。此外，国内碳纤维复合材料配套材料种类较少、性能较差，同时在产量上还不能完全实现自给自足，在产业链发展上缺少话语权，严重影响着国产碳纤维复合材料的市场拓展。随着产业结构的调整和新能源领域的发展，汽车工业和风力发电应用碳纤维复合材料可以实现轻量化、绿色化发展。在"双碳"目标下，新能源产业的大力发展将进一步带动碳纤维复合材料的应用，未来势必要解决关键配套原料的产业化和规模化生产问题。因此，未来上海绿色低碳新材料产业发展的支撑和保障能力仍需进一步加强。

表4　国内外碳纤维产品发展比较

应用领域	国内（上海）	国际
航空航天	航天成熟，起步阶段	成熟应用
工业	研发、起步阶段	技术解决，应用推广阶段
风力发电	研发碳纤维在3MW以上叶片应用	技术成熟，应用增加
电缆导线芯	技术难题解决，个别企业能规模化生产	技术成熟，应用增加
体育休闲	产业化生产	市场份额逐渐减少

资料来源：《中国新材料发展年鉴》和公开资料整理。

（二）核心技术受制于人，创新成果转化率低

绿色低碳新材料属于技术含量高、研发投资大、转化周期长的产品，对企业和科研院所的研发设计和生产条件要求都比较高。上海在部分高端新材料领域起步较晚，研发、测试和应用的经验相对不够。很多产品的核心技术受制于人，自主研发创新基础薄弱，目前很多技术仍处于研发、测试、中试阶段，创新原动力不足，技术路径大多跟随发达国家，具有自主知识产权的成果较少。就核心技术而言，目前全球碳纤维的核心技术仍被日美企业所掌握，例如日本东丽公司的干湿法纺丝、日本三菱公司的湿法纺丝和干湿法纺丝、日本东邦公司的湿法纺丝制造工艺。中国环氧树脂产品质量及其应用都已进入成熟规模化生产阶段，但环氧树脂高端产品及先进生产技术仍被国外龙头企业所掌握，如陶氏化学（Dow Chemical）、瀚森（Hexion）、亨斯迈（Huntsman）等。近年来，美国在超导材料领域开发出提升富勒烯材料导电性能的新方法；日本在纳米材料合成领域发明了新方法，用于生产显示屏黑色涂层新材料；以色列发明双层涂料实现吸热制冷；俄罗斯开发了一系列尖端领域用新材料，助力改善量子计算机性能。此外，部分新材料专利成果转化率也较低，尚未形成增量。虽然上海在光刻胶、气凝胶材料等领域专利数量已经是中国第一甚至在全球排名靠前，但是专利转化为实际成果的比例仅约为

10%，而一些发达国家（如美国）的转化率高达 80%[①]。

"十四五"期间，上海绿色低碳新材料企业核心技术创新能力与技术转化水平仍面临诸多挑战。首先，处于行业领先地位的大企业普遍存在"不想创新"的境况，满足于当前的市场垄断地位，比较缺乏创新意识，自我驱动力不足，对领域内新技术的自主研发投入不足，没有建立自主研发核心技术和团队，同时与国际市场脱轨，导致企业生产产品低品质、同质化严重。其次，中小企业存在"不敢创新、不会创新"的境况，一些企业由于风险高对技术创新存在畏难心理，而另一些企业有动力进行技术革新，但研发资金、设备、人力等资源有限。最后，新材料专利成果的转化是一个复杂的系统工程，尤其是创新性、突破性的技术革新成果。当前的转化系统工程中还有很多缺失的支撑条件，如科研人员积极性不高、产学研合作模式不合理、融资困难、创新链和产业链衔接不紧密，因此难以快速转化形成有效产品。由于大多数成果目前仍然依托于高校和科研院所，园区内研发中心建设尚不完善，在配备产业要素或者成果转化过程当中，往往要经历一个被称为"死亡之谷"的曲线。此外，上海的人才引进政策更倾向于高端人才，对有专业创造力的中青年技术骨干人才的关注和培育还有待加强。

（三）新项目建设成本高，区域竞争空前激烈

近年来，上海绿色低碳新材料产业发展面临的竞争越来越激烈。国内新材料产业快速发展，京津冀、长三角、珠三角等地区已形成同步竞争发展格局，区域竞争空前激烈。一方面，从全国产业布局看，珠三角地区重点发展电子信息材料、新能源材料、特种陶瓷材料等，广东省在第三代半导体材料与器件、先导性新材料与技术、电子信息关键材料、碳纤维及高性能高分子复合材料等领域布局重点研发专项计划，与上海新材料产业链布局部分重叠，双方势必产生激烈的竞争。另一方面，在长三角区域内，江苏省已具备较雄厚的产业基础，是新材料制造大省，同时又开拓了广阔的市场空间，特

[①] 李元元：《新形势下我国新材料发展的机遇与挑战》，《中国军转民》2022 年第 1 期。

别是在高性能纤维及其复合材料、石墨烯等先进新材料领域，其水平处于国内领先地位，在国际上也具有一定的竞争力。根据规划，"十四五"期间，江苏省仍将集中优势资源，大力发展特种金属、高性能纤维等新材料。与上海中长期规划形成同产品竞争态势。未来上海新材料产业发展需要融入长三角地区新材料产业合作模式，实现产业链协同高质量发展。

新材料企业新建项目成本高也成为上海新材料产业发展面临的另一重要挑战，同时也影响了同质产品竞争格局。一方面，土地资源成为新材料企业发展的重要制约条件。长期以来，上海土地空间有限，土地成本较高，企业可投入研发的资金有限，可能会出现后劲不足和产业空心化情形。另一方面，上海项目评审环保压力大，绿色低碳全面转型对新建项目的环评要求更多，准入门槛较高。严格的绿色低碳环保标准在促进产业高质量发展的同时可能会造成大小企业资源分配不均等问题，更加放大中小企业原本存在的创新能力不足等问题。企业面临的能耗和碳排放"双控"监管将更加严格，势必对上海绿色低碳新材料产业发展产生更大的影响。

四 提升上海绿色低碳新材料产业发展的对策建议

面对信息技术、高端装备制造、绿色低碳发展重大工程项目等需求，上海市要加强绿色低碳新材料产业提质增效及其协同应用，进一步提升产业基础配套能力，从而将绿色低碳新材料产业融入全国和全球高端制造产业链和价值链。为此，要进一步提高重点绿色低碳新材料的自给程度，培育一系列前沿、领先的创新成果，搭建材料研发平台，加速上海市从材料消费大市向材料生产强市转变。这就需要政府、企业、科研院所等相关单位密切关注世界前沿技术发展趋势，结合上海市新材料产业发展实际问题、短板，从政策支持、产业布局、平台建设、人才支撑、国际合作等方面统筹部署。

（一）强化产业政策引导作用，提升绿色制造水平

注重政策引导。全面落实国家及上海市绿色发展产业政策，构建完善上

海绿色低碳新材料产业发展政策体系。加快完善有利于推动绿色低碳新材料产业发展的政策法规体系，制定绿色低碳新材料产业发展指导目录和投资指南，建立相关技术学科标准体系，促进绿色低碳新材料产业发展完整的产业链、创新链、资金链。加强引导企业强化环境信息披露和可持续责任。完善绿色低碳政策和市场体系，完善能源"双控"制度，完善有利于新材料企业绿色发展的财税、价格、金融、土地、政府采购等政策。要着力在环境标准政策的规范性、科学性、执行的公平性上加大力度，建立公平环境，降低运行成本，提高企业节能降碳的积极性。

推动机制创新。鼓励上海化工区、碳谷绿湾产业园等园区和重点企业推进节能改造，支持节能环保产品在市场上的推广。建立健全新材料企业绿色低碳发展统计制度，加强企业各部门对能源、资源、循环经济、增长质量等重点指标数据的监测、收集、统计、管理，提高绿色发展统计管理水平。完善新材料企业绿色低碳发展评价体系，强化结果运用，形成促进绿色低碳新材料产业发展的激励约束机制。发挥企业绿色低碳发展预警机制作用，指导各园区、企业依据能耗强度目标完成情况合理调控高耗能项目建设。

（二）发挥市场配置资源作用，构建创新产业链生态

加大自主创新。在肯定政府在绿色低碳新材料产业发展中的战略引导作用的基础上，抓紧营造绿色低碳新材料企业自主经营、公平竞争的市场环境。要加大对绿色低碳新材料基础研究的投入，关注仍处于发展阶段的前沿先进材料，提前做好相应部署。着力突破绿色低碳新材料产业发展相关工程问题，强化对材料产业的基础支撑。加强产学合作，使企业成为主要投资主体和研究成果的主要用户。充分发挥市场在资源配置中的作用，提高资源配置的有效性和公平性。推动优势企业强强联合，实施跨区域并购和境外并购投资合作，提高产业集中度，加快打造具有国际竞争力的企业集团。创新合作模式，探索学习日本产政学合作体制，由政府牵头主导，国资或国企联动龙头企业开展电子化学品相关技术创新，推动科研成果高效转化。要抓住国内国际双循环的历史机遇，培育和扩大绿色低碳材料消费市场，特别是中高

端市场。以消费需求带动发展，促进企业规模扩大和水平提升，加快供给侧结构性改革，全方位扩大与国际生产企业的合作，推动绿色低碳材料快速融入全球高端制造供应链。按照投资者对投资负全部责任的原则，加强对资本投资回报率的监测；突出国家重点支持发展的产业，防止"投资分散"，着力培育和制造高品质、品牌化的绿色低碳材料产品。

健全产业链供应链。由市政府相关部门协同园区、企业、科研机构、行业协会等主体编制绿色低碳新材料产业链协同发展规划，明确各行政区、园区、企业产业定位和重点产业的产业链各环节分工。在当前空间布局规划基础上，进一步细化产业发展路径。例如在产业空间布局上，嘉定区、青浦区、松江区和浦东新区均发力先进金属材料和先进高分子材料等，未来在重点产品研发和推广中仍需进一步明确和细化。电子化学品产业链建设有一定的基础，园区内和园区间协作可以选择电子化学品开展产业链、供应链布局试点。

（三）加强支撑体系建设，落实要素保障

数字化赋能平台建设。进一步加大对绿色低碳新材料制备和自动化测试设备的研发支持力度，着力提高产品质量，降低核心制造设备成本，开发低成本生产技术。完善配套技术，深入推进数字化与数智化转型。建立极端条件下材料设计和性能测试的开发平台，制定材料在役性能和全寿命成本指标体系，提高各级材料的应用水平。建立绿色低碳新材料结构设计、生产和评价的公开数据库，结合下游应用，建立具有中国特色、上海优势且与国际接轨的新材料标准体系。要从战略高度优先研究绿色低碳新材料产业知识产权制度，加强知识产权保护，鼓励新材料研发的原创性和集成性，逐步形成具有自主知识产权的材料名称和体系。

优化土地政策。坚持"四个论英雄"，实施有扶有控、有保有压、结构性、差别化的土地供给政策，引导空间资源向绿色低碳新材料产业的重点园区和重点企业配置。完善产业项目用地出让管理相关规定，实行用地弹性化年期出让制度，建立项目引进评估机制，实施差别化土地资源分配制度。建立建设用地

增减挂钩统筹对接机制，统筹安排各个领域用地减量化腾挪出的土地指标。深化存量建设用地二次开发和厂房资源盘活政策，强化区政府主体责任，推进土地及物业资源的高效复合利用，实现多方利益共享。降低企业新建项目用地成本，优化投资环境。在工业用地出让起始价、土地出让价款支付方式、项目审批流程、增值税等多方面制定有效政策和措施，激发企业投资活力。

（四）优化人才供给，创新合作机制

集聚产业专业人才。实施创新人才发展战略，支持企业增强创新能力，加大绿色低碳新材料产业创新人才培养力度。引进高层次技术和管理人才，特别是富有创造力的中青年技术骨干，建立适合创新人才发展的激励和竞争机制。同时，鼓励绿色低碳新材料企业积极开展国际合作与交流，引进国外先进技术和管理经验，做到"学、赶、超"。充分发挥科研院所、行业协会和园区创新功能平台的作用，建立新材料专家系统，促进绿色低碳新材料设计研发、生产和应用方面的交流。此外，专家系统应定期审议和评估国内外绿色低碳新材料的研发前沿技术和市场应用需求，发挥智库作用，就绿色低碳新材料产业发展的关键问题提出建议。

鼓励多元合作。围绕上海及长三角地区重点发展的集成电路、新能源电池、可再生能源等领域，加快绿色低碳新材料成熟品种更替和质量升级。同时，在长三角地区、全国、全球组建产业联盟，链接科研院所、企业、行业协会、功能平台、金融机构等重要主体，组建电子化学品、碳纤维等绿色低碳新材料产业联盟，发挥产业联盟作用，创新合作机制，促进绿色低碳新材料产业的主体创新和协同产业链上下游功能平台建设，实现产业链和价值链有重点的协同发展。

参考文献

何盛宝、黄格省：《化工新材料产业及其在低碳发展中的作用》，《化工进展》2022

年第 3 期。

李元元：《新形势下我国新材料发展的机遇与挑战》，《中国军转民》2022 年第 1 期。

路小彬、陈鸿嫒：《绿色材料发展现状及研究进展》，《山东化工》2022 年第 3 期。

谭红燕：《绿色建筑施工管理存在的问题及优化对策》，《江西建材》2021 年第 5 期。

Liu K., Tebyetekerwa M., Ji D. et al., "Intelligent Materials", *Matter*, 2020（3）: 590-593.

Ramakrishna, S., Pervaiz, M., Tjong, J., Ghisellini P., Sain M.. "Low-carbon Materials: Genesis, Thoughts, Case Study, and Perspectives", *Circular Economy and Sustainability*, 2022, 2（2）: 649-664.

保 障 篇
Chapter of Key Underpinnings

B.13
科技支撑上海经济社会发展全面绿色转型路径研究

尚勇敏*

摘　要： 在碳达峰碳中和目标下，上海亟须加快推进经济社会发展全面绿色转型，科技创新在其中发挥着关键支撑作用。近年来，上海率先启动科技支撑绿色低碳技术创新战略布局，抢占绿色低碳产业新赛道，推进绿色低碳技术示范与推广应用，完善绿色低碳技术创新体系以及经济社会绿色转型的支持体系，科技支撑上海经济社会绿色转型成效显著。然而，与碳达峰碳中和目标要求相比，上海在关键核心技术研发、低碳技术推广应用、要素与制度支撑体系等方面仍面临诸多挑战。上海需要充分发挥自身科技创新优势，加快推动科技引领能源供应与产业发展低碳化，积极推动绿色低碳技术研发与推广应用协同化，着力加强绿色低碳技术创新

* 尚勇敏，区域经济学博士、产业经济学博士后，上海社会科学院生态与可持续发展研究所副研究员，研究方向为区域创新与区域可持续发展。

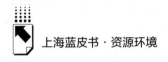

与经济社会绿色转型支撑系统化。

关键词： 碳达峰　碳中和　全面绿色转型　上海

党的二十大报告及上海市相关规划与政策文件均提出必须大力促进经济社会发展全面绿色转型，不管是国家层面还是上海市层面，科技创新在经济社会绿色转型中均发挥着关键支撑作用。2022 年 8 月和 10 月，国家层面及上海市层面的科技支撑碳达峰碳中和实施方案分别出台，为上海市科技支撑经济社会发展全面绿色转型提供了战略指引。上海绿色低碳技术创新基础扎实，近年来，上海经济社会绿色转型取得了显著成效。面向未来，上海需要加快推动绿色低碳技术研发，推动能源产业发展低碳化、技术研发与推广应用协同化，并建立系统化的支撑体系。

一　科技支撑上海经济社会发展全面绿色转型的战略要求

随着全球进入碳中和新时代，全球能源体系、产业体系将面临重构，绿色低碳循环经济体系将逐渐占据主导地位，科技创新在其中发挥着关键支撑作用。上海市提出在 2030 年前实现碳达峰，亟须建立完善经济社会发展全面绿色转型的科技支撑体系。

（一）科技支撑经济社会发展全面绿色转型成为全球发展趋势

随着全球加速向"绿色工业革命"转型，科技创新成为经济社会绿色低碳转型的关键支撑。一是全球各国积极开展绿色技术战略布局，全球已有 100 多个国家和地区发布绿色技术发展规划，并对低碳技术突破与推广的目标与行动做出部署安排。《欧洲绿色新政》、美国《清洁能源革命与环境正义计划》、日本《绿色增长战略》均明确了未来绿色技术创新与推广行动方案。近年来，全球低碳能源专利申请量持续增长，而化石能源专利技术占比不断下降。二是全球各国积极推动绿色技术创新与推广应用，推动太阳能光伏、能源存储、电动汽车、氢燃料电池以及碳捕集、利用和封存（CCUS）等技术在经济社会各领域的应用，如伦敦、纽约、新加坡等积极推广基于区块链技术的点对点能源交易，哥本哈根积极推进区域集中供热和热电联产技术应用，斯德哥尔摩哈马碧生态城将各类低碳技术广泛应用于社区、水源、垃圾、水和污水、自然资源保护再利用等。三是全球积极依靠科技进步争夺绿色低碳经济制高点，各国加速布局未来产业，美国发布《美国将主导未来产业》，日本发布《未来投资战略》，聚焦清洁能源（氢氨产业）、绿色交通、环保产业、新材料，试图发展颠覆性技术，引领新的产业变革。四是全球积极推动产业加速脱碳，据 IEA 数据，全球超过1/5 的温室气体排放来自农业，日本提出发展智慧农业，法国发布农业农机加速战略以及数字农业路线图，美国积极发展细胞农业和替代蛋白质，德国构建城市垂直农业网络。工业方面，法国发布工业脱碳战略，日本推进氢气炼钢。

（二）"双碳"目标下科技创新对上海经济社会发展全面绿色转型发挥战略支撑作用

创新与增长的关系直接影响着经济长期增长水平[①]，同时，Ehrlich 等提出的 IPAT 模型也指出技术是影响环境的决定因素，这些理论反映了科技创新对经济社会绿色发展的积极意义。从现实来看，国际能源署指出，科技创新是让世界走上可持续发展之路的核心，在理论上绿色技术应用将为全球超过 60% 的碳减排做出积极贡献。碳达峰、碳中和将推动经济社会产生重大变革，科技革命将发挥引领作用，一系列科学方法、科学技术、科技成果将应运而生和得到推广应用，这里既需要能源、材料等

[①]　R. Solow, "A Contribution to the Theory of Economic Growth", *Quarterly Journal of Economics* 1956（70）.

方面的技术升级，也要求工业、农业、交通、建筑等领域挖潜增效。"技术为王"在"双碳"目标实现中体现得尤为明显，绿色低碳技术将决定一个国家或地区在未来国际竞争中的地位。我国长期致力于绿色低碳技术创新，并发布《科技支撑碳达峰碳中和实施方案》。在上海市层面，上海市碳达峰总体方案及相关科技支撑行动方案陆续出台，并率先启动科技支撑碳达峰碳中和科研布局。在"双碳"战略目标下，上海必须依靠强有力的科技支撑，推动能源、产业、交通、建筑、生活等领域系统性变革。

（三）上海经济社会发展全面绿色转型对绿色低碳技术创新提出更高要求

与碳中和目标及经济社会发展全面绿色转型要求相比，上海当前科技创新支撑仍然不足。从碳排放水平看，上海城市碳排放量位居全国首位，城市全面绿色转型难度远高于其他城市，需要大力发展减排技术。且上海火电、钢铁、石化等高碳能源、高碳产业占比仍然较高，2021 年，上海火电发电占比达 98.05%；石化产业占制造业比重达 16.05%，而全国平均水平为 13.71%，上海科技支撑能源与产业绿色转型需要付出更多努力。从时间要求看，与纽约、伦敦、东京等这些国际大都市相比，上海经济社会发展尚未实现与碳排放的完全脱钩。上海在考虑低碳和脱碳转型时，需要兼顾经济社会转型，处理好碳约束与经济社会发展需求的矛盾，使得上海"双碳"目标实现及经济社会发展全面绿色转型周期短、难度大。上海需要在加快推广成熟技术的同时，提前部署绿色低碳技术研发，应对未来经济社会发展压力。尽管上海绿色低碳技术基础较好，近年来通过加大研发投入、出台支持政策、开展区域及国际合作等，在关键、先进及颠覆性技术方面取得了一定进展，但如果延续当前政策、投资方向等，绿色低碳技术发展水平将难以满足全面绿色转型的需要。尤其是上海在基础理论研究、零碳技术、负碳技术等领域与国际前沿仍然有较大差距，需要进一步优化绿色低碳技术研发布局。

二 科技支撑上海经济社会发展全面
绿色转型的现状与成效

在碳达峰碳中和发展目标下，科技支撑经济社会发展全面绿色转型具有巨大发展潜力和广阔发展前景。上海围绕经济社会发展全面绿色转型，积极推进科技战略布局，抢占绿色低碳产业新赛道，加强技术示范与应用推广，完善保障体系。科技支撑上海经济社会发展全面绿色转型取得显著成效，也面临一些瓶颈亟待突破。

（一）率先启动科技支撑"双碳"发展科研布局

1. 健全科技支撑碳达峰碳中和的实施体系

为突破能源、产业、交通、建筑、循环经济等领域技术瓶颈，推进能源、产业与经济体系全面绿色转型与变革，2022年10月，上海市印发《上海市科技支撑碳达峰碳中和实施方案》。该方案提出了2025年、2030年及2060年的发展目标，以及实施"十大"行动，着力推进低碳零碳负碳技术创新，实现绿色低碳科技自立自强，为上海经济社会发展全面绿色转型提供基础性科技支撑和前瞻性科技引领。同时，上海市还发布了《上海市碳达峰实施方案》这一总体方案，以及在能源电力、公共机构等专项领域的实施方案与政策文件，形成了较为完善的科技支撑碳达峰碳中和方案体系。

2. 积极推进绿色低碳科技创新平台建设

上海绿色低碳技术领域创新资源基础较好，创新机构平台众多。截至2022年10月底，上海共完成建设工程技术研究中心324家，其中与绿色低碳技术紧密关联的建设与环境、能源与交通、资源开发等工程技术研究中心有80家，约占总数的24.7%，且制造业、材料、农业等领域的诸多工程技术研究中心也聚焦绿色低碳技术创新。同时，上海共有重点实验室231家，与绿色低碳技术紧密关联的新能源与高效节能、资源与环境领域的重点实验室有 42 家，约占总数的 18.18%（见表 1）。上海科研机构数量在长三角地区也占据重要地位，通过"长三角科技资源共享服务平台"分别以"绿色""环保""环境""节能""能源""低碳"为检索关键词，对长三角一市三省科研机构进行检索发现，上海在各领域科研机构数量靠前，绿色低碳各领域科研机构总数仅次于江苏，且明显领先于浙江和安徽（见表 2）。《上海市科技支撑碳达峰碳中和实施方案》提出争取建设双碳领域国家级和市级重点实验室以及技术创新中心、技术服务平台、新型研发机构等。《上海市瞄准新赛道促进绿色低碳产业发展行动方案（2022～2025 年）》提出推动绿色低碳技术创新平台建设，发挥本市各类科技创新平台作用，加快建设氢燃料电池汽车计量测试国家级平台、低碳减碳研发转化平台等。

表 1　上海市科研机构涉及领域前十的数量

单位：家，%

涉及领域	工程技术研究中心数量	占比	涉及领域	重点实验室数量	占比
制造业	70	21.60	生物医药	95	41.13
医药卫生	57	17.59	其他高新技术	49	21.21
信息与通信	55	16.98	先进材料	38	16.45
建设与环境保护	43	13.27	电子与信息	34	14.72
材料	40	12.35	资源与环境	23	9.96
能源与交通	32	9.88	新能源、高效节能	19	8.23
农业	20	6.17	光机电一体化	8	3.46
资源开发	5	1.54	绿色农业	6	2.60
磁浮及轨道交通工程	2	0.62	药学	3	1.30
民用飞机制造	1	0.31	民用飞机	2	0.87
总数	324		总数	231	

注：部分科研机构属于多个领域，故数量及占比总和超过 100%。

资料来源：根据上海科技创新资源数据中心（http://www.sstir.cn/）检索数据整理。

表2 长三角各省市各领域科研机构数量

单位：家

地区	绿色	环保	环境	节能	能源	低碳
上海	10	3	10	10	18	1
江苏	15	27	10	19	6	0
浙江	6	2	14	5	8	2
安徽	3	2	14	10	8	0

资料来源：根据长三角科技资源共享服务平台检索数据整理。

3. 积极开展绿色低碳技术研发攻关

为强化科技创新策源功能，上海大力开展绿色低碳领域基础研究和技术攻关。一是开展前沿颠覆性技术研发布局。上海市对标碳中和国际前沿技术，积极鼓励科学自由探索，围绕新能源、储能、碳捕集利用等开展理论与基础研究；并围绕极致效能技术、工艺流程低碳化重塑技术等领域，着力形成一批碳中和领域新技术、新材料与新方法。二是积极开展绿色低碳基础性研究，依托科研基础优势，上海采用"揭榜挂帅"等机制，推进碳捕集和资源化利用、绿氢、低碳冶炼、储能和智能电网、海洋能利用、降碳减污协同等基础研究与技术攻关。三是发布"双碳"科技专项。为突破上海能源、产业、交通、建筑等"双碳"发展相关领域的重要技术瓶颈，自2021年上海市率先启动低碳科技攻关布局以来，上海市再次启动2022年科技支撑碳达峰碳中和专项，并设置前沿颠覆性相关技术、能源系统、储能技术、建筑交通行业及区域示范、负碳能力提升技术、二氧化碳排放监测技术、资源综合利用技术、崇明碳中和技术集成示范等多个专题。从上海绿色低碳技术产出水平看，截至2022年，上海绿色低碳技术专利数量达到14000项以上，远超过长三角其他城市，绿色低碳技术领域的专利数量占长三角地区的20.26%（见图1）；其中，能源技术、运输技术、产品生产或加工技术、信息和

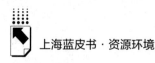
通信技术等气候变化减缓技术①占比在22%以上（见表3），上海绿色低碳技术优势明显。

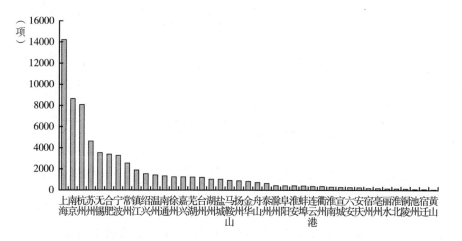

图1　长三角各城市绿色低碳技术专利数量

资料来源：根据 incoPat 数据库检索整理。

表3　长三角各省市各领域绿色低碳技术专利占比

单位：%

地区	领域1	领域2	领域3	领域4	领域5	领域6	领域7	领域8	领域9	领域10
上海	16.03	22.64	17.87	23.09	21.26	20.88	24.00	35.25	19.46	16.70
江苏	41.96	37.96	43.96	34.11	35.47	36.58	37.65	40.93	37.70	35.17
浙江	30.23	27.65	29.95	24.11	32.79	26.68	24.47	19.95	30.36	35.44
安徽	11.78	11.76	8.21	18.68	10.48	15.86	13.88	3.86	12.48	12.68

资料来源：根据 incoPat 数据库检索整理。

---

① 根据 OECD 的绿色低碳技术分类，领域1，环境相关技术；领域2，气候变化减缓技术（能源）；领域3，温室气体的捕获、储存、隔离或处理；领域4，气候变化减缓技术（运输）；领域5，气候变化减缓技术（建筑）；领域6，气候变化减缓技术（废水处理或废物管理）；领域7，气候变化减缓技术（产品生产或加工）；领域8，气候变化减缓技术（信息和通信）；领域9，气候变化适应技术；领域10，海洋环境与适应技术。

（二）积极推动绿色低碳产业转型和抢占绿色低碳新赛道

上海积极依靠科技创新、金融科技等力量，支持产业绿色转型，推动节能降耗，提升单位碳排放的工业产值，并积极抢占新能源汽车、绿色材料、氢能等绿色低碳产业新赛道。

1. 抢占绿色低碳产业发展新赛道

为顺应全球产业绿色低碳转型趋势，更好服务国家"双碳"发展战略，上海发挥自身绿色低碳产业基础优势，对标全球产业发展前沿，推进绿色低碳产业发展。2022 年 6 月，上海市还瞄准新赛道，大力促进绿色低碳产业发展，并发布相关行动方案，提出力争到 2025 年绿色低碳产业规模突破5000 亿元。同时，上海正聚焦前沿技术、高端装备、极致能效、低碳冶金等产业，力争领跑优势赛道；推动新能源汽车、氢能产业集群发展，积极拓宽并跑赛道；拓展绿色材料、碳交易和碳金融应用场景，积极抢占新兴赛道；加快碳捕集及应用、智能电网等技术集成创新发展，实现弯道超车。上海是氢能产业发展的先行者，推动氢能行业核心技术与关键产品取得突破，积极推进示范应用；上海市围绕氢能产业发展，发布中长期发展规划，提出探索建设全国性氢交易所，以及开展光伏发电制氢、风电制氢等"绿氢"示范。

2. 以科技支撑传统产业绿色低碳转型

长期以来，上海把科技创新作为绿色发展的第一动力，推动产业绿色转型。一是强化产业科技布局。上海市高度重视绿色低碳产业转型的科技攻关，加强氢储能等基础研究和前沿技术布局，以及绿色低碳技术研发和示范推广，并积极培育一批制造业创新中心、研发和检验检测验证中心、新型研发机构等。二是践行生态优先理念，发展都市现代绿色农业。上海聚焦种质创新、生态循环、绿色生产、智慧装备等开展共性关键技术研发，取得了一系列科研成果。2021 年，上海科技兴农项目立项 100 个，投入资金 2.7 亿元，全年共完成 387 项农业科技成果转化，累计完成农业创新成果转化交易额 1.4 亿元。三是推动产业绿色低碳转型。上海积极推动重点区域和重点行业转型升级，加强落后产能调整，鼓励老旧建筑物清拆，实现产业"腾笼换鸟"和优化升级。同时,积极给予产业转型科技支撑,如 2022 年 10 月,全球技术供需对接平台启动,该平台以数字科技打造技术、人才、服务、资本融合匹配的创新生态圈,上线绿色低碳等 9 个行业社区,实现产学研资源集聚。宝武钢铁、宁德时代(上海)等企业发布"建筑能耗数据和减碳清单研究需求""基于光热的快速大面积加热及粘接界面检测技术"等需求,截至 2022 年 11 月,发布企业需求成果超过 2000 项,企业创新意向投入约40 亿元。

3. 以金融科技支持产业绿色低碳转型

上海积极依靠金融科技力量,助力产业绿色低碳转型。一是强化碳交易体系功能,从 2012 年率先进行碳排放交易试点以来,上海就将本地企业逐步纳入碳排放交易体系,陆续推进电力、钢铁、化工、航空等碳排放交易。截至 2022 年 9 月,碳排放交易共涉及 27 个行业,碳市场配额现货品种累计成交量接近 2.2 亿吨,累计成交金额超过 32 亿元。上海市场交易规模位居全国前列,CCER(中国核证减排量)交易规模长期位列全国第一。尤其是2021 年 7 月,全国碳排放交易市场在上海启动,这使得中国成为全球最大碳市场,上海在其中发挥着重要作用。同时,上海大力创新绿色金融产品,其绿色金融产品规模、机构与平台建设走在全国前列,有效支持经济社会绿色转型。据统计,2021 年,上海共发行绿色债券超过 600 亿元,交易额超过 700 亿元。

(三)绿色低碳技术示范与推广应用持续推进

2022 年 8 月,上海市发布《上海市绿色技术目录(2022 版)》,覆盖节能环保等六大类产业,包括绿色技术推广、培育和适用三个部分,这是上海绿色低碳技术示范与推广应用的重要缩影。同时,上海围绕能源、交通、建筑等重点行业领域,积极推进绿色低碳技术示范和推广应用,助力上海实现绿色转型。

1. 加强能源技术研发与应用

为推进能源结构优化与能源效率提升,上海市积极推进能源技术创新，聚焦前沿领域和关键环节，推动能源装备研发制造取得突破。上海市提出实施"能源绿色低碳转型科技支撑行动"，并提出提升氢能、可再生能源以及传统能源高效清洁低碳利用等关键核心技术创新能力。2022 年 8 月，上海市发布能源电力领域碳达峰实施方案，提出强化科技创新支撑，加强前沿技术和核心技术研发攻关，确保能源结构更加低碳，能源效率保持国际国内领先。同时，相关能源领域企业也积极推动绿色技术创新，2022 年 8 月，国家电投上海能科发布了小（微）型风力发电机组等多项新能源技术产品。2016～2020 年，上海市内可再生能源装机所占比重从 4.7% 提升至 9.8%。

2. 推进交通行业技术推广应用

交通是上海市绿色低碳转型的重点领域。一是大力推进交通绿色低碳转型。上海大力开展新能源交通工具、绿色交通基础设施等绿色低碳交通技术应用，积极推广半导体照明技术在机车检修库、铁路站场的应用，推进电子飞行包等航空节能项目。积极推广新能源汽车，完善相关基础设施。2021 年，上海共完成新能源汽车推广 25.4 万辆；同时，积极落实"2021 年公交车辆更新投放计划"，全年投入的 1025 辆公交车全部为新能源汽车，累计建成各类充电桩超过 50 万根。二是大力推进交通数字化转型。一方面，上海积极依靠数字技术发展智慧交通装备，建设跨部门、跨层级数据共享的数字交通基础设施，提升交通装备智能化水平；另一方面，上海以数字交通服务提升智慧体验，推动智能技术应用，推动上海"出行即服务"系统建设，打造全程数字化物流新模式，推动自动驾驶商业化应用，积极推动智慧道路、智慧轨道交通、智慧航运建设。

3. 推动绿色建筑技术创新与应用

建筑领域绿色转型离不开科技创新助力，以及标准规范的支撑和科技成果激励。2021 年，上海市积极推进绿色建筑领域科技研发及应用，推动建筑领域绿色转型。一是积极推广超低能耗建筑，累计落实超低能耗建筑 350 万平方米（截至 2021 年底）。二是发布及更新绿色建筑相关标准，2021 年，上海市共发布绿色建筑地方标准 5 部，新立项地方标准 1 部，推进团体标准

4 部。三是开展绿色低碳技术研发，2021 年，上海市重点开展了"十四五"城镇化与城市发展领域科技创新和专项规划以及上海市科委"十四五"重大研发需求调研及策划工作，围绕绿色建筑运营、健康街区和净零能耗等开展课题研究，全市各单位牵头负责在研国家级课题十余项、市级课题十余项。2021 年，上海市在绿色建筑领域获得华夏科技奖二等奖及三等奖 6 项、中国建筑学会科技进步一等奖 1 项。同时，发布绿色建筑"十四五"发展规划，提出加强绿色建筑科技创新，各区也发布相关绿色建筑申报、管理等政策。

（四）绿色低碳技术创新保障不断完善

为有效支持上海绿色低碳技术研发与推广应用，上海积极深化科技体制改革，开展区域合作及国际合作，为绿色低碳技术创新提供保障支撑。

1. 深化科技体制机制改革

为强化绿色低碳技术创新制度保障，上海市积极深化体制机制改革。一是推动新一轮全面创新改革试验，全面推进"揭榜挂帅"创新改革，推进关键技术攻关及迭代应用机制创新，提升改革质量和成效。2021 年，上海市全面创新"地方科学基金项目试行'负面清单+包干制'"等 11 项任务。二是推进科研机构体制机制创新，加快推进"科改 25 条"落实完善，持续完善院所体制改革等相关政策举措。三是深入推进科技创新管理改革，创新科研任务形成机制与组织模式，设立"基础研究特区""探索者计划"，持续深化"赛马制""包干制""预算+负面清单"等组织机制创新，形成科研项目管理"工具箱"。同时，引入数字化等手段，优化财政科技投入方向、方式与重点，完善知识产权保护工作机制。四是完善科技创新法规政策，制定一系列科技领域"十四五"规划、行动方案等，不断完善创新政策体系。

2. 引领长三角绿色低碳技术区域合作

在长三角科技创新共同体建设框架下，上海联合苏浙两省科技部门凝聚更强合力，推动区域绿色低碳技术合作。一是加强科技资源共享，不断完善长三角科技资源共享服务平台功能，积极汇聚和有效对接绿色低碳科技资源。二是积极开展绿色低碳技术示范推广交流合作，上海主办了"长三角科技成果交易博览会""上海节能减排技术产品评审绿色沙龙活动"等一系列活动，发起并联合相关机构发布"上海市建设系统协会绿色低碳行动倡议"。三是推动绿色低碳技术转移转化，深化绿色技术银行机构职能，共建现代技术要素市场。截至 2022 年 11 月，绿色技术银行成果库共有 9303 项成果，在长三角一市三省提供转移转化服务、推动示范项目落地等方面发挥了积极作用。课题组运用专利转让数据①以及社会网络分析方法，对 2010~2019 年长三角地区绿色低碳技术转移网络进行分析发现，上海在长三角绿色低碳技术转移网络中占据核心地位（见图 2）；从绿色低碳技术转移网络结构统计量可见，上海的中心性领先于其他城市（见表 4），上海为推进长三角绿色低碳技术合作发挥了重要作用。

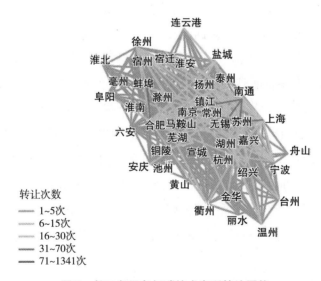

图 2 长三角绿色低碳技术专利转让网络

---

① 由于中国专利理论上自申请到授权存在 18 个月的审核期，因此近两年的专利数据会出现较多缺失的现象，本报告仅筛选截至 2019 年底的专利数据展开研究。

表 4　长三角各城市绿色低碳技术专利转让的网络结构统计量前十位

序号	创新主体	加权度中心性	度中心性	特征向量中心性	中介中心性
1	上海	5196	67	1.00	194.62
2	南京	2698	58	0.98	75.74
3	苏州	1731	58	0.78	101.02
4	杭州	1641	54	0.69	80.24
5	无锡	1166	48	0.77	52.73
6	常州	1104	43	0.63	41.71
7	合肥	1045	62	0.83	158.08
8	宁波	979	39	0.45	23.47
9	南通	895	45	0.95	35.07
10	徐州	519	48	0.90	76.82

3. 积极拓展绿色低碳技术国际国内合作网络

上海积极适应新形势新要求，构建新发展格局，建立链接国际高水平的创新网络，协同推进国际绿色低碳技术合作。一是全面推进"一带一路"绿色低碳技术国际合作，上海主动服务国家科技外交，拓展科技创新合作空间。2021年，上海新增科技部"一带一路"联合实验室4家，建设市级技术转移平台3家。同时，上海积极与古巴、哈萨克斯坦、埃塞俄比亚建立技术转移渠道，推动科技园区创新合作，推进中以（上海）创新园建设。二是搭建国际绿色低碳技术合作平台，2022年8月29日，"2022绿色技术银行高峰论坛"举办，上海市依托该平台与UNIDO、UNEP、WIPO等国际组织建立合作关系，并与荷兰、柬埔寨等国绿色发展机构开展合作，致力于将该论坛打造为具有国际影响力的绿色低碳技术、绿色金融、绿色产业合作交流平台。

科技支撑上海经济社会发展全面绿色转型具有巨大的发展潜力和广阔的发展前景，但仍然存在诸多不足和挑战。一是先进前沿技术仍有待突破，上海绿色低碳技术总体处于全国领先水平，但在绿色低碳制氢、氢燃料电池、储能、CCUS等关键技术领域仍缺乏突破性创新，部分技术仍处于早期示范应用阶段，大规模推广仍面临技术成本瓶颈。二是高碳行业绿色技术替代缺乏动力。2020年，上海市钢铁、石化、有色金属、非金属矿物制品等四大高碳产业的工业总产值占制造业的21.4%，但其碳排放占79.4%，上海及国内对上述行业依赖程度依然较大，大规模技术装备更新成本巨大。三是第三产业绿色低碳技术支撑不足，根据中国碳核算数据库数据，2019年，上海市交通运输仓储和邮政业、批发零售住宿和餐饮业及居民生活碳排放三项占碳排放总量的35.2%，随着居民生活水平提升、消费主义倾向日渐明显，居民生活消费碳排放仍将不断上升。同时，绿色建筑及超低能耗建筑占比较低，传统燃油汽车占比仍然较高，储能等新能源汽车技术仍缺乏颠覆式创新，AI、大数据等数字技术对实现绿色低碳转型仍缺乏足够支撑。四是绿色低碳技术创新金融支持不足，绿色低碳技术具有长周期、高风险、低投入产出效益等特点，其发展高度依赖产业创新基金支持，上海面向绿色低碳领域的创新基金仍然相对不足。

三 科技支撑上海经济社会发展全面绿色转型的实施路径

绿色低碳技术创新是推动上海经济社会发展全面绿色转型的关键所在，围绕"双碳"发展目标和上海城市发展愿景，有必要推动科技引领能源与产业低碳化转型、绿色低碳技术协同创新，以及要素政策系统性支持。

（一）加快推进科技引领发展方式与生活方式低碳化

一是加强科技支撑能源系统低碳化转型。首先，持续提高新能源及可再生能源在能源消费中的占比，加快发展氢能，加强氢能冶金、氢混燃气轮机、氢储能等技术研发与示范应用，提高氢能消费占比。加快探索温差能、波浪能、潮汐能等海洋新能源技术创新与开发利用。因地制宜实施"光伏+"工程，发展陆上风电及分散式风电，大力发展生物质发电。其次，合理控制化石能源消费，严格控制煤炭消费，加快推进落后燃煤机组容量替代，同步推进现役燃煤机组节能改造和灵活性改造；合理控制油气消费规模，推进低碳燃料替代传统燃油。最后，建设新型电力系统，综合运用新一代信息技术，推进城市电网技术改造，大力发展数字化、智能化能源技术；积极推进新型储能技术探索应用，大力发展新型储能技术。

二是加强科技支撑产业发展低碳化转型。首先，大力发展绿色低碳产业，培育壮大新能源汽车、氢能、绿色材料、碳捕集及应用等，大力推进绿色低碳产业技术集成创新，实现市场主体逐步壮大，推动园区体系健全完善。同时，合理控制高能耗、高碳排行业发展规模。其次，加快推进钢铁、石化、电力等化石能源密集型行业的低碳转型与升级，加快推动能效水平提升，力争达到国内国际先进水平。最后，加快推动钢铁、石化化工行业碳达峰，推进钢铁工艺转型，提高废钢回收利用水平，加快新型炉料、富氢碳循环高炉等节能低碳技术研发应用，探索碳捕集及资源化利用等技术示范试点。

三是加强科技支撑交通建筑与生活方式低碳化转型。首先，结合城乡建设低碳化转型需求，围绕建筑材料、设计建造、运行、智能化集成等各领域环节，大力推进建筑全生命周期绿色低碳技术研发，促进城乡建设全过程节能降碳。其次，以交通领域脱碳减排、节能增效为重点，大力推进交通领域绿色化、电气化、智能化转型。最后，全面推进以科技创新驱动引领的生活方式绿色化变革，聚焦生活废弃物资源化、生活污水污泥资源化利用、绿色产品与绿色服务供给等领域，完善循环经济、绿色生活、绿色消费的科技支撑体系。

（二）推动绿色低碳技术研发与推广应用协同化

上海应结合新型举国体制优势以及市场机制优势，提升技术研发与推广应用效率；发挥上海及长三角其他地区绿色低碳技术创新资源与应用场景优势，推动绿色低碳技术研发与推广应用协同。

一是加强绿色低碳领域基础研究及技术攻关。首先，加强绿色低碳科技基础研究统筹布局，重点解决能源、产业、交通、建筑等领域的共性基础问题；突出原始创新，强化战略性、前瞻性绿色低碳科技基础研究，制定"绿色低碳科技基础研究专项规划"。其次，鼓励市内研究力量，聚焦技术前沿领域和国家重大需求开展技术攻关，加大力度推进绿色低碳重大科技联合攻关及综合交叉研究，打破绿色低碳技术各领域与其他行业的割裂局面，破解跨系统性问题。最后，发挥新型举国体制优势，加快建设一批绿色低碳科技创新联合体，联合市内及长三角或国内其他地区的各类创新主体，依托产业链组建绿色低碳创新联合体。

二是协同推进经济社会发展绿色低碳技术推广应用。首先，联合长三角其他地区，建立完善长三角一体化低碳技术交易市场网络，推动低碳技术成果实现更快转化。其次，加快编制工业、交通运输等行业领域绿色低碳技术推广目录，研究制定"上海市绿色低碳技术推广应用实施方案"，明确绿色低碳技术推广目标、任务与举措，联合长三角其他地区，发挥各地自身优势，共同构建长三角绿色低碳技术推广应用场景。再次，聚焦能源、产业、循环经济、交通、建筑等领域，加快绿色低碳技术推广应用示范，鼓励建设一批示范园区，开展技术集成示范，选取典型区域（园区、社区、校区、商业区、交通、公共建筑）、重点领域，建设一批示范园区、示范工厂、示范建筑、示范交通等。最后，加强长三角绿色低碳技术交流合作，通过组织各类技术研讨会、交流会、展览会，鼓励开展跨区域、跨领域绿色低碳技术交流合作，促进绿色低碳技术创新协同。

（三）加强绿色低碳技术创新与促进经济社会绿色转型支撑系统化

一是建立绿色低碳技术创新多元投入机制。强化资金投入保障，丰富资金来源。充分发挥财政资金引导作用，建立多部门联动的绿色低碳技术创新投入增长的长效机制，面向能源、钢铁、石化、建筑、电力等重点领域设立科技专项。充分发挥政府资金推动、资本撬动作用，充分激励企业或社会资本参与绿色低碳技术创新的积极性，形成多元化投入格局。

二是优化绿色低碳技术创新及经济社会绿色转型的金融支持环境。首先,通过税收等政策集聚社会资源,支持金融机构开发绿色低碳技术转移转化金融产品。其次,积极突破行政区划障碍,联合长三角地区各类企业、金融机构等共同设立创新基金,推动绿色低碳技术创新成果转移转化。最后,积极发展绿色金融,充分利用上海各类要素市场、绿色金融资源集聚优势,进一步完善上海绿色金融体系,鼓励社会资本设立服务绿色低碳发展的产业创新基金。

三是优化科技支撑经济社会发展全面绿色转型的政策支持体系。首先,完善创新协调机制,加强部门联动,设立绿色低碳领域专家委员会,为绿色低碳技术创新及推广应用提供决策支持;加强科技支撑经济社会全面绿色低碳转型监测评估,监测实施效果,及时发现和反馈问题,营造良好氛围。其次,加强政策研究与完善,开展社会经济绿色转型相关政策研究、标准制定与评估认证等的支持体系研究,加强适用于绿色低碳技术创新与推广应用的机制研究,加快制定完善绿色产品认证标准与绿色技术目录。最后,加强知识产权保护,进一步完善科技创新知识产权激励机制、高价值专利联合培育机制;加强绿色低碳技术知识产权与评估认证服务,建设绿色低碳技术知识产权专题数据库与绿色低碳技术专利导航服务基地。

参考文献

上海市交通委:《2021 年上海绿色交通发展年度报告》,2022。

上海市交通委:《上海市交通发展白皮书(2022 版)》,2022。

上海市科学技术委员会:《2021 上海科技进步报告》,2022。

上海市科学技术委员会:《上海率先启动科技支撑碳达峰碳中和科研布局》,《河南科技》2021 年第 19 期。

上海市住房和城乡建设管理委员会:《上海绿色建筑发展报告(2021)》,2022。

尚勇敏:《低碳 72 策:加强区域间低碳技术创新合作》,澎湃新闻网,2021 年 10 月 6 日,https://www.thepaper.cn/newsDetail_forward_14789773。

王默玲、董雪:《强化科技支撑上海绿色低碳产业加速发展》,《新华每日电讯》2022 年 8 月 30 日。

吴丹璐：《上海驶上绿色低碳产业新赛道》，《解放日报》2022 年 9 月 19 日。

俞灵琦：《长三角科技资源共享正"升温"》，《华东科技》2020 年第 7 期。

IEA，*Redrawing the Energy-climate Map：World Energy Outlook Special Report*，2013.

R. Solow，"A Contribution to the Theory of Economic Growth"，*Quarterly Journal of Economics* 1956（70）.

B.14
打造上海国际碳金融中心战略对策研究

李海棠*

摘　要： 碳金融是建立在碳排放权交易基础上的资金融通活动。依托国际金融中心的地位，上海金融市场要素齐备、中外金融机构多样、科技资源布局具有前瞻性及金融对外开放具有前沿性；同时全国碳交易市场在上海的落地，也为上海碳交易和碳金融的发展奠定了重要基础。但是打造上海国际碳金融中心，依然面临全球碳定价争夺激烈、我国碳市场影响力有待提升、上海碳市场金融功能有待充分激活等挑战。因此，打造上海国际碳金融中心，既需要上海市层面着力构建具有国际影响力的碳市场，又需要国家层面完善碳交易相关法律法规体系，还需要上海市和国家层面共同推动上海国际碳金融中心建设上升为国家战略，提高中国在全球碳市场体系的参与度与竞争力，以实现上海代表中国参与"百年未有之大变局"下国际竞争与合作的使命担当。

关键词： 碳交易　碳金融　碳定价　上海

一　问题的提出

加快建设具有世界影响力的国际大都市，是中央对上海的明确定位。碳资产作为一种重要的生产要素，是上海代表中国进一步融入全球经济体系、

---

* 李海棠，法学博士，上海社会科学院生态与可持续发展研究所助理研究员，研究方向为生态环境保护法律与政策。

参与全球气候治理的关键载体，是提升中国碳要素资源配置定价权和话语权的重要保障。打造上海国际碳金融中心，对"双碳"目标推进、国际金融中心建设及碳定价话语权提升意义重大。以碳交易为主要依托的碳金融，通过成本效益优化的市场机制，倒逼产业结构低碳转型；通过"碳普惠"与碳交易的融合发展，鼓励公众和小企业节能减碳，是推进我国"双碳"进程的重要抓手。以推动低碳减排和绿色技术创新为使命的碳金融，全面提升上海城市能级和竞争力，是提升上海国际金融中心地位的重要契机。以优化和创新碳要素配置为核心的碳金融，在"上海金""上海油"的基础上打造"上海碳"，是增强我国及上海市全球碳定价话语权的重大机遇。

明晰国际碳金融中心建立的基本特征和标准，是探讨如何打造上海国际碳金融中心的首要任务。本文结合国内外先进理论和实践经验，在梳理欧盟[①]、新西兰[②]、美国[③]等国际碳金融发展及碳市场分布格局的基础上，分析得出国际碳金融中心主要具有以下特点。一是拥有全国统一碳市场，并具有连接国际碳市场的能力。全球碳市场是由自愿相互连接的市场组成的，互联系统中的各个市场拥有自己的产权定义和执行系统。二是具有明确的法律法规体系。拥有与外国管辖区联系和兼容的能力，包括排放配额的作用和地位，履约义务，交易规则，监测、报告和核查原则，以及对不履约或侵权行为的惩罚依据。三是具有稳定且理想的碳价格管理机制，包括价格上下限、市场稳定储备，以及由市场机制设定的稳定价格，这对于平衡市场功能和实现市场联动至关重要。四是具有丰富的碳金融衍生品，满足国内外企业的多样化需求。碳金融衍生品对于抑制碳价波动、吸引更多社会资本投入碳市场具有重大意义。但是结合目前全国及上海碳交易及碳金融的发展现状，国际碳金融中心的打造仍存在诸多提升空间，本文希望在分析上海碳交易和碳金

① J. Chevallier, "Carbon Futures and Macroeconomic Risk Factors: A View from the EU ETS." *Energy Economics*, 2009 (4): 614-625.

② 张妍、李玥：《国际碳排放权交易体系研究及对中国的启示》，《生态经济》2018 年第 2 期。

③ S. Perdan, A. Azapagic, "Carbon Trading: Current Schemes and Future Developments." *Energy Policy*, 2011. (10): 6040-6054.

融发展优势与面临挑战的基础上，研究提出上海打造具有国际影响力的碳金融中心的战略对策。

二 上海碳金融发展的优势条件

碳金融是建立在碳排放权交易基础上的资金融通活动①。发展以碳金融为主的资金融通活动，一定离不开国际金融中心的重要支持。而上海已确立了以人民币产品为主导、具有较强金融资源配置能力的全球性金融市场地位。上海齐备的金融要素市场，也有利于基于碳金融资产发展碳期货、碳资产证券化等创新业务，在更广阔的范围内盘活绿色资产。同时，上海作为国内国际双循环的重要枢纽，可作为我国碳市场国际连接的纽带。此外，上海碳交易市场发展全国领先，上海在碳交易成交量、碳金融产品创新、人才集聚和金融科技等方面优势显著，正在形成碳金融发展的"上海方案"。

（一）碳交易二级市场总成交量居全国前列

上海碳市场主要交易产品为碳排放配额、国家核证自愿减排量及碳配额远期产品，并获得市场参与者普遍认可和高度评价。上海碳市场目前已纳入包括航空业在内的 27 个行业，是全国第一个将航空业纳入交易主体范围的试点碳市场，也是全国唯一连续八年实现企业履约清缴率 100% 的试点碳市场（见表 1）。2021 年，上海碳市场年度碳配额现货总成交量位居全国第一（见图 1）；上海碳市场 CCER 年度交易量和累计交易量均领跑全国，已连续 7 年稳居全国首位（见表 2）。

---

① 根据证监会 2022 年 4 月发布的行业标准《碳金融产品》的规定，碳金融产品可以分为碳市场交易工具、碳市场融资工具和碳市场支持工具三大类。具体而言，碳市场交易工具主要包括碳远期、碳期货、碳期权、碳掉期、碳借贷；碳市场融资工具主要包括碳债券、碳资产抵质押融资、碳资产回购、碳资产托管；碳市场支持工具主要包括碳指数、碳保险、碳基金。

表1　2013~2020年度全国各碳市场履约情况

单位：%

碳市场	2013 年	2014 年	2015 年	2016 年	2017 年	2018 年	2019 年	2020 年
上海	100	100	100	100	100	100	100	100
北京	97	100	100	100	99	—	100	100
天津	96	99	100	100	100	100	100	100
湖北	—	100	100	100	100	—	—	100
广东	99	99	100	100	100	99	100	100
深圳	99	99	100	99	99	99	99	100
重庆	—	70	—	—	—	—	—	—
福建	—	—	—	99	100	—	100	100

资料来源：整理自各交易所公开信息。

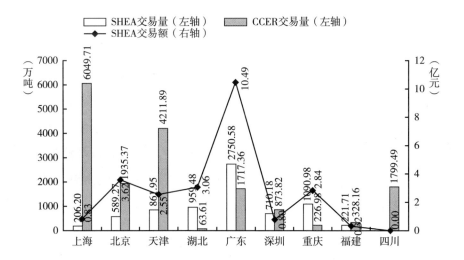

图1　2021年度全国各碳市场成交量和交易额统计

资料来源：上海环境能源交易所，《2021碳市场工作报告》，2022年4月。

表2　全国各大碳市场CCER交易量占比

单位：%

碳市场	2021 年 CCER 交易量占比	历年累计 CCER 交易量占比
上海	35	39
北京	11	10

续表

碳市场	2021 年 CCER 交易量占比	历年累计 CCER 交易量占比
天津	24	14
湖北	0	2
广东	10	16
深圳	5	6
四川	10	8
福建	2	4
重庆	1	1

资料来源：整理自各交易所公开信息。

（二）碳交易充分激发企业降碳内生动力

上海碳市场纳管企业逐步建立健全了能源计量及监测体系，成立了专门部门或机构负责碳排放等相关领域管理工作。碳排放计量、监测和数据管理体系的建立和完善是碳交易制度的重要保障，也是目前中国碳市场发展的痛点和难点。上海碳市场纳管企业重视计量监测体系的更新，从能源精细化管理入手，积极推动节能降碳、优化技术和组织结构，在确保碳排放数据质量的同时，也激发了企业的创新潜力，通过持续推进高碳产业组织和结构优化，提升减排成效。

（三）碳配额作为一种重要资产备受重视

随着上海碳交易试点的有序推进，大多数纳管企业已将碳配额作为关系企业经营和发展的一项重要资产，明确专门部门和人员负责碳排放管理和交易工作。2021 年，推出《上海碳排放配额质押登记业务规则》，推动实现碳排放权质押数量超 150 万吨，融资总规模达 4100 多万元。在上海环境能源交易所的支持下，中国银行、交通银行、农业银行、建设银行、浦发银行和兴业银行等金融机构与上海市中外资纳管企业和机构投资者积极合作，尝试以碳资产为标的的质押融资新路径。实现全国首单碳配额和 CCER 组合质押融资业务落地，充分发挥了碳资产的价值属性，提高了碳资产的管理效率，为企业和机构投资者拓宽了绿色融资渠道，帮助企业和机构投资者解决了短期融资问题，也为后续推动全国碳配额质押登记业务先行先试奠定基础。上海环境能源交易所与金融机构的紧密合作，更好地服务实体经济发展向绿色低碳转型，为上海加快打造国际绿色金融枢纽做出更大贡献。同时，涌现出一批核查、节能低碳咨询服务机构，催生了碳资产管理、碳金融等新业务，碳市场建设也带动了绿色低碳领域相关产业的快速发展。

三　打造上海国际碳金融中心面临的挑战

上海具备金融市场要素齐备、中外金融机构多样、科技资源布局具有前瞻性及位于金融对外开放前沿等优势，但在依托全国碳市场，打造"国际碳金融中心"方面，依然面临诸多挑战。

（一）全球碳定价争夺激烈

碳定价是通过对某些部门的温室气体排放进行定价，并将碳排放的社会成本分配给排放者，以鼓励其活动去碳化的一种碳排放管理机制。最常见的碳定价机制是碳交易机制和碳税[1]。除了碳税和碳交易两大主要的显性碳定价政策机制外，还包括一些能源补贴和能源消费税在内的隐性碳定价机制。碳定价机制本质上是促进碳减排的重要政策工具，但同时也容易被一些国际组织当作制衡其他国家经济发展和制造舆论压力的有力武器。国际社会逐渐兴起的各种碳定价机制，在一定程度上影响了上海国际碳金融中心的建立。

1. 试图利用"碳边境调节机制"（CBAM），强化其全球碳定价主导权

为解决碳泄漏问题，欧盟等国际社会提出碳关税或碳边境调节（CBAM）等单边碳价调整机制，旨在保护本国产品竞争力。一些已对高能

---

[1] M. Santikarn et al., *State and Trends of Carbon Pricing* 2021, Washington DC: World Bank.

耗产品征收较高碳税或已通过碳交易形成较高碳价的国家和地区，对其他尚未采取有效碳价机制或存在实质性能源补贴的国家生产的碳密集产品，在产品进口时征收二氧化碳排放关税。美国和加拿大等国也提出与欧盟 CBAM 类似的碳关税机制。虽然欧盟官员试图确保 CBAM 符合世界贸易组织（WTO）的义务，但 CBAM 的关键方面可能违反 WTO 规则，并可能受到争议。例如，CBAM 对在其他国家支付的基于市场的碳价格给予抵免，但对在中国支付的碳价格不予抵免，这种公开的歧视可能会引起世贸组织的诉讼①。此外，美国提出《清洁竞争法》，拟对进口及美国本国能源密集型产品按相应碳排放量征收碳费；日、英等国致力于推动主要发达国家建立"碳关税"联盟等。这些西方国家，意图借由 CBAM 主导全球碳定价体系，占据全球气候规则制高地。

2. 试图建立不同国家、不同领域的全球碳定价体系，影响全球碳定价机制

一些国际组织就国际碳定价发出倡议，试图在一定程度上影响全球碳定价机制。2021 年 7 月，世界货币基金组织（IMF）建议结合发展阶段和历史排放责任，将 G20 成员中的六大主要碳排放经济体分为 3 类并分别设置碳价下限（碳排放最低价格）：第一类包括美、欧、加、英在内的发达经济体，并设定每吨 75 美元碳价下限；第二类主要针对中国这样的高收入新兴市场经济体，并设定每吨 50 美元碳价下限；第三类针对印度这样的低收入新兴市场经济体，并设定每吨 25 美元的碳价下限。该碳价下限机制不仅由于未充分考虑人均历史碳排放及各国不同国情而导致各国在应对气候变化责任上缺乏公平性，还由于破坏了各国根据其国情选择碳排放政策的自主权而在国际政治层面和执行机制上存在一定困境。

2021 年 8 月，经合组织（OECD）秘书长提议参考 "OECD/G20 税基侵蚀和利润转移（BEPS）包容性框架" 治理架构，建立 "显性和隐性碳定价框架"，以加强各国减缓气候变化政策协调，管控政策溢出效应。该碳定价

---

① Hufbauer, Gary Clyde et al., "EU Carbon Border Adjustment Mechanism Faces Many Challenges." *Peterson Institute for International Economics Policy Brief*, 2022.

政策也存在一定不足：一是忽视发达国家和发展中国家历史累计碳排放的明显差距而追求责任承担的趋同；二是各国国情的复杂性也为能效评价带来一定的操作困境；三是因为缺乏生态文化等绿色治理理念而导致该框架包容性不足①。

3. 试图推动成立"国际气候俱乐部"，控制全球碳定价走向

一些西方国家，诸如德国欲推动 G7 国家成立"气候俱乐部"，以平衡和补充欧盟碳关税。"气候俱乐部"的概念缘起于西方国家，目前更是得到了诸多国际社会政治力量的支持和青睐，并认为国际"气候俱乐部"的成立可以通过建立内部的惩罚机制及相应的福利激励机制而在一定程度上解决"气候外部性"和"搭便车"的问题，还能促进绿色技术传播与可持续性融资②。但实际上，国际"气候俱乐部"在一定程度上淡化了国际气候治理共同但有区别和各自能力的原则，而过分强调责任承担的均等化，忽视了发达国家的历史减排责任承担③，将对我国一直秉持的国际气候治理立场带来一定冲击，进而也会对我国碳价提升带来诸多压力，并在很大程度上危及我国碳定价国际话语权。

（二）中国碳市场影响力有待提升

碳金融以碳排放权交易为基础，国际碳金融中心的打造离不开碳市场国际影响力的提升。但是中国碳市场的碎片化、制度待完善、国际连接不足等问题在一定程度上影响了中国碳市场影响力的提升。

1. 区域碳市场呈碎片化

目前虽已建成全国碳市场，但是中国碳市场仍存在一定碎片化，不仅各区域碳市场之间缺乏联系，全国和各区域碳市场之间也难以互通。首先，碳

---

① 邢丽、许文、郝晓婧：《国际碳定价倡议的最新进展及相关思考》，《国际税收》2022 年第 8 期。

② W. D. Nordhaus, "Dynamic Climate Clubs: On the Effectiveness of Incentives in Global Climate Agreements." *Proceedings of the National Academy of Sciences*, 2021（45）.

③ 孙永平、张欣宇：《气候俱乐部的理论内涵、运行逻辑和实践困境》，《环境经济研究》2022 年第 1 期。

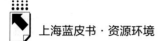

价有差别，自全国碳市场启动以来，碳价稳定在每吨 40~60 元，约为区域碳市场平均碳价的两倍。其次，全国和各区域碳市场在总量设定、配额发放、覆盖的行业范围及碳价等方面存在较大差异（见表3），并呈现多区域性碳交易（金融）中心趋势。例如，北京将探索建立国际碳交易链接机制①，天津着力打造"碳普惠创新示范中心"②，海南以蓝碳为主设立国际碳交易中心③，湖北也在向全国碳金融中心迈进④，广州期货交易所积极部署碳排放权期货交易⑤。

虽然各地方试点碳市场发展各有侧重，且这种致力于在特定领域建成较有影响力碳市场的做法，在一定程度上可以提升各地方碳市场的积极性和活跃度，但是各地方碳市场竞相建立国际（内）碳交易（金融）中心的做法，也会扩大各碳市场的无序竞争和资源浪费，对全国碳市场的统一和与各地方碳市场的有序结转产生一定制度障碍，同时，还与国家"加快建设全国统一大市场"的战略方针相左。因此，应选择金融市场更加齐备、金融机构更加多样、科技发展更加具有前瞻性及国际金融更加具有前沿性，并且以全国碳市场为依托的上海碳市场，着力打造更具影响力的国际碳金融中心。

① 2021 年 3 月 4 日，北京市发布《关于构建现代环境治理体系的实施方案》，提出承建全国温室气体自愿减排管理和交易中心，推动建设国际绿色金融中心。参见北京市人民政府网，http：//www.beijing.gov.cn/zhengce/zhengcefagui/202103/t20210324_ 2318331.html。

② 2021 年 4 月 21 日，商务部印发《天津市服务业扩大开放综合试点总体方案》，提出"打造天津碳普惠创新示范中心"。参见中国政府网，http：//www.gov.cn/zhengce/zhengceku/2021-04/24/content_ 5601790.htm。

③ 2022 年 2 月 7 日，海南省金融局印发《关于设立海南国际碳排放权交易中心有限公司的批复》，同意设立海碳中心，将通过蓝碳产品的市场化交易，参与国际海洋治理体系。参见国家发展改革委员会网站，https：//www.ndrc.gov.cn/xwdt/ztzl/hnqmshggkf/zjhn/202203/t20220331_ 1321328.html？code=&state=123。

④ 2022 年 6 月 21 日，武汉市发布《建设全国碳金融中心行动方案》，提出推进建设全国碳金融中心。参见武汉市人民政府网，http：//www.wuhan.gov.cn/zwgk/xxgk/zfwj/szfwj/202206/t20220628_ 1995476.shtml。

⑤ 2022 年 8 月 2 日，广东省地方金融监督管理局发布《关于完善期现货联动市场体系 推动实体经济高质量发展实施方案》，提出建设广州期货交易所，支持碳排放权在广州期货交易所上市。参见国务院新闻办公室网，http：//www.scio.gov.cn/xwfbh/gssxwfbh/xwfbh/guangdong/Document/1728421/1728421.htm。

2. 全国碳市场制度有待完善

自 2021 年 7 月全国碳市场开始运行以来，虽然在碳排放配额累计成交量和成交额方面都取得较大成功（见表 3），但是全国碳市场在覆盖范围、参与主体以及碳信息披露方面仍有待完善。首先，覆盖范围方面，当前碳市场只包括电力行业，较小的市场容量掣肘碳市场定价能力。诚然，全国碳市场目前只选择电力行业，也是基于电力行业碳排放数据易获取、行业碳排放基础较好、便于准确计算行业碳强度基准等因素。但是随着碳排放数据体系的不断完善，可考虑覆盖更多高碳排放行业。其次，参与主体方面，全国碳市场仅包括部分控排企业，金融和投资机构并未纳入，在一定程度上影响碳市场容量和流动性。而从国际上来看，当前多数碳市场已将非履约机构和个人纳入碳市场。例如，韩国碳市场对指定金融机构开放，墨西哥和哈萨克斯坦碳市场规定金融机构和个人等非履约主体须以碳汇交易的方式参与碳市场。[1] 再次，碳排放信息披露方面，一些控排企业仍存在碳排放报告数据弄虚作假的情况。究其原因，主要还是控排企业数据造假的违法成本较低且处罚较轻，不足以对其产生一定震慑作用。[2] 最后，碳交易市场价格调控、风险防范机制等全国碳市场配套制度仍未健全，难以为全国碳市场的良好运行提供长效保障。

表 3　全国及地方试点碳市场覆盖范围及配额累计成交情况

碳市场	开市日期	交易平台	覆盖行业	累计交易量(万吨)	累计交易额(亿元)	成交均价(元/吨)
全国	2021.07.16	上海环境能源交易所	发电行业	20307.55	89.96	57.90

---

[1] 陈骁、张明：《碳排放权交易市场：国际经验、中国特色与政策建议》，《上海金融》2022年第 9 期。

[2] 杨博文：《明罚敕法：碳市场数据报告责任追究的罚则设计》，《北京工业大学学报》（社会科学版）2022 年第 1 期。

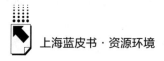

续表

碳市场	开市日期	交易平台	覆盖行业	累计交易量(万吨)	累计交易额(亿元)	成交均价(元/吨)
上海	2013.12.26	上海环境与能源交易所	工业涉及钢铁、石化、化工、有色、电力、建材、纺织、造纸、橡胶、化纤等行业;非工业涉及航空、港口、机场、铁路、商业、宾馆、金融、建筑等行业	1818.20	5.66	30.71
北京	2013.11.28	北京绿色交易所	电力、热力、制造、运输建筑、公共机构和大学	1744.01	11.34	56.42
天津	2013.12.26	天津碳排放权交易所	钢铁、化工、电力、热力、石化、油气开采等重点排放行业	2275.70	5.56	21.96
湖北	2014.04.12	湖北碳排放权交易中心	钢铁、化工、水泥、汽车制造、电力、有色、玻璃、造纸等	8224.77	19.87	22.99
广东	2013.12.19	广州碳排放权交易中心	水泥、钢铁、电力、石化、陶瓷、纺织、有色、塑料、造纸等	19008.40	45.48	20.56
深圳	2013.06.18	深圳排放权交易所	工业、建筑、交通行业	5472.46	13.84	24.08
重庆	2014.06.19	重庆碳排放权交易中心	电解铝、铁合金、电石、烧碱、水泥、钢铁等高耗能行业	1056.70	0.99	18.28
福建	2015.05.28	海峡资源环境交易中心	电力、钢铁、化工、有色、民航、建材、陶瓷等9大行业	0.18	3.44	33.50
四川	2011.09.30	四川联合环境交易所	未明确覆盖具体行业,均为 CCER 交易			

注:表中数据统计截至 2022 年 11 月 28 日。

资料来源:整理自各交易所公开信息及 Wind 数据库。

3.国际碳市场连接与合作不足

目前诸多研究表明,区域间碳市场连接对于提高全球经济福利和生态福祉意义重大，包括降低交易成本、增加市场稳定性以及提高全球碳减排效率等[1]。中国建立具有国际影响力的碳市场，与国际碳市场建立连接和合作必不可少。但是国际碳市场连接存在诸多政治和技术方面的障碍与限制，不仅与各区域间的经济发展目标、减排成本等宏观经济发展战略相关，更与碳交易总量和配额分配制定、覆盖范围、法律规制、碳信息数据体系等密切相关。例如，我国碳市场总量测算基准为单位能耗下碳排放强度，与发达国家普遍采用的"行业分类基准线"的方式差异较大。虽然以碳排放强度确定配额总量的方式，具有一定的灵活性，企业可根据经济环境调整其生产决策进而决定可获得的配额量，也更适合我国现阶段的绿色发展需求[2]，但是由于在减排效果的确定性、经济效率及基准线设计等方面存在争议，而不被一些发达国家所采纳。这也为我国碳市场的国际连接带来制度性障碍。此外，每个碳交易机制都必须建立在强大的法律基础上，提供与外国管辖区联系的权力，以及实施适当联系法规的权力，包括排放配额的作用和地位、履约义务、交易规则、监测、报告和核查原则，以及对不履约或侵权行为的惩罚依据。缺乏兼容的法律框架可能成为授权必要的相互联系的障碍，包括保障其运作，这可能妨碍执行机构将其排放交易计划与外国管辖区的排放交易计划联系起来。

（三）上海碳市场的金融属性有待充分激活

虽然近年来上海在碳交易产品方面有所创新，也进行了碳配额远期产品交易的探索，但累计交易量相对较少，碳价和交易活跃度相对较低。究其原因，主要是目前上海及我国碳市场定位为碳减排政策工具，而碳市场的金融属性尚未完全激活，主要表现在碳排放法律属性不明、碳金融衍生品开发不足以及碳期货法律规定阙如等方面。

---

① J. Jaffe, M. Ranson, R. N. Stavins, "Linking Tradable Permit Systems: A Key Element of Emerging International Climate Policy Architecture", *Ecology Law Quarterly*, 2009 (36): 789.

② 张希良、张达、余润心：《中国特色全国碳市场设计理论与实践》，《管理世界》2021 年第8 期。

1. 碳排放权法律属性不明

碳排放权属性界定关乎碳排放权可否抵（质）押，以及金融机构等非控排主体的市场准入资格等。但我国现行立法并未明确界定碳排放权法律属性，只将碳排放权规定为政府分配给重点排放单位在特定时期内的碳排放配额，进而极大地影响了碳市场金融功能的开发。目前，学界对于碳排放权法律性质的讨论主要围绕碳配额进行且争议较大。梳理学说与立法案例可以发现，碳排放权的法律性质存在财产权说、行政特许权说以及公私混合权利说等不同立场的争论，以下主要分别介绍前两者。

第一，财产权说。一般认为，碳排放权具备财产权特征，具有价值性，可在市场上交易。欧盟 2014 年通过的《金融工具条例》明确将碳排放配额界定为金融工具，纳入金融监管体系中①，碳配额也因此具有财产权属性。新西兰在《应对气候变化修订法案 2009》中，将碳配额归属为私人财产范畴②。此外，2008 年澳大利亚也明确承认碳配额属于私有财产③。但财产权说也有很多的类型，首先，准物权说认为，环境容量具有可感知性、相对的可支配性、可确定性的物权特征，可将其作为一种权利载体，但是根据"物权法定"原则，碳排放权又不属于完全的物权种类，因此可将其定义为特殊的物权，即准物权范畴④。其次，用益物权说认为，碳排放权是基于其转让行为对国家环境容量资源的占有、收益与使用，属于用益物权⑤。再次，特许物权说主张，由于碳排放权的一级市场中有国家行政权力的高度参与，因此属于特别法上的物权或特许物权⑥。最后，新财产权说认为，将碳排放权物权化的观点，不符合大陆法系制度以所有权为核心的规定，应将其视

---

① Financial Instruments Directive 2014/65/EU；Financial Instruments Regulations（EU）No. 600/2014.

② Climate Change Response（Moderate Emissions Trading）Amendment Act 2009.

③ Carbon Pollution Reduction Scheme-Australia's Low Pollution Future：White Paper.

④ 邓海峰：《环境容量的准物权化及其权利构成》，《中国法学》2005 年第 4 期。

⑤ 倪受彬：《碳排放权权利属性论：兼谈中国碳市场交易规则的完善》，《政治与法律》2022 年第 2 期。

⑥ 王小龙：《排污权性质研究》，《甘肃政法学院学报》2009 年第 3 期。

为一种新财产权①。还有学者在新财产权说的基础上，基于其主要依靠数字存储及数据交易的特性，将其细化为一种新型的数据财产②。

第二，行政特许权说。有学者指出，碳排放权虽然具有物权的一般特征，但面临公共资源私有化的道德质疑，将碳排放权界定为行政特许权更为合理。虽然碳排放权持有者享有一定的占有、使用和收益的权利，但根据政府对碳配额的初始分配、碳交易数据的政府监管，以及政府享有最终的支配权等特征，一般认为碳排放权具有行政规制权的特征③，该学说着重于碳排放权的公法色彩，它可以避免碳排放权私权化带来的私权滥用以及政府赔偿等可能的风险。或许正是基于以上考虑，无论是国际法，还是我国国内法律，对于碳排放权的性质一直未明确规定④。此外，2017年更新的美国《区域温室气体倡议示范规则》规定碳排放配额不构成财产权⑤。此外，还有观点主张，碳排放权是准物权与发展权的混合体⑥。总之，对于碳排放权的权利性质，学界仍有分歧。

2. 以现货交易为主，碳金融衍生品发展不足

从上海及国内各试点碳市场的交易和运行规律来看，上海及各地方碳市场碳配额均价及总成交量均存在一定波动性（见图2），这主要由于每年8月前后开始进入履约期，碳价和总成交量均有一定上涨，而至次年1月开始，二者又呈现明显回落趋势，这也体现出上海履约型碳市场的主要特征。此外，碳价和总成交量的波动性也体现出我国碳金融衍生品发展的不足。一是上海及我国将碳市场定位为碳减排的重要政策工具，而有意避免其金融衍生品的过度使用。二是由于碳排放权交易的财产属性尚未明确，碳金融衍生品工具的使用不够充分。三是尽管上海及各试点碳市场都有包括碳信托、碳

① 王清军：《排污权法律属性研究》，《武汉大学学报》（哲学社会科学版）2010年第5期。

② 丁丁、潘方方：《论碳排放权的法律属性》，《法学杂志》2012年第9期。

③ 王慧：《论碳排放权的特许权本质》，《法制与社会发展》2017年第6期。

④ See Marrakesh Accords（2001）.（"Further recognizing that the Kyoto Protocol has not created or bestowed any right, title or entitlement to emissions of any kind on Parties included in Annex I"）.

⑤ See Regional Greenhouse Gas Initiative Model Rule § XX-1.5（9）（2017）（"A CO_2 allowance under the CO_2 Budget Trading Program does not constitute a property right"）.

⑥ 王明远：《论碳排放权的准物权和发展权属性》，《中国法学》2010年第6期。

基金、碳托管、碳保险等衍生品工具的尝试，但是由于上海碳市场与各地方试点碳市场的相对割裂，以上碳金融衍生品难以规模化运用。四是由于企业和个人等非控排主体缺乏参与，市场需求和社会资金都难以激活碳金融衍生品交易的活跃性。这与欧盟 ETS 在其成立之初，便允许碳配额以现货和期货同时存在不同，上海及各试点碳市场建设之初并未涉及碳期货及衍生品，使得碳金融市场及各类服务机构发展滞后。

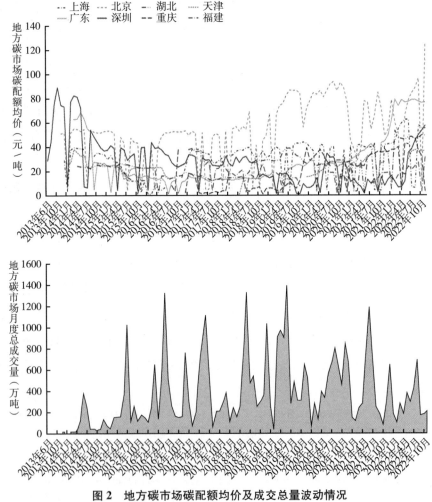

图 2 地方碳市场碳配额均价及成交总量波动情况

注：数据统计截至 2022 年 11 月 30 日。

资料来源：Wind 数据库。

3. 碳期货及衍生品交易法律规定阙如

碳期货作为全球最重要的碳交易工具，可抑制碳现货市场价格波动，也具有一定的碳价格发现功能[①]。作为全球最大的碳市场，欧盟碳市场的期货交易总量占总成交量的 90% 以上。而碳期货在上海及我国其他碳市场尚处于探索研究阶段，关于碳期货的诸多法律问题也缺乏明确规定。一是法律性质不明，因为碳期货依托碳配额和碳信用而建立，其法律属性也应与其相一致，而我国目前碳配额和碳信用法律属性的规定不明导致碳期货的法律属性也无法可依。二是交易场所不清，由于我国《期货和衍生品法》并未明确将碳期货作为期货和衍生品的法定类别，导致碳期货是否属于"期货"仍然存疑。因此，如果碳期货交易在期货交易所进行则缺乏明确法律依据，如在碳交易所进行则明显违法。例如，上海期货交易所尚未开展以碳现货为基础的碳期货业务，而上海环境能源交易所则无权进行期货交易。三是监管机构待定，由于以上两点规定不明，碳期货的监管机构（到底是生态环境行政主管部门、金融监督部门还是第三方独立机构）也难以明确。虽然证监会发布的行业标准《碳金融产品》对碳期货的概念进行了界定，但并不能说明碳期货属于该标准的调整范围。

四 打造上海国际碳金融中心的战略对策

打造上海国际碳金融中心，既需要上海市层面着力构建具有国际影响力的碳市场，还需要国家层面完善碳交易相关法律法规体系，更需要上海市和国家层面共同推动上海国际碳金融建设上升为国家战略，提高中国在全球碳市场体系中的参与度与竞争力，以实现上海代表中国参与"百年未有之大变局"下国际竞争与合作的使命担当。

（一）推动上海国际碳金融中心建设上升为国家战略

首先，碳资产的生产要素属性，有助于上海融入全球气候治理体系。碳

[①] 吴青、王泊文：《关于碳期货交易相关法律问题探析》，《法律适用》2021 年第 11 期。

资产作为一种重要的生产要素，是上海代表中国融入全球经济体系、参与全球经济和气候治理的关键载体。上海国际碳金融中心的打造，有助于上海代表国家参与国际碳金融、碳定价标准的制定，以及推动国际碳市场规则的完善，进而在国际规则制定和世界市场中，形成更多"上海标准"和"上海价格"。

其次，上海理应肩负起代表中国参与国际竞争与合作的重要使命。上海作为我国改革开放的前沿窗口和深度链接全球的国际大都市，理应肩负起代表中国参与国际竞争与合作的重要使命。上海国际碳金融中心的建设，需要国家层面给予政策、法律、项目、机构等多方面的支持和协调，进而加快提高中国在未来全球统一碳定价体系的参与度与竞争力。例如，上海亟须争取国家级绿色金融改革示范区的落地并加快建成①，以加强碳金融市场的推广和应用，在国家战略的支持下积极建立碳信息披露平台，推动碳金融参与主体、市场规则、数据体系的完善。

（二）构建具有国际影响力的碳市场

一是完善全国碳市场，加快与各地方碳市场协同发展。探索全国碳市场和区域碳市场之间的联系与碳配额交易，包括碳交易市场的总量设定、交易和结转等制度规则的兼容。此外，全国碳市场和区域碳市场之间的联系还可以从在 MRV 碳排放数据方面做得较好的区域碳市场开始，并逐步扩大到符合排放数据要求的其他区域碳市场。在覆盖范围方面，由电力行业逐步扩展至钢铁、石化、建筑等高能耗行业，增强市场流动性。在碳配额方面，细化碳配额分配方案，结合减排目标与实际碳排放水平设定碳配额总量；有序做好地方碳市场在总量控制、配额拍卖、碳价机制、碳金融产品等方面向全国碳市场的过渡和结转。

二是制定稳定合理的碳价规则。确立公开透明的价格限定与总量限制规

---

① 2017 年以来，经国务院同意，中国人民银行先后指导浙江、江西、广东、贵州、新疆、甘肃六省（区）九地开展了各具特色的绿色金融改革创新试验，为我国绿色金融体系构建积累了一系列可推广、可复制的宝贵地方经验。

则，确保主管机关权限与运作的规范性；完善配额拍卖分配规则，监督和稳定交易市场中的碳配额流转；探索碳市场储备规则，制定严格的储备年限与程序，促进减排企业以低成本方式实现减排目标。

三是推进与国际碳市场合作交流，推动建立公正合理的碳定价机制。近期，充分发挥"一带一路"桥头堡作用，推动建立以区域政治贸易体系为依托的区域性碳市场，为我国先行先试制定碳金融国际规则探路，打破国际碳定价壁垒；远期，加强与欧、韩、日等国际碳市场合作，提升市场机制的标准化和兼容性，同各国共同建立更高流动性的全球碳市场，重塑碳定价权分配格局。

（三）打造具有国际影响力的碳金融产品及其衍生品

一是开发碳金融产品，有效配置碳资产。上海 CCER 交易量一直稳居全国首位，建议乘全国 CCER 重启之东风，形成国际碳信用交易的"上海标准"。凭借"崇明世界级生态岛"的建立和上海丰富的蓝色碳汇生态系统，打造包括森林碳汇、海洋碳汇、湿地碳汇的世界级"生态碳汇中心"，考虑从方法学、项目边界、法律权利、额外性、项目期和计入期等方面探索将蓝色碳汇纳入我国自愿碳减排交易机制的法律规则。

二是设立碳期货交易所，推动碳期货及其衍生品发展。目前主要国际碳交易所大多与既有提供金融商品的交易所具有股权或合作关系。例如，芝加哥气候交易所与伦敦国际原油交易所合作设立欧洲气候交易所，后被美国洲际交易所收购，并一跃成为全球碳交易规模最大的交易所。建议成立上海碳期货交易所，由上海期货交易所和上海环境能源交易所各持股权，相互支持和联系。

三是推动碳普惠，探索将个人碳交易纳入全国碳市场。作为上海首部绿色金融地方性法规的《上海市浦东新区绿色金融发展若干规定（2022）》明确提到，鼓励建立"个人碳账户"，并加强与全市碳普惠平台衔接。该法虽未明确规定个人碳交易，但随着"碳普惠""碳账户"机制的成熟，也将为个人碳交易纳入全国碳市场奠定重要基础。

（四）完善法律法规体系，为碳定价机制提供制度保障

一是明确碳排放配额的法律属性。将碳排放配额设定为新型财产权，有利于发挥碳市场的金融属性。首先，碳排放权具有财产权属性。因为在现行法律规定下，碳排放权的回购、转让、承继、担保融资等，均体现出该权利的财产权特征①，而且碳排放权的公法特征不能否认其私权本质。行政特许权说主张碳排放权形式上具备了行政许可的全部特征。例如，碳配额和减排量的核定、管理、运行等，但权利属性与是否受制于行政管理并无直接联系②，矿业权便是有力佐证。本质上讲，碳排放权是对有限环境容量的使用权，必然涉及公权力的介入，因为对碳排放权的限制和规范正是为了防止私权滥用、危害社会，维护公共利益。此外，即使国外学界主张的规制说，也实际证明了碳排放权财产权的本质。诸如空气质量环境资产是"规制财产"或"监管财产"（Regulatory Property）。管理环境资产的命令和控制制度本身构成了交易市场的组成部分。

二是完善配额总量设定和初始分配制度。在碳中和的目标下，设定将配额总量过渡到整体减排的方法，并长期保持适度收紧的原则。具体而言，根据我国现阶段国情及经济发展形势，实行碳排放总量和碳强度"双控"，由初期免费分配逐步过渡到有偿分配，并分阶段提升有偿分配比例，确定市场稳定储备配额，调节未来碳配额的过量或不足。例如，欧盟第三阶段的减排成效与第一和第二阶段相比较，"自上而下"的上限和交易（cap-and-trade）原则对实现减排目标起到了至关重要的决定性作用。该阶段欧盟设

---

① 如《深圳市碳排放权交易管理暂行办法》第 24 条规定：管控单位与其他单位合并的，其配额及相应的权利义务由合并后存续的单位或者新设立的单位承担；管控单位分立的，应当在分立时制定合理的配额和履约义务分割方案，并在作出分立决议之日起十五个工作日内报主管部门备案；未制定分割方案或者未按时报主管部门备案的，原管控单位的履约义务由分立后的单位共同承担。可见，碳配额被视为控排企业的资产，当企业合并或分立时，碳配额可以承继或分割。

② 倪受彬：《碳排放权权利属性论：兼谈中国碳市场交易规则的完善》，《政治与法律》2022年第 2 期。

立了市场稳定机制（MSR），并且降低配额上限，57%的配额采用拍卖方式分配。该阶段的计划安排大大提高了机制的公平性、透明度和有效性，提高了实现气候政策目标的可能性，有效促进了低碳技术的创新。

三是健全碳信息披露制度。碳数据质量是保证碳交易制度顺利落实的重要环境，碳信息披露是确保碳数据质量的重要制度。目前国际社会都开始注重对碳信息披露制度的制定与完善。例如 2021 年 6 月 16 日，美国众议院通过了《公司治理改进和投资者保护法案》（*Corporate Governance Improvement and Investor Protection Act*），该法案要求美国证券交易委员会（SEC）颁布有关气候和其他 ESG 问题的公司披露规则。该法案旨在通过修订 1934 年《证券交易法》来规范公司的信息披露，将建立一个永久性的咨询委员会，要求上市公司披露碳排放等指标如何影响其商业战略。独立的第三方核查机构将完善相关追踪和报告系统，防范数据造假及碳泄漏，实现碳市场履约核查的规范化，提高市场运行程序的透明度。虽然该法案尚未正式通过，但可以看出美国对碳数据规制的雄心和勇气。我国也应出台相关法律法规，对碳数据质量以及碳信息披露等做出明确规定。

四是完善《期货和衍生品法》。目前该法尚未纳入碳排放配额、核证自愿减排量等碳交易基础商品的金融衍生品。因此，可考虑通过司法解释的方式，将以碳配额、碳信用等为基础的碳期货等金融衍生品包含在该法的调整范围中。另外，也可以通过完善《碳排放权交易管理暂行条例》明确碳期货相关的重要法律问题。例如，通过明确碳交易的财产权法律属性确定碳期货的法律性质、规定生态环境主管部门和金融监管机构作为共同监管主体，以及允许上海期货交易所和上海环境能源交易所以各持股权的方式共同建立碳期货交易场所，从而解决其法律适用依据不足的问题。

参考文献

J. Jaffe, M. Ranson, R. N. Stavins, "Linking Tradable Permit Systems: A Key Element of

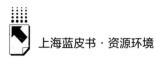

Emerging International Climate Policy Architecture", *Ecology Law Quarterly*, 2009 (36): 789.

张希良、张达、余润心:《中国特色全国碳市场设计理论与实践》,《管理世界》2021 年第 8 期。

Financial Instruments Directive 2014/65/EU; Financial Instruments Regulations (EU) No. 600/2014.

Climate Change Response (Moderate Emissions Trading) Amendment Act 2009.

Carbon Pollution Reduction Scheme-Australia's Low Pollution Future: White Paper.

邓海峰:《环境容量的准物权化及其权利构成》,《中国法学》2005 年第 4 期。

倪受彬:《碳排放权权利属性论:兼谈中国碳市场交易规则的完善》,《政治与法律》2022 年第 2 期。

王小龙:《排污权性质研究》,《甘肃政法学院学报》2009 年第 3 期。

王清军:《排污权法律属性研究》,《武汉大学学报》(哲学社会科学版) 2010 年第 5 期。

丁丁、潘方方:《论碳排放权的法律属性》,《法学杂志》2012 年第 9 期。

王慧:《论碳排放权的特许权本质》,《法制与社会发展》2017 年第 6 期。

王明远:《论碳排放权的准物权和发展权属性》,《中国法学》2010 年第 6 期。

吴青、王泊文:《关于碳期货交易相关法律问题探析》,《法律适用》2021 年第 11 期。

B.15
碳排放量化管理的国内外经验借鉴

胡静 戴洁 赵敏 周晟吕 王百合 程琦*

摘 要: 碳排放统计核算是做好碳达峰碳中和工作的重要基础,是制定政策、推动工作、开展考核、谈判履约的重要依据。上海市自"十三五"起,已率先探索实施能耗"双控"加碳排放"双控",但由于统计核算体系尚不健全,碳排放"双控"基本为能耗"双控"的简单翻版,难以适应"双碳"战略推进的最新工作形势和要求。本文在分析上海市碳排放量化管理现状和存在的薄弱环节的基础上,基于国内外有益实践经验,提出了以扎实推进能耗"双控"制度转向碳排放"双控"制度为抓手,以赋能基层、激发各类减排主体动力和活力为目标,建立健全"城市—行业—企业"三层有机衔接的碳排放核算体系的对策建议。

关键词: 碳排放 量化管理 能耗"双控" 碳排放"双控"

2020年9月22日,习近平总书记在第七十五届联合国大会一般性辩论上提出,"中国二氧化碳排放力争于2030年前达到峰值,努力争取2060年前实现碳中和"。两年多来,"双碳"战略"1+N"顶层设计文件陆续出台,

---

* 胡静,上海市环境科学研究院高级工程师,研究方向为低碳经济和环境管理;戴洁,上海市环境科学研究院高级工程师,研究方向为低碳经济和环境管理;赵敏,博士,上海市环境科学研究院高级工程师,研究方向为低碳经济和环境管理;周晟吕,博士,上海市环境科学研究院高级工程师,研究方向为低碳经济和环境管理;王百合,上海市环境科学研究院助理工程师,研究方向为低碳经济和环境管理;程琦,上海市环境科学研究院助理工程师,研究方向为低碳经济和环境管理。

能源、工业、交通运输、城乡建设等主要领域实施路径和科技支撑、财政金融等保障措施日渐清晰。同时，以碳排放总量和强度"双控"制度为代表的量化管理体系建设也日益受到各方关注。2022年1月24日，习近平总书记在中共中央政治局第三十六次集体学习中提出，要构建统一规范的碳排放统计核算体系，推动能源"双控"向碳排放总量和强度"双控"转变。党的二十大报告明确要求，强化能源消耗总量和强度调控，重点控制化石能源消费，逐步转向碳排放总量和强度"双控"制度，完善碳排放统计核算制度。

"双碳"战略具有清晰的、可量化的目标导向，其顶层设计的要点在于结合我国各地区不同的自然资源禀赋特征和经济社会发展现状，有计划、分步骤，积极稳妥推进碳达峰碳中和。实施推进的难点则在于推动有为政府和有效市场更好结合，建立健全"双碳"工作激励约束机制，切实促进经济社会全面绿色转型。无论顶层设计还是实施推进，背后都需要有扎实的碳排放量化管理体系为各级政府的分析决策提供研判依据，为各类行动方案的制定和实施提供评估支撑。完善的碳排放量化管理体系既包括从国家到省市（区域纵向上），也包括分领域、分行业横向上的碳排放目标分解与考核，还包括从个人到企业、社区、园区等不同主体的管控责任界定和减排行动引导。

一 我国完善碳排放量化管理的最新要求

当前，我国自上而下的量化管理体系以能耗"双控"为主，兼顾碳排放强度下降目标。自"十二五"时期起，在既有的能耗"双控"管理制度基础上，新增了"单位GDP二氧化碳排放下降目标"，并作为约束指标纳入国民经济和社会发展规划，"十二五"中后期中央开始对各省级人民政府进行碳排放强度下降目标分解和责任考核。但由于统计核算体系尚不健全，当时的碳排放控制制度基本为能耗"双控"的简单翻版，难以满足当前"双碳"战略推进的实际工作需求。为进一步聚焦降碳导向，2022年11月，国家发展改革委、国家统计局联合印发《关于进一步做好原料用能不纳入能源消费总量控制有关工作的通知》，明确"用于生产非能源用途的烯烃、芳烃、炔烃、醇类、合成氨等产品的煤炭、石油、天然气及其制品等原料用能，不纳入能源消费总量控制"。国家发展改革委、国家统计局、国家能源局联合印发《关于进一步做好新增可再生能源消费不纳入能源消费总量控制有关工作的通知》，明确"以各地区 2020 年可再生能源电力消费量为基数，'十四五'期间每年较上一年新增的可再生能源电力消费量，在全国和地方能源消费总量考核时予以扣除"。可以预见，国家和地方传统的能耗"双控"制度将在数据收集、统计、核算、发布等方面做出系统性调整和优化，为逐步推动能耗"双控"转向碳排放"双控"夯实基础。

而自下而上的量化管理体系则以碳排放权交易试点为代表。目前，我国已初步建立形成全国统一碳市场和部分试点区域地方碳市场并行的格局，在电力、钢铁、水泥、石化化工等重点制造行业，以及航空、水运、办公建筑等服务业的碳排放管控机制建设方面开展了大量实践。此外，部分省市在温室气体清单编制、绿色低碳产品认证体系建设等方面也做出了积极探索。但到目前为止，尚未系统建立以碳排放总量控制为导向的分领域、分行业、分排放主体的量化管理机制。为完善工作机制，2022 年 8 月，国家发展改革委、国家统计局、生态环境部联合印发《关于加快建立统一规范的碳排放统计核算体系实施方案》，立足于国情实际和工作基础，明确了四方面工作任务，一是建立全国及地方碳排放统计核算制度；二是完善行业企业碳排放核算机制；三是建立健全重点产品碳排放核算方法；四是完善国家温室气体清单编制机制。一系列工作安排释放了从多个层级、多类主体、多种维度系统构建碳排放量化管理体系的积极信号。

二　上海碳排放量化管理的基础

上海于 2012 年被列入第二批国家低碳城市试点，10 多年来，上海市不断完善促进城市低碳发展转型的体制机制，持续加大政府投入力度，广泛发动全社会形成工作合力。在碳排放量化管理方面，以能耗"双控"制度为基础，已初步搭建起市区两级、分领域、覆盖重点用能单位的管控框架。

一是率先探索能耗及碳排放"双控"目标分解和责任考核制度。上海市自"十二五"时期起将碳排放强度控制纳入五年规划约束性指标，"十三五"期间由碳排放强度控制转为总量控制，率先推进能源消费总量和碳排放总量双控制，并分解到各区、各重点行业进行考核，从制度上有效保障了全市低碳发展的目标导向，有效推动了节能、能效提升以及产业和能源结构优化。"十三五"期间，上海市单位生产总值能源消耗累计下降22.7%，能源消费总量控制在1.11亿吨标准煤（含原料用能），超额完成国家下达目标。"十三五"时期碳排放"双控"实际完成情况虽未公布，如果延续"十二五"时期以能耗数据为基础的核算口径，从同时期能耗总量与强度目标实际完成情况，以及全市能源结构优化进程来看，碳排放"双控"目标的顺利完成是不言而喻的。

表1　上海市"十二五""十三五"时期能耗"双控"与碳排放
"双控"目标设定与完成情况

规划期	能耗总量（亿吨标煤）		能耗强度（吨标煤/万元）		碳排放总量（亿吨 CO_2）		碳排放强度（吨 CO_2/万元）	
	目标值	实际值	目标值	实际值	目标值	实际值	目标值	实际值
"十二五"时期	1.4	1.1387	下降18%	下降25.45%	—	—	下降19%	下降28.58%
"十三五"时期	1.2357	1.11（含原料用能）	下降17%	下降22.7%	2.5亿吨	未公布	下降20.5%	未公布

资料来源：《上海市工业节能与综合利用"十二五"规划》《上海市人民政府关于印发上海市新能源发展"十二五"规划的通知》《上海市节能和应对气候变化"十三五"规划》《上海市资源节约和循环经济发展"十四五"规划》。

二是逐步建立了企业层面温室气体排放监测、报告及核查制度。一方面，自2013年上海市碳交易试点启动以来，建立完善了以政府部门、交易所、核查机构、执法机构为主体的多层次监管架构，形成了由规章制度、行政措施和技术支持组成的结构完整的保障体系。上海市围绕重点企业碳交易工作要求，系统构建具有上海特色的"1+10"行业温室气体核算技术规范，其中，航空运输、水运行业温室气体排放核算与报告方法均为全国首创。截至2022年底，已连续9年实现100%履约。根据上海市生态环境局2022年2月印发的《上海市纳入碳排放配额管理单位名单（2021版）》及《上海市2021年碳排放配额分配方案》，纳入2021年碳排放配额管理的323家企业配额总量为1.09亿吨。另一方面，推进实施重点单位温室气体排放报告制度，重点单位每年按时向碳排放工作部门报送上年度温室气体排放报告。2021年，上海市综合能耗5000吨标准煤及以上的重点用能单位有862家，综合排放温室气体达到13000吨（包括直接和间接排放）二氧化碳当量及以上的重点排放单位有868家[①]。这些单位均须按照要求上报能源利用状况报告和温室气体排放报告，由主管部门按照"谁下目标、谁考核"的原则开展评价考核。

表2　上海碳市场纳管行业

建设阶段	纳管行业
第一阶段：2013~2015年	本市行政区域内钢铁、石化、化工、有色、电力、建材、纺织、造纸、橡胶、化纤等工业行业2010年至2011年中任何一年二氧化碳排放量2万吨及以上（包括直接排放和间接排放，下同）的重点排放企业 航空、港口、机场、铁路、商业、宾馆、金融等非工业行业2010年至2011年中任何一年二氧化碳排放量1万吨及以上的重点排放企业
第二阶段：2016年起	工业领域中年二氧化碳排放量2万吨以上，以及已参加2013年至2015年碳排放交易试点且年二氧化碳排放量在1万吨以上的重点排放单位 交通领域中航空、港口行业年二氧化碳排放量在1万吨以上，以及水运行业年二氧化碳排放量在10万吨以上的重点排放单位 建筑领域（含酒店、商业）年二氧化碳排放量在1万吨以上且已参加2013年至2015年碳排放交易试点的重点排放单位

---

① 《关于组织开展上海市重点单位2021年度报送能源利用状况报告和温室气体排放报告以及能耗强度和总量双控目标评价考核等相关工作的通知》（沪发改环资〔2022〕82号），2022年7月15日。

三是探索推动各类主体积极践行低碳发展战略。初步建立试点区域温室气体核算方法，已完成两批低碳实践区和低碳社区创建工作，在国家"双碳"目标宣布后，优化升级并启动了第三批创建工作。试点示范在区域碳排放核算、绿色建筑推广、低碳交通体系建设等方面提供了有益的实践经验。上海化学工业区、上海金桥经济技术开发区国家低碳工业园区试点实施方案获得批复，园区层面逐步落实低碳管理制度和重点节能降碳工程任务。长宁区着力打造近零排放示范性建筑，继虹桥迎宾馆示范项目之后，上海市首个工业厂房旧改类近零碳排放项目、首个近零碳排放园区改建项目均顺利通过专家验收。

四是初步建立应对气候变化和绿色发展的统计报表制度。健全应对气候变化基础统计与调查制度及明确职责分工，全面展开应对气候变化制度化、常态化统计工作，为清单编制、碳强度核算、建立完善重点单位温室气体排放报告制度等工作提供保障。配备专业人员，负责应对气候变化统计指标数据的收集、评估，以及温室气体排放基础统计工作。在此基础上，常态化开展全市温室气体排放清单编制工作，按照省级温室气体清单编制指南，开展能源活动、工业生产过程、农业活动、土地利用变化和废弃物处理等领域温室气体清单编制工作，并形成一支专业编制队伍。2022年9月，上海市生态环境局发布《上海市区级温室气体清单编制工作方案》，同步印发区级温室气体清单编制技术系列文件，目前已完成金山区、长宁区两个区级温室气体清单编制。

三 上海碳排放量化管理的薄弱环节

对标国际、国内先进城市，上海市温室气体排放总量大、强度高、减排压力大。面对"双碳"战略目标下不同阶段的实施推进要求，上海市碳排放量化管理体系从目标设定到考核分解、从计量核算到标准制订、从政策供给到公共服务，仍存在与当前"双碳"战略推进不适应、不协调的问题。

一是宏观层面，有待进一步"算准"全市"在地"碳排放量。当前，全市碳排放总量核算以能耗数据为基础，由于现行能耗统计以"法人"为主体上报，能耗量包含了部分在本市注册但生产经营在外的企业或设施设备的用能量，完全基于能耗考核口径核算全市碳排放并不符合国际通行的"在地原则"。同时，能耗"双控"制度中针对可再生能源和原料用能的扣除机制，以及与"工业生产过程"排放相关的统计核算体系有待加快完善；将"能耗"换算为"碳排放"的关键排放因子有待建立定期更新机制。

二是中观层面，有待进一步"分清"区域领域交叉界面。当前，能耗和碳排放的分区、分领域统计核算体系支撑尚不完善，目标考核的分解落地性有待加强。区级层面，上海市尚未建立区级能源平衡表，各区能耗统计基础较好的仅限于规上工业企业。自"十四五"时期开始，市对区加强了依"落地表具"实施能耗计量统计，但仍处于起步探索阶段，各区普遍存在能耗统计能力不足等问题。领域层面，现有能耗统计体系以经济活动作为划分依据，建筑和交通能耗被分散统计在各个产业部门，存在工业、建筑、交通等不同领域、行业能耗数据交叉、边界不够清晰等问题。

三是微观层面，有待进一步"压实"排放主体责任。针对不同主体的碳排放核算评估标准规范缺乏体系性衔接，除300余家企业（约占全市排放总量的50%）被纳入上海市及全国碳排放交易试点，大量未被纳入碳市场管理的企业，以及园区、社区、楼宇等其他减排主体，普遍面临碳排放核算评价标准、指南缺乏体系性衔接、关键排放因子数出多门、碳抵销机制不明等困境，加之相关基础数据信息公共服务较为欠缺，导致基层责任主体碳排放家底不清、碳减排导向不明、国外法规应对乏力、低碳竞争力薄弱等问题。

四　国内外经验借鉴

（一）国际主要做法

欧盟、美国、日本、韩国等发达国家和地区在温室气体减排制度设计上有很多共同之处，均制定了应对气候变化的专项法律，出台了以碳中和目标

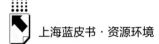

为导向的宏观战略和系列行动方案，并形成了"命令—控制"式行政机制与市场和社会机制相辅相成的管控体系。作为宏观战略—行动方案—政策措施等制定和跟踪评估的重要支撑，在碳排放量化管理方面，主要呈现以下特点。

一是城市层面，普遍依托温室气体清单开展对内管理和对外沟通。发达国家和地区主要遵循政府间气候变化专门委员会（IPCC）制定的温室气体清单编制指南，以"在地原则"为核心，编制国家、区域和城市的温室气体清单。以纽约为例，核算范围按照城市地理边界界定，将国际燃料舱以及跨行政区航空、水运排放单列，不计入城市温室气体排放总量；领域细分为建筑（细分为居住建筑、商业建筑、公共机构等）、工业、交通（含纽约州内航空、水运）、废弃物处置等，通过明确界定划分边界和切分口径，避免出现区域或领域的交叉核算；数据来源以电力、燃气等供能主体提供的实际使用数据为主；对于道路交通排放，则基于不同车型的实际运行信息模拟测算城市边界范围内的排放量①。

二是建立了上下衔接、左右协调的温室气体减排目标分解体系。以欧盟为例，为支撑其推动实现到2030年温室气体净排放量较1990年至少减少55%，2050年实现碳中和的总体目标，欧盟主要建立了三大量化管理机制：第一是欧盟碳排放交易体系（EU-ETS），涵盖了欧盟约40%的温室气体排放；第二是减排分担条例（ESR），涵盖EU-ETS以外几乎所有领域；第三是土地利用变化及林业战略（LULUCF），主要实施生态碳汇领域量化管理②。三种机制覆盖了几乎所有经济活动，在欧盟总体减排目标引导下，EU-ETS和ESR均依据由阶段性减排目标推导出来的线性减排轨迹和年度排放限额实施管理，并进一步实施行业、国家层面的目标分解，即纳入EU-ETS的行业、企业按照碳市场的总体减排轨迹逐步缩减配额；交易圈外的行业、企业则按照ESR分解到各成员国略有不同的减排目标和轨迹要求，实施年度排

---

① 参见纽约市温室气体清单网站，https：//nyc-ghg-inventory. cusp. nyu. edu。

② 欧盟绿色转型计划"Fit for 55"，参见 https：//www. consilium. europa. eu/en/policies/green-deal/fit-for-55-the-eu-plan-for-a-green-transition/。

放限额管理①。LULUCF 机制则对各国要达到或维持的碳汇水平提出了明确要求，并对各国使用碳汇抵消某一时期的温室气体排放量的上限做出了规定。三种量化管理机制相辅相成，有力支撑了欧盟碳中和战略的扎实推进。

三是针对重点领域，建立了减排绩效导向清晰的量化管控体系。发达国家和地区温室气体清单体系不仅服务于支撑排放量的核算，还为减排提供管理抓手，为碳中和战略实施推进提供决策辅助。工业领域，欧盟碳排放交易体系和美国《温室气体强制报告制度》均以设施（排放源、固定设备、建筑等）为对象开展配额分配和温室气体统计上报，夯实了工业设施分工艺、分产品能耗和碳排放数据基础，欧盟近期推出的碳边境调节机制（CBAM）和美国拟推出的《清洁竞争法案》（CCA）均以工业产品的碳排放强度作为管控抓手。建筑领域，纽约基于以建筑为主体的碳排放统计报告数据积累，于 2019 年出台第 97 号地方法（Local Law 97），按照建筑功能、规模为 10 种建筑类别分别设定了单位建筑面积碳排放强度限值（见表 3），超过排放限制的建筑物业主将被处以罚款。交通领域，以道路交通为例，基于道路交通实际运行信息模拟测算的温室气体清单，可以定期跟踪评估城市绿色交通体系发展的综合成效。在增量管控方面，欧盟颁布实施《乘用车与货车二氧化碳排放性能标准》，对汽车制造商在一年内出售新车的平均碳排放量提出管控要求，引导制造商不断提升传统燃油车效率，并加速推广新能源车。

表 3　纽约第 97 号地方法（Local Law 97）规定的分类建筑单位面积碳排放强度限值

（2024~2029 年）

序号	类别	碳排放强度限值 （tCO$_2$e/平方英尺）	乘以	相应的总建筑面积（GFA） （以平方英尺为单位）
1	A	0.01074	×	总建筑面积
2	B（item 6 除外）	0.00846	×	总建筑面积
3	E and I-4	0.00758	×	总建筑面积

---

① 刘季熠、张旖尘、张东雨等：《欧盟减排〈责任分担条例〉修正案分析与启示》，《气候变化研究进展》2022 年第 6 期。

续表

序号	类别	碳排放强度限值 （tCO$_2$e/平方英尺）	乘以	相应的总建筑面积（GFA） （以平方英尺为单位）
4	I-1	0.01138	×	总建筑面积
5	F	0.00574	×	总建筑面积
6	B（item 6：城市应急响应管理与服务设施，非生产型实验室，门诊医疗保健设施，H、I-2 和 I-3）	0.02381	×	总建筑面积
7	M	0.01181	×	总建筑面积
8	R-1	0.00987	×	总建筑面积
9	R-2	0.00675	×	总建筑面积
10	S and U	0.00426	×	总建筑面积

注：具体分类标准参见 https：//www.nyc.gov/assets/buildings/apps/pdf_ viewer/viewer.html？file = 2014CC_ BC_ Chapter_ 3_ Use_ and_ Occupancy_ Classification.pdf&section = conscode_ 2014。

四是针对各类减排主体，建立完善的公共服务体系，引导各类主体自主减排。国际社会基于 IPCC 发布的温室气体清单指南等方法学，已系统建立针对国家和区域、企业和组织，以及项目和产品等不同适用对象的温室气体排放核算评估方法、标准和管理规范。国家、区域或城市层面普遍公开温室气体清单，关键领域排放因子实现了动态更新。在此基础上，政府部门通过与行业协会、技术支撑机构、金融机构等合作，共同搭建服务平台，为各类减排主体提供便捷的排放核算、减排绩效评估工具，以及实践案例交流展示、绿色金融支持等公共服务，有利于促进社会各界将自行减排与城市、区域、国家的减排策略有效衔接，探索形成更具成本效益的减排路径。

（二）兄弟省市有益实践

国家"双碳"战略提出后，各省市都在加紧开展实施路径研究。部分省市基于前期工作基础和自身发展优势，在碳排放量化管理制度设计和实践方面做出了有益探索。

一是强化控碳减碳管理的立法保障。以深圳为例，《深圳经济特区生态环境保护条例》专门设置了"应对气候变化"章节，明确将碳达峰碳中和纳入生态文明建设整体布局；授权市政府制定重点行业碳排放强度标准，并将碳排放强度超标的建设项目纳入行业准入负面清单；明确在本市碳排放达峰后，年温室气体排放量预期达到 3000 吨二氧化碳当量的新改扩建项目，应当制定碳中和计划和实施方案，为碳达峰阶段以碳排放强度为管理抓手，达峰后转向温室气体排放总量管理提供了立法保障。《深圳经济特区绿色建筑条例》进一步对实施建筑能耗及碳排放基准线管理做出了规定，并要求供电、供气、供水、供冷等单位将建筑能源和水资源消耗数据提供给市住房建设主管部门，畅通基础数据收集渠道。

二是统筹谋划碳排放"双控"机制。以北京为例，在强化温室气体排放统计及应用方面，已于"十三五"时期初步建立了市、区两级碳排放核算体系。"十四五"期间，北京进一步提出整合能源、林业碳汇等统计资源，建立全市及各区和主要行业的温室气体排放统计体系；形成有效的能源和温室气体统计数据共享机制；夯实市、区两级能源和温室气体排放形势研判的数据基础；强化清单对全市应对气候变化政策的决策支持等要求[1]。在引导主要行业、重点企业减排方面，自启动碳交易试点以来，北京先后发布了三批行业碳排放强度先进值，共确定了 49 个行业共 83 个细分行业的碳排放强度先进值[2]，并将其作为新增设施的配额分配依据，既有设施则通过逐年收紧排放配额，不断激发排放单位自主减排动力。基于碳市场实践经验，拟考虑在未来的碳排放影响评价中，将碳排放先进值作为大部分建设项目的准入评价基准之一[3]。由此，碳市场纳管企业以及碳市场外企业都将逐步面临碳排放强度和总量管控约束。

---

① 《北京市"十四五"时期应对气候变化和节能规划》，北京市生态环境局网站，2022 年 8 月 9 日，http://sthjj.beijing.gov.cn/bjhrb/index/xxgk69/zfxxgk43/fdzdgknr2/zcfb/hbjwfw/2022/32589 2550/index.html。

② 北京市发展和改革委员会：《关于发布行业碳排放强度先进值的通知》，2014 年 4 月 29 日；北京市发展和改革委员会：《关于发布本市第二批行业碳排放强度先进值的通知》，2015 年 4 月 13 日；北京市发展和改革委员会：《关于发布本市第三批行业碳排放强度先进值的通知》，2016 年 4 月 28 日。

③ 《北京市生态环境局关于公开征求北京市地方标准〈二氧化碳排放核算和报告要求 民用航空运输业〉（征求意见稿）意见的函》，2022 年 10 月 17 日。

三是积极探索建立多样化碳减排管控机制。浙江省积极探索碳效管理机制，2021年发布《浙江省工业企业碳效综合评价暨碳效码编码细则》，将碳排放绩效纳入"亩产论英雄"评价体系，每年将对规模以上工业企业进行碳效综合测算，按照碳排放绩效水平赋"碳效码"，全省4万多家企业碳效码已接入浙江"浙里办""浙政钉"，并形成等级评价结果。针对运输企业推出碳效码，按照道路货物运输企业的低碳发展水平，对不同等级的道路货物运输企业在业务受理、运力新增、经营范围调整、政策享用等方面进行差异化管理，引导企业低碳转型发展。与此同时，浙江省发布了全国首份省级区域减污降碳协同增效指数，指数评价体系由6个一级指标、16个二级指标和22个三级指标组成，可定量化评价浙江省各城市推进减污降碳协同增效工作效果。山东省率先探索推进了"两高"行业碳排放减量替代制度，倒逼"两高"行业企业转型升级；江苏省实施与减污降碳成效挂钩的财政政策；北京、浙江、广东等地在推进绿电市场化交易、绿电交易与碳排放交易市场有效衔接等方面也做出了积极探索。

五 加快完善本市碳排放量化管理体系的对策建议

加快建立碳排放量化管理体系，扎实推动能耗"双控"向碳排放"双控"转变，不仅意味着统计考核体系的优化调整，还有利于形成自上而下与自下而上相衔接的碳排放管控体系，更加高效地发挥激励约束机制的引逼作用，推动有为政府和有效市场更好结合，在以降碳为重点战略方向、推动减污降碳协同增效、促进经济社会发展全面绿色转型的过程中，积极践行推动高质量发展、创造高品质生活、实现高效能治理。

（一）总体思路

根据上海市"双碳"战略推进总体部署①，2030年前为"碳达峰"阶

---

① 《中共上海市委 上海市人民政府关于完整准确全面贯彻新发展理念做好碳达峰碳中和工作的实施意见》，2022年7月6日；《上海市碳达峰实施方案》，上海市人民政府，2022年7月8日。

段，仍须以能耗"双控"制度为主、碳排放"双控"制度为辅。该阶段重点需要将能耗"双控"制度做深做实，进一步强化重点区域、重点行业、重点用能企业的能耗总量和强度刚性约束，确保全市重点行业能源资源利用效率、整体能效水平达到国际先进水平。在此基础上，加快夯实碳排放"双控"统计核算基础，在与能耗"双控"制度对接的同时，细化深化中观、微观层面碳排放管控体系建设，并逐步建立健全全口径温室气体清单管控体系。2030 年碳排放达峰后，逐步从以能耗"双控"制度为主过渡到以碳排放"双控"制度为主、能耗"双控"制度为辅，且需逐步加强碳排放总量控制的刚性约束。

基于上述分析，围绕"高水平"推进"双碳"战略的目标要求，近阶段重点需以强化碳排放统计核算体系对"双碳"战略实施推进的管理支撑作用为出发点，以扎实推进能耗"双控"制度转向碳排放"双控"制度为抓手，以赋能基层、激发各类减排主体动力和活力为目标，建立健全"城市—行业—企业"三层有机衔接的碳排放核算体系。企业一级的基础层应以"在地"碳排放统计核算为根本，加强地理边界范围内主要排放设施的统计核算；以行业为代表的中间层应在尽快明确统计核算界面切分的基础上，建立健全服务于控排目标分解的区域/领域/行业存量和增量管控机制。最终为城市一级的目标层以更高效率、更低成本、更优效能推进实现"双碳"战略提供坚实支撑。

（二）实施建议

1.加快夯实能耗和碳排放统计核算基础

一是加快完善自上而下的能耗、碳排放统计核算体系。城市宏观层面需尽快明确扣除新增可再生能源和原料用能的统计核算方法，并加快完善针对重点行业、重点用能单位、重点产品的能耗"双控"、能效对标、能耗限额、绿电绿证统计核算等管理要求；建立健全全市电力、热力碳排放因子定期更新机制等，为"算准"全市碳排放量，并建立能耗与碳排放数据的有机联系夯实基础。

二是做实做细自下而上分区分领域能耗、碳排放统计核算体系。强化分区能耗、碳排放统计核算能力，落实"在地"原则，加快完善依托"落地表具"计量的能耗统计上报系统，建立与燃气公司、电力公司以及加油站等相关统计体系的联系，进一步将燃气、电力等分品种能源消费数据细分到商业、居民、工业、电信业等部门，逐步形成区级能耗统计报表制度。针对交通领域，建议研究建立符合本市实际且与国际接轨的交通碳排放计量核算体系等，借鉴国际经验，针对量大面广且增长潜力大的交通移动源，研究开发适合货车、汽车等不同类型交通工具的碳排放测算专业模型，提出基于综合交通模型、大数据、调查等渠道获取活动量和单位能效数据的测算方法，为"分清"重点领域能耗和碳排放管控责任提供支撑。

三是建立健全本市温室气体清单编制机制。进一步夯实上海温室气体清单工作基础，在现有应对气候变化和绿色发展统计报表制度的基础上，理顺现有市级统计制度与温室气体清单不对接的地方，完善强化区级温室气体清单统计体系，逐步建立与国际接轨的温室气体清单体系，为后续实施温室气体清单管控奠定基础。

2. 加快完善碳排放绩效导向制度设计

一是明确碳排放量化管理抓手。进一步明晰碳市场纳管企业与非纳管企业的不同管控方式、园区—企业—楼宇—社区等不同责任主体的管控要求等，在此基础上形成更加协调、高效的目标或任务分解与考核体系。在简政放权、推进数字化转型、提高城市治理效能、激发基层动力与活力等大背景下，加快推进深入企业、楼宇等的能耗与碳排放相关基础数据信息平台建设和资源共享，优化完善工业、建筑、交通等领域碳排放增量控制机制和存量减排控制机制。

二是研究推进"碳账户"管理。建立跨部门联合研究机制，结合上海市"双碳"战略推进工作要求及欧盟碳边境调节机制应对等实际需求，制定工业、建筑、交通等领域碳排放绩效评价方法，研究发布各行业碳排放绩效先进水平、基准水平等，便于各主体开展对标工作，研究推进针对企业、楼宇等不同主体的"碳账户"管理，加强能效、碳效对标管理刚性约束。

三是加快推动形成政策合力。集成亩产、能耗、污染排放、碳排放等综合绩效评估，并将综合评估结果与差别电价、水价等税费机制，以及绿色金融等支持工具挂钩，推动实现"碳效率领先者优先、碳效率落后者腾退空间"，并通过加强信息公开，形成金融政策对碳效优先者的倾斜，打造跨部门、跨领域政策合力，加快推动本市新兴产业积厚成势、传统产业改造升级。

3. 强化碳排放计量体系支撑

一是加强对碳排放量化管理的统一指导。尽快组织专业职能部门就碳排放量化管理存在的核心问题达成共识，形成推进碳排放量化管理的统一思路，构建城市、区域、园区、社区、企业、楼宇、产品等有机衔接的技术标准和规范，对可再生能源开发及新型储能系统建设等指标处理不清晰、自行减排与抵消机制不匹配等关键问题形成统一口径，为全社会同向发力、同频共振推进"双碳"战略提供清晰指引。

二是加快建设本地关键碳排放因子数据库。组织相关领域专业机构，共同建设符合本地实际的碳排放关键因子数据库，并逐步扩展建设能源、工业、建筑、交通、固废处理、污水处理、碳汇等领域关键温室气体排放因子数据库。数据库公开透明、动态更新，便于各行各业乃至个人全面响应"双碳"战略、有效应对国际贸易壁垒，低成本、高效率地为贯彻落实"双碳"战略做出积极贡献，同步建立信息公开和动态更新机制。

4. 加大碳排放量化管理的公共服务供给

一是加快能源及碳排放数据系统平台统一建设。依托城市管理大数据中心等，整合各主管部门能源、碳排放基础数据报送要求，降低基层及企业负担，强化政府主管部门数据共享机制，推进能源、碳排放等数据系统平台统一建设。同时，整合完善绿色企业、项目、技术等认定和评价标准，鼓励建立绿色低碳技术库、项目库。

二是加大碳排放信息公开力度。强化节能减污降碳等相关基础信息和技术工具的提供，加大信息公开力度，将重点监管企业污染物达标排放情况、环保违法违规记录、能耗和碳排放总量及强度控制指标完成情况等环境和社会风险信息与征信体系连接，为金融机构、相关企业、认证和评级机构、金融监管机构等提供便捷、高效服务，加快推动形成全社会绿色低碳发展共建共治共享新格局。

B.16
上海市资源环境年度指标

摘　要： 本文选取大气环境、水环境、水资源、固体废弃物、能源和环保投入等作为资源环境指标，利用图表的形式对 2016~2021 年上海能源、环境指标进行简要直观的表示，反映"十三五"期间上海在资源环境领域的重大变化。结合上海"十四五"规划，分析上海资源环境现状与目标之间的差距，为"十四五"发展奠定基础。在长三角一体化上升为国家战略的背景下，本文还对 2019~2021 年苏浙沪皖的大气和水的环境质量进行分析，以期反映区域环境协作的水平。

关键词： 资源环境　环境质量　上海市

一　环保投入

2021 年，上海全年全社会用于环境保护的资金投入约为 1120 亿元，占地区生产总值的比例约为 2.6%，比上年下降 0.2 个百分点（名义价格）。

二　大气环境

2021 年，上海市环境空气质量指数（AQI）优良天数为 335 天，较 2020 年增加 16 天，AQI 优良率为 91.8%，较 2020 年上升 4.6 个百分点。臭氧（O_3）为首要污染物的天数最多，占全年污染日的 66.6%。全年细颗粒物（$PM_{2.5}$）年均浓度为 27 微克/米^3，可吸入颗粒物（PM_{10}）、二氧化硫、二氧化氮的年均浓度分别为 43 微克/米^3、6 微克/米^3、35 微克/米^3，除

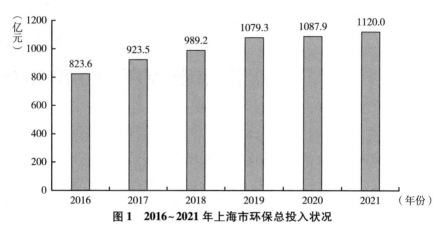

图1 2016~2021年上海市环保总投入状况

资料来源：2016~2021年《上海市生态环境状况公报》，上海市生态环境局。

PM$_{10}$外均为有监测记录以来最低值（见图2）；臭氧日最大8小时平均第90百分位数为145微克/米^3，较2020年下降4.6%；一氧化碳（CO）浓度为0.9毫克/米^3。上述污染物连续两年达到国家环境空气质量二级标准，其中二氧化硫年均浓度达到国家环境空气质量一级标准。

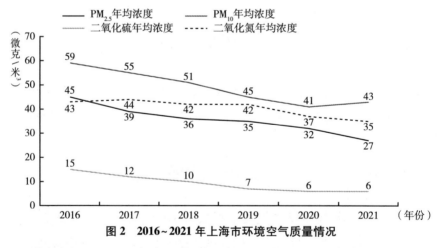

图2 2016~2021年上海市环境空气质量情况

资料来源：2016~2021年《上海市生态环境状况公报》，上海市生态环境局。

2021年，上海市氮氧化物排放总量为21.57万吨，比2016年下降了24.8%（见图3）。

图3 2016~2021年上海市氮氧化物排放总量

资料来源：2016~2020年《上海市生态环境状况公报》，上海市生态环境局；《上海市圆满完成2021年主要污染物总量减排目标任务》，上海市生态环境局。

三 水环境与水资源

相对于2020年，2021年上海市地表水环境质量有所改善。2021年全市主要河流断面水质Ⅲ类水及以上的比例为80.6%，无劣Ⅴ类水质断面（见图4）；高锰酸盐指数为4.1毫克/升，与上年持平；氨氮、总磷平均浓度分别为0.50毫克/升、0.158毫克/升，较2020年分别下降2.0%、0.6%。

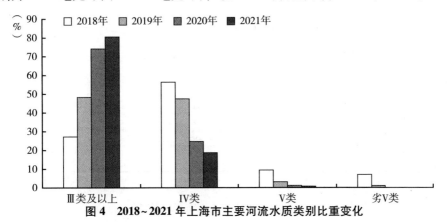

图4 2018~2021年上海市主要河流水质类别比重变化

注：全市主要河流监测断面总数为273个。

资料来源：2018~2021年《上海市生态环境状况公报》，上海市生态环境局。

2021 年上海市化学需氧量和氨氮排放总量分别为 5.77 万吨与 1.70 万吨，比 2016 年下降了 68.8%和 58.8%（见图 5）。

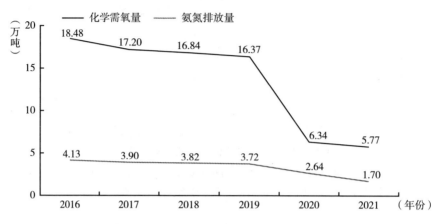

图 5　2016~2021 年上海市主要水污染物排放总量

资料来源：2016~2021 年《上海市生态环境状况公报》，上海市生态环境局；《上海市圆满完成 2021 年主要污染物总量减排目标任务》，上海市生态环境局。

2021 年，全市取水总量为 77.43 亿立方米，比上年上升 6.6%，自来水供水总量为 30.08 亿立方米，比上年增长 4.2%（见图 7）。

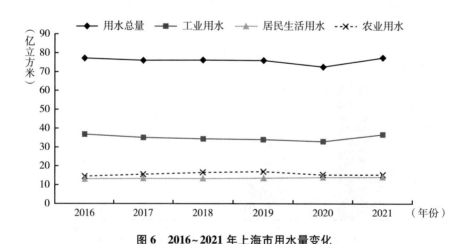

图 6　2016~2021 年上海市用水量变化

资料来源：《2021 年上海市水资源公报》，上海水务局。

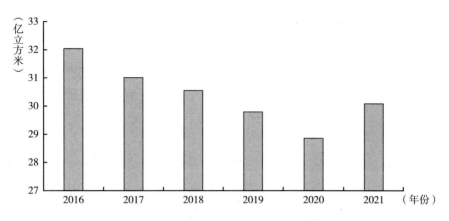

图7　2016~2021年上海市自来水供水总量变化

资料来源：历年《上海市水资源公报》，上海市水务局。

2021年，上海市城镇污水处理率为96.89%（见图8）。

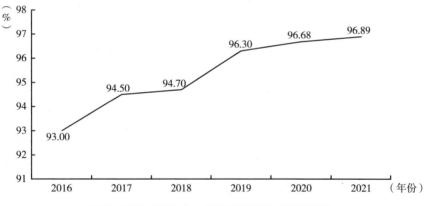

图8　2016~2021年上海市城镇污水处理率变化

资料来源：2016~2019年《上海市水资源公报》，上海市水务局；2020~2021年《中国城市建设状况公报》，住建部。

四　固体废弃物

2021年，上海市一般工业废弃物产生量为2072.6万吨，综合利用率为

93.96%。冶炼废渣、粉煤灰、脱硫石膏占工业固体废弃物总量比重为
73.73%。2021年上海市生活垃圾产生量为1194.7万吨（见图9），干垃圾
和湿垃圾分别占45.90%和54.10%。无害化处理率保持在100%，其中填埋
处理量为80.6万吨，焚烧等处理量为665.2万吨，资源化利用总量为448.9
万吨，有害垃圾无害化处理量为0.08万吨。

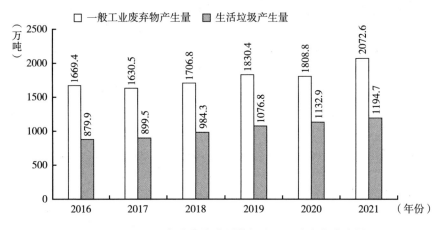

图 9　2016～2021 年上海市生活垃圾和工业废弃物产生量

资料来源：2016～2021 年《上海市固体废弃物污染环境防治信息公告》，上海市生态环
境局。

　　2021 年，全市已建成生活垃圾无害化处置设施 24 座，总处理能力为
29380 吨/日。其中，焚烧设施 14 座，处理能力为 23000 吨/日，同比增长
7.98%；湿垃圾处理设施 10 座，处理能力为 6380 吨/日，同比增长
15.37%。

　　2021 年上海市危险废弃物产生量为 150.4 万吨，全市医疗废物收运量
为 8.5 万吨，医疗废物处置量为 8.5 万吨，无害化处置率为 100%。

五　能源

　　2020 年，上海万元地区生产总值的能耗比上一年下降了 6.8%，万元地

区生产总值电耗下降了 1.1%。

2020 年，上海市能源消费总量为 11099.59 万吨标准煤，同比下降了5.1%（见图 10）。

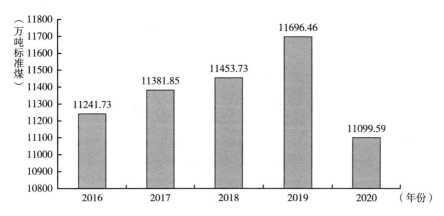

图 10　2016～2020 年上海市能源消费总量变化

资料来源：《上海统计年鉴 2021》。

六　长三角区域环境质量比较

从 2019 年到 2021 年，长三角地区的环境质量总体呈现稳中有升趋势。在环境空气质量方面，2021 年长三角环境空气质量各项评价指标总体有所改善，三省一市的细微颗粒物（$PM_{2.5}$）年均浓度整体下降比较明显，而上海市和浙江省的可吸入颗粒物（PM_{10}）污染状况有所恶化；浙江省的二氧化氮年均浓度与 2020 年持平，其他三个省市的二氧化氮年均浓度下降幅度较小；上海市与安徽省的二氧化硫浓度与 2020 年持平，而浙江省的二氧化硫浓度略有上升。从数值上看，上海市和浙江省的 $PM_{2.5}$ 与 PM_{10} 年均浓度指标表现较为良好，安徽省的二氧化氮年均浓度指标表现较为良好（见表 1）。

表1 2019～2021年长三角城市环境空气质量状况

城市环境空气质量指标	省份	2019 年	2020 年	2021 年
PM$_{2.5}$年均浓度 （微克/米^3）	上海	35	32	27
	江苏	43	38	33
	浙江	31	25	24
	安徽	46	39	35
PM$_{10}$年均浓度 （微克/米^3）	上海	45	41	43
	江苏	70	59	57
	浙江	53	45	47
	安徽	72	62	61
SO$_2$年均浓度 （微克/米^3）	上海	7	6	6
	江苏	9	8	7
	浙江	7	6	7
	安徽	10	8	8
NO$_2$年均浓度 （微克/米^3）	上海	42	37	35
	江苏	34	30	29
	浙江	31	29	29
	安徽	31	29	26

资料来源：2019～2021 年《上海市生态环境状况公报》，上海市生态环境局；2019～2021 年《浙江省生态环境状况公报》，浙江省生态环境厅；2019～2021 年《江苏省生态环境状况公报》，江苏省生态环境厅；2019～2021 年《安徽省生态环境状况公报》，安徽省生态环境厅。

在水环境质量方面，2021 年长三角水环境质量持续改善，其中浙江省水质状况表现最好，其Ⅲ类水及以上占比达 95.2%；长三角劣Ⅴ类水断面监测比例保持为零（见表 2）。

表2 2019～2021年长三角地表水水质状况

单位：%

地表水水质	省份	2019 年	2020 年	2021 年
Ⅲ类水及以上占比	上海	48.3	74.1	80.6
	江苏	77.9	87.5	87.1
	浙江	91.4	94.6	95.2
	安徽	72.8	76.3	77.3

地表水水质	省份	2019 年	2020 年	2021 年
IV-V 类水占比	上海	50.6	25.9	19.4
	江苏	22.1	12.5	22.7
	浙江	8.6	5.4	4.8
	安徽	25.3	23.6	12.9
劣 V 类水占比	上海	1.1	0	0
	江苏	0	0	0
	浙江	0	0	0
	安徽	1.9	0	0

资料来源：2019~2021 年《上海市生态环境状况公报》，上海市生态环境局；2019~2021 年《浙江省生态环境状况公报》，浙江省生态环境厅；2019~2021 年《江苏省生态环境状况公报》，江苏省生态环境厅；2019~2021 年《安徽省生态环境状况公报》，安徽省生态环境厅。

Abstract

This report analyzes the comprehensive green transition of economic and social development of Shanghai from five aspects: carbon reduction, pollution reduction, green space expansion, economic growth and key underpinnings. The analysis results of the Yangtze River Delta urban agglomeration show that Shanghai ranks first in the Yangtze River Delta Area, but the four dimensions of development are uneven. The three dimensions of carbon reduction, pollution reduction and economic growth have performed well. Influenced by population density, urban development intensity and other factors, Shanghai has not yet formed a competitive advantage in the dimension of green space expansion. In the field of carbon reduction, Shanghai need to promote clean and efficient use of coal, improve the replacement rate and utilization scale of renewable energy, strengthen the support for energy technology innovation, and build a coordinated and complementary regional energy cooperation system, and pay attention to the leading role of green standards and design, improve the digitalization and circular economy of the manufacturing industry. Shanghai also need to expand the coverage of real-time monitoring platform, carry out high-precision pre evaluation of building energy efficiency and carbon emissions, and reduce carbon emission intensity in the transportation field through utilization of low-carbon primary energy and electrification of terminal energy consumption. In the field of pollution reduction, Shanghai need to take NOx and VOCs coordinated emission reduction as the main object, structure optimization and source control as the main driver, the coordinated emission reduction path including optimizing the energy consumption structure, strengthening the source prevention and control of VOCs, implementing smart supervision of mobile sources, and improving control of mobile pollution sources. Shanghai should promote ecological and environmental collaborative governance requires four aspects of efforts: improving the administrative cooperation framework, strengthening multiple collaborative platforms, enhancing empowerment for technological innovation, and building a collaborative governance network. In the field of Green space expansion, in the process of function optimization and transformation, the waterfront space characteristics, environmental quality and infrastructure construction should be taken as the key points, the diversified developers should be introduced, and different kinds of financial support policies should be targeted to different types of enterprises. Shanghai should promote multi-level, diversified and integrated development of the park system structure, improve connectivity, accessibility and fairness of park green space distribution, enhance complexity, uniqueness and naturalness of park service functions, and adopt unified, innovative and comprehensive park construction policies and standards. In the field of growth, Shanghai need to optimize the new energy vehicle industry policy in the respects of industrial spatial layout, industrial ecology formation, innovative incentives, green low-carbon transition guidance, charging infrastructure management. Shanghai should promote comprehensive cost reduction of the hydrogen energy supply side, promote coordination of the whole hydrogen energy industry chain and inter-regional cooperation, build up the safety management system of the whole hydrogen energy industry chain. Shanghai need to strengthen quality and efficiency improvement of the industry and collaborative application of the materials, further enhance the industrial infrastructure supporting capacity, encourage diversified stakeholders cooperation, and integrate the green and low-carbon new materials industry into the national and global high-end manufacturing industry chain and value chain. In order to ensure coordinated promotion of carbon reduction, pollution reduction, green space expansion and economic growth.

Keywords: Greener Development in All Respects; Coordinated Reduction of Carbon Emission and Other Pollutants; Carbon Peaking and Carbon Neutrality Goals; Harmonious Co-existence Between Man and Nature

Contents

Ⅰ   General Report

Abstract: As a super city with a high degree of internationalization,
Shanghai has its own characteristics in promoting greener economic and social
development in all respects. It should promote the greener development in all
respects of high-level openness, high standards, high efficiency and innovation,
and high-quality well-being. This paper established an evaluation index system for
the greener economic and social development in all respects from four aspects:
carbon reduction, pollution reduction, green expansion and growth. The analysis
results of the Yangtze River Delta urban agglomeration showed that Shanghai ranks
first in the Yangtze River Delta urban agglomeration, but the four dimensions of
development are uneven. In the face of challenges such as continued increase in
urban energy consumption, more complex and arduous ecological environment
governance, overlapping of multiple tasks in infrastructure construction, and more
time to be spent on green and low-carbon tracks, Shanghai needs to strengthen the
leading role of overall planning, the driving role of key areas, the supporting role
of infrastructure, and the driving role of coordination in promoting greener
economic and social development in all respects.

Keywords: Greener Development in All Respects; Green and Low-carbon Development; Harmony Between Man and Nature

Ⅱ Chapter of Carbon Emission Reduction

Abstract: Facing challenges of climate change and complex international environments, it has become the general consensus and common goal to accelerate the transformation of energy structure worldwide. As China's economic, financial, trade and shipping center, Shanghai will play an important leading and demonstration role for the Yangtze River Delta and the whole country in promoting the development of green and low-carbon energy transition. Compared with developed countries, Shanghai's energy consumption is still dominated by coal; therefore, the transformation of Shanghai's energy development is not only a positive step to adapt to the new pattern of global energy development, but also an inevitable choice to enhance Shanghai's strategic positioning as an international city. Based on the analysis of the characteristics of Shanghai's energy development, this study proposes paths to promote Shanghai's green and low-carbon energy transition in terms of clean and highly-efficient utilization of coal, renewable energy utilization, construction of a new electric power system, scientific and technological innovation support, institutional reform and international and domestic cooperation.

Keywords: New Electric Power System; Stored Energy; Distributed Energy

Abstract: With the formal establishment of the EU carbon border adjustment mechanism, sustainable products have become the norm of the EU, green and low-carbon development is no longer a second-best consideration for manufacturing companies, but must be taken as a priority and a core strategic pillar. Drawing on the new regulatory trends of the international manufacturing industry, this paper believes that the core connotation of the green and low-carbon transformation of the manufacturing industry is the synergy of the three dimensions of greening, digitalization, and resilience. During the "13th Five-Year Plan" period, the green and low-carbon transformation of Shanghai's manufacturing industry continued to advance: remarkable results have been achieved in pollution reduction and carbon reduction; the green manufacturing system has been preliminarily established, the green standard system has made progress, and the industrial structure effect, space effect, and quality benefit have been continuously improved. However, we also need to see that the green and low-carbon transformation of Shanghai's manufacturing industry still has a long way to go. The structure of Shanghai's key energy-consuming (emission) industries is very complex, and there are still some deficiencies in efficient resource management and green manufacturing systems. The green competitiveness of leading enterprises is still in the catching-up stage compared with international leading enterprises. To further promote the green and low-carbon transformation of Shanghai's manufacturing industry, it is necessary to strengthen the carbon neutrality goals of enterprises, pay attention to the leading role of non-energy-related standards and green design, and improve the green manufacturing system; through the coordinated promotion of "Industry 4. 0 + Circular Economy", the digitalization and recycling level of the manufacturing industry will be improved; and then the leading international enterprises will be used as benchmarks to create a highly competitive manufacturing enterprise.

Keywords: Manufacturing Industry; Green and Low-Carbon Transformation; Shanghai

B . 4   On Supervision Mechanisms of Shanghai Buildings Life-Cycle Carbon Reduction

Liu Xinyu / 063

Abstract: Buildings life-cycle carbon emission accounts for about one half of China's total carbon emission, so great attention should be paid to life-cycle coordination in buildings carbon reduction, thus depending on the total process supervision mode. At present, Shanghai has established certain supervision mechanisms concerning every link of buildings life-cycle management, bringing about rather good carbon reduction effects in recent years. However, supervision concerning different links fails to be coordinated; in green buildings evaluation, the sum of single-item scores cannot accurately reflect overall energy-saving effects; carbon reduction actions in buildings and other fields fail to be coordinated; and the current incentive mechanisms are hard to mobilize huge scale of social capital to invest in buildings energy-saving retrofitting. In order to overcome these challenges, this paper suggests that: (1) expand the coverage of Shanghai's real-time monitoring platform of buildings energy consumption and carbon emission, so as to enhance the process management of buildings carbon reduction; (2) implement Extended Producer Responsibility (EPR) to the original developers of buildings concerning construction and demolition waste, so as to prompt them to extend the buildings life; (3) apply more accurate computer simulation methods in pre-evaluation of buildings energy efficiency and carbon emission; (4) advance inter-departmental cooperation to coordinate carbon reduction actions in the fields of buildings, transportation and etc. ; (5) besides fiscal and financial incentives, exert mandatory obligations upon building owners in terms of energy saving retrofitting.

Keywords: Construction; Conserve Energy and Reduce Emissions; Green Buildings; Shanghai

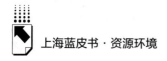
B.5   The Construction and Development of Green Transportation

System in Shanghai   *Shao Dan*, *Li Han and Xu Li* / 080

Abstract: Based on Sustainable Development Theory, we analyze the connotation, extension evolution process and development level changes of Shanghai's green transportation system, focusing on the changes in construction and development stages of Shanghai's comprehensive transportation system . Furthermore, analyze the requirements, trends and challenges faced by Shanghai's green transportation system under the goal of " Carbon Peaking &Neutrality Strategy", and then propose coping strategies and paths. The study shows that the construction of Shanghai's green transportation system is a dynamic evolution process, from construction of the facility system with the core of " passenger-kilometer efficiency", to the environmental governance with the core of "energy conservation and pollutant emissions reduction ", then to the climate friendly development with the core of "carbon peaking and carbon neutrality", the key points of construction and governance are orderly switched according to the changes of connotation and extension. And then accelerate the process of carbon peaking, as well as promote the construction of net-zero carbon transport system step by step , through supply guidance, system improvement, technological innovation and other comprehensive means.

Keywords: Sustainable Transportation; Green Transportation System; Carbon Peaking &Neutrality Strategy; Shanghai Transportation

Ⅲ   Chapter of Pollution Reduction

B.6   Study on the Implementation Path of Coordinated

Emission Reduction of Air Pollutants in Shanghai

An Jingyu, *Dai Haixia*, *Hu Qingyao*, *Tian Junjie*,

Zhou Min, *Wang Qian and Huang Cheng* / 096

Abstract: In response to the regional atmospheric complex pollution that

China is presently experiencing, carrying out multi-pollutant synergistic emission reduction is the key to achieving air quality improvement. Through the implementation of two successive rounds of clean air action plans, Shanghai has continued to promote cooperative air pollution emission reduction in recent years, which has significantly improved air quality. This paper reviews the history and improvement results of synergistic air pollution emission reduction in six key sectors of Shanghai, including energy, industry, transportation, construction, agriculture and residential sources. It also combines the development direction of national air pollution prevention and control, the current state of air pollution, and the progress of collaborative emission reduction implementation in each sector, and suggests that the key directions of deepening the synergistic emission reduction need to take NOx and VOCs synergistic emission reduction as the main object, structural optimization and source substitution as the main driver, and continuous improvement of refined supervision as the main guarantee. In addition, this paper also provides an outlook on future synergistic emission reduction path, with a view to providing a reference for promoting continuous air quality improvement in Shanghai.

Keywords: Shanghai; Air Pollutants; Synergistic Emission Reduction; Air Quality

B.7 Research on theInstitutional Innovation of Environmental

Collaborative Governance of Yangtze River Delta

Eco-green Integrated Development Demonstration Zone

Wang Linlin / 110

Abstract: The Yangtze River Delta Eco-Green Integrated Development Demonstration Zone has created a number of institutional experiences that can be replicated and promoted in terms of environmental collaborative governance, which has important reference significance for China's cross-regional ecological and environmental protection. First of all, this researchintroduces the institutional innovation on the cross-regional and cross-departmental coordination mechanism, the "three unifications" system of ecological environment management, the integrated management mechanism of transboundary water bodies, and the reform of the environmental impact assessment system. Secondly, combined with the new development situation, it is analyzed that in the process of deepening the collaborative governance of the ecological environment, it is necessary to further strengthen the coordination of interests, the unification of standards, the collaboration of industry, university and research, and the participation of multiple subjects. Finally, in response to the challenges and causes, this study puts forward suggestions from four aspects: improving the administrative cooperation framework, strengthening multiple collaboration carriers, enhancing technological innovation empowerment, and building a collaborative governance network.

Keywords: Yangtze River Delta Eco-green Integrated Development Demonstration Zone; Ecological Environment; Collaborative Governance

IV Chapter of Green Development

B.8 Research on promotion path of function optimization
of waterfront space in Shanghai

—An example of Xuhui riverside area in Shanghai

Zhang Xidong, Li Yang / 128

Abstract: In recent years, the construction of Huangpu River and Suzhou River waterfront space has achieved many positive results, but the previous waterfront space construction has shown a "top-down" government led development model, and the use needs of citizens and enterprises have not been taken into account. Based on this, this paper studies the development needs of citizens and enterprises for waterfront space from the perspective of "bottom-up". On the one hand, based on the tourist loyalty theory, this paper constructs the citizens' perception experience of waterfront space play from nine dimensions, and finds that citizens are satisfied with the management experience, trust experience, cost experience, and service experience of waterfront space play, but are less satisfied with the characteristic experience, infrastructure use experience, environmental experience, emotional experience, and knowledge education experience; On the other hand, this paper also analyzes the needs of enterprises, and believes that enterprises face problems such as complex land ownership, bundled development, and insufficient liquidity of funds. Therefore, this paper believes that the future optimization and upgrading of waterfront space functions in Shanghai should respond to the demands of citizens and enterprises for the use of waterfront space functions in a timely manner, and make adjustments and corresponding changes.

Keywords: Waterfront Space; City Planning; Satisfaction

B.9 Countermeasures and Suggestions for Perfecting the
Construction of Urban Park System in Shanghai *Wu Meng* / 145

Abstract: Entering a new stage of high-quality development of super large cities, the construction of urban and rural park system in Shanghai needs to seek higher quality development from the height of harmonious coexistence between man and nature. In this paper, London, New York, Tokyo and other cities as cases, analyzed the global urban park system construction planning development characteristics and overall development trend, and summed up the global urban park system construction common characteristics and relevant experience enlightenment, to provide a reference direction and planning for Shanghai to build a harmonious coexistence of human and nature urban and rural park system. Secondly, the paper reviews the development and evolution of Shanghai's urban park system and analyzes the deficiencies in scale, structure, layout and functional quality of the current urban park system. Finally, considering the multi-level, diversified and integrated development of the park system structure, improve the connectivity, accessibility and fairness of the park green space layout, enhance the compound, characteristic and ecology of park service functions, and the unity, innovation and coordination of park construction policies and standards. This paper puts forward the relevant countermeasures and suggestions of constructing the urban and rural park system in Shanghai from four aspects.

Keywords: City Building; Urban Park System; Shanghai

V Chapter of Economic Growth

B.10 Research on the Policy Effects and Policy Optimization Path of Shanghai's New Energy Vehicle Industry

Zhang Wenbo / 162

Abstract: The new energy vehicle industry is an major direction for the transformation and upgrading of Shanghai's automotive industry. It is also an important breakthrough to help Shanghai achieve low-carbon transformation in the transportation sector. Since 2010, when Shanghai was one of the first pilot cities in China to promote new energy vehicles, a series of policies have been introduced, covering sales promotion, financial and tax support, planning guidance, industry regulation, charging facilities support, management supervision. As a result of these policies, Shanghai leads the country in new energy vehicle sales, industry chain status and technological competitiveness. As the new energy vehicles are transforming into electrified, intelligent and networked vehicles, the new energy vehicle industry in Shanghai is facing new challenges such as fierce market competition, profound changes in the industry ecology, lack of international competitiveness in technology, tightening competition in low carbon and environmental protection, and increasing demand for charging facilities. Shanghai's new energy vehicle industry policy needs to be further adjusted and optimized in the areas of industrial policy, industrial ecology construction, innovative incentives, green and low-carbon transition guidance, and charging infrastructure management.

Keywords: New Energy Vehicles; Industrial Policy; Shanghai

B. 11　A Study on the Countermeasures of Promoting the

　　　　Development of Hydrogen Energy Industry in Shanghai

Luo Liheng, Cao Liping / 182

Abstract: Hydrogen energy is a kind of secondary energy with high combustion calorific value, wide source, clean and efficient. Promoting the development of the hydrogen energy industry is an important strategic measure to help Shanghai achieve the goal of " carbon dioxide emission peak and carbon neutrality" and build a clean, low-carbon, safe and efficient energy system. At present, the hydrogen energy industry in Shanghai has begun to take shape, basically forming an industrial spatial layout of "two bases in the north and south, three heights in the east and the west". It has a complete hydrogen energy industry chain, including hydrogen production, hydrogen storage and transportation, hydrogenation and diversified application scenarios. However, there are still key technologies and core components in all links that need innovation and breakthrough. Meanwhile, upstream and downstream industry chains are difficult to reduce costs in coordination, and there is a lack of coordination mechanism for regional hydrogen energy industry planning, and a safety management system has not yet been formed, and the market environment needs to be optimized. From the perspective of international experience, countries around the world have good practices in actively promoting hydrogen energy project demonstration pilot, focusing on the development of key areas of hydrogen energy in line with their own realities, and building a policy support system for hydrogen energy development. Based on the development status, challenges and international experience of Shanghai's hydrogen industry, this paper puts forward the following countermeasures and suggestions to promote the development of Shanghai's hydrogen industry. First, we should make breakthroughs in key core technologies of hydrogen energy and promote overall cost reduction on the hydrogen energy supply side. Second, it is necessary to promote the coordination and cross-regional cooperation of the whole industrial chain of hydrogen energy, promote the integrated development of the hydrogen energy industry in the Yangtze River Delta, and comprehensively enhance the comprehensive competitiveness of the hydrogen energy industry. Third, we should optimize the spatial layout of hydrogen energy industry and adhere to the overall strategic positioning of "two bases in the north and south, and three highlands in the east and west". Fourth, we should build a hydrogen energy application safety assurance system and form a hydrogen energy full chain safety management system. Fifth, we should improve the supporting policy system of hydrogen energy industry development from the aspects of fiscal and tax tools, market mechanism, land allocation, talent introduction and so on.

Keywords: Shanghai; Hydrogen Industry Chain; Green Development

B.12 Research on the development trend and improvement strategies of green and low-carbon new material industry in Shanghai

Dong Di / 207

Abstract: The green and low-carbon new material industry is not only the pioneer of the material industry, but also the basic industry of the comprehensive green transformation of the economy. In the context of pattern changes of the global supply chain and a "dual circulation" development, how to enhance the core competitiveness of the industrial chain and improve quality and efficiency has become an important problem that Shanghai's green and low-carbon new material industry needs to solve urgently. At present, the green and low-carbon new materials industry has yielded its first practical results in the development of industrial scale, spatial layout, policy environment, innovation and application. However, low value-added products, insufficient key raw materials, lacking of core technology, low conversion rate, and high cost of new projects construction still need to be improved. To solve the above shortcomings and challenges and enhance the core competitiveness of the industry, several measures are recommended, including focusing on policy guidance, promoting mechanism innovation, increasing independent innovation, improving the industrial chain and supply chain, building digital empowerment platforms, optimizing land policies, gathering industrial professionals, and encouraging diversified cooperation.

Keywords: Low-carbon; New materials; Carbon Fiber Composites; Electronic Chemicals; Steel

Ⅵ Chapter of Key Underpinnings

B.13 Research on the Comprehensive Green Transformation Path of Shanghai's Economy and Society Supported by Science and Technology *Shang Yongmin* / 227

Abstract: Under the goal of carbon peaking and carbon neutrality, Shanghai urgently needs to accelerate the comprehensive green transformation of its economy and society, and technological innovation plays a key supporting role in it. In recent years, Shanghai has taken the lead in launching the strategic layout of scientific and technological support for green and low-carbon technology innovation, seizing a new track for green and low-carbon industries, promoting the demonstration and application of green and low-carbon technology, and improving the institutional guaranteed system for green and low-carbon technology innovation and economic and social green transformation. science and technology have achieved remarkable results in supporting the green transformation of Shanghai's economy and society. However, compared with the requirements of carbon peaking and carbon neutrality, Shanghai still faces many challenges in key core technology research and development, low-carbon technology promotion and application, elements and institutional support systems. Shanghai needs to give full play to its advantages in scientific and technological innovation, accelerate the promotion of low-carbon technology-led energy supply and industrial development. Meanwhile, Shanghai need actively promote the synergy of innovation, promotion and application of green and low-carbon technologies, and focus on strengthening the systematization of green and low-carbon technological innovation and the support of green economic and social transformation.

Keywords: Carbon Peaking; Carbon Neutrality; Comprehensive Green Transformation of Economy and Society; Shanghai

Abstract: Carbon finance is a financing activity based on carbon emissions trading. The development of Shanghai carbon trading market leads the country. Relying on its status as an international financial center, Shanghai has significant advantages in terms of carbon trading volume, carbon financial product innovation, talent pool, and financial technology. However, building Shanghai into an international carbon finance center still faces challenges such as fierce competition for global carbon pricing, the need to enhance the influence of my country's carbon market, and the need to fully activate the financial functions of the carbon market. Therefore, to create an international carbon finance center in Shanghai, it is necessary not only for the Shanghai level to focus on building a carbon market with international influence, but also for the national level to improve the system of laws and regulations related to carbon trading. The national strategy is to increase China's participation and competitiveness in the global carbon market system, so as to realize Shanghai's mission of participating in international competition and cooperation on behalf of China under the "great change unseen in a century".

Keywords: Carbon Trade; Carbon Finance; Carbon Pricing; Shanghai

B.15 International Experience in Quantitative Management of

Carbon Emissions

Hu Jing, Dai Jie, Zhao Min, Zhou Shenglü,

Wang Baihe and Cheng Qi / 267

Abstract: Carbon emission statistical accounting is the very important foundation to support the implementation of carbon peaking and neutrality strategy, as it plays a crucial role in policy making, task assignment, implementation evaluation, as well as negotiation and compliance etc. Starting from the City's 13th-Five-Year development period, Shanghai added carbon emission control target both on its total amount and emission intensity (or 'dual control of carbon emission'), on top of its energy consumption total amount and intensity control (or 'dual control of energy consumption') target. However, since the statistical accounting system had not been well established, the carbon emission control system was the simple duplication of the city's energy consumption control system, which could not fully accommadate the need to support the implementation of carbon peaking and neutrality strategy. Based on the analysis of existing energy consumption and carbon emission quantifiable management system in Shanghai, this paper identified the weakness of the existing management system. With learning and experiences summaried from international and domestic best practices, this paper raised constructive suggestions to improve the city's carbon emission quantifiable management system by strengthening the interlink between carbon emission statistical accounting of different levels covering city-sector-enterprises, to better design the transformation from dual control of energy consumption to dual control of carbon emission, so as to better stimulating grassroot emitters to

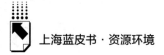
improve their carbon emission reduction performances.

Keywords：Carbon Emission；Quantifiable Management；Dual Control of Total Energy Consumption and Energy Intensity；Dual Control of Total Carbon Emission and Carbon Intensity

社会科学文献出版社

皮 书

智库成果出版与传播平台

❧ 皮书定义 ❧

皮书是对中国与世界发展状况和热点问题进行年度监测，以专业的角度、专家的视野和实证研究方法，针对某一领域或区域现状与发展态势展开分析和预测，具备前沿性、原创性、实证性、连续性、时效性等特点的公开出版物，由一系列权威研究报告组成。

❧ 皮书作者 ❧

皮书系列报告作者以国内外一流研究机构、知名高校等重点智库的研究人员为主，多为相关领域一流专家学者，他们的观点代表了当下学界对中国与世界的现实和未来最高水平的解读与分析。截至2022年底，皮书研创机构逾千家，报告作者累计超过10万人。

❧ 皮书荣誉 ❧

皮书作为中国社会科学院基础理论研究与应用对策研究融合发展的代表性成果，不仅是哲学社会科学工作者服务中国特色社会主义现代化建设的重要成果，更是助力中国特色新型智库建设、构建中国特色哲学社会科学"三大体系"的重要平台。皮书系列先后被列入"十二五""十三五""十四五"时期国家重点出版物出版专项规划项目；2013~2023年，重点皮书列入中国社会科学院国家哲学社会科学创新工程项目。

皮书网

（网址：www.pishu.cn）

发布皮书研创资讯，传播皮书精彩内容
引领皮书出版潮流，打造皮书服务平台

栏目设置

◆ **关于皮书**

何谓皮书、皮书分类、皮书大事记、
皮书荣誉、皮书出版第一人、皮书编辑部

◆ **最新资讯**

通知公告、新闻动态、媒体聚焦、
网站专题、视频直播、下载专区

◆ **皮书研创**

皮书规范、皮书选题、皮书出版、
皮书研究、研创团队

◆ **皮书评奖评价**

指标体系、皮书评价、皮书评奖

◆ **皮书研究院理事会**

理事会章程、理事单位、个人理事、高级
研究员、理事会秘书处、入会指南

所获荣誉

◆ 2008 年、2011 年、2014 年，皮书网均
在全国新闻出版业网站荣誉评选中获得
"最具商业价值网站"称号；
◆ 2012 年，获得"出版业网站百强"称号。

网库合一

2014年，皮书网与皮书数据库端口合
一，实现资源共享，搭建智库成果融合创
新平台。

皮书网　　　　"皮书说"　　　皮书微博
　　　　　　微信公众号

权威报告·连续出版·独家资源

皮书数据库
ANNUAL REPORT(YEARBOOK)
DATABASE

分析解读当下中国发展变迁的高端智库平台

所获荣誉

- 2020年，入选全国新闻出版深度融合发展创新案例
- 2019年，入选国家新闻出版署数字出版精品遴选推荐计划
- 2016年，入选"十三五"国家重点电子出版物出版规划骨干工程
- 2013年，荣获"中国出版政府奖·网络出版物奖"提名奖
- 连续多年荣获中国数字出版博览会"数字出版·优秀品牌"奖

皮书数据库

"社科数托邦"
微信公众号

成为用户

登录网址www.pishu.com.cn访问皮书数据库网站或下载皮书数据库APP，通过手机号码验证或邮箱验证即可成为皮书数据库用户。

用户福利

- 已注册用户购书后可免费获赠100元皮书数据库充值卡。刮开充值卡涂层获取充值密码，登录并进入"会员中心"—"在线充值"—"充值卡充值"，充值成功即可购买和查看数据库内容。
- 用户福利最终解释权归社会科学文献出版社所有。

数据库服务热线：400-008-6695
数据库服务QQ：2475522410
数据库服务邮箱：database@ssap.cn
图书销售热线：010-59367070/7028
图书服务QQ：1265056568
图书服务邮箱：duzhe@ssap.cn

社会科学文献出版社 皮书系列
SOCIAL SCIENCES ACADEMIC PRESS (CHINA)
卡号：312142442598
密码：

基本子库
SUB DATABASE

中国社会发展数据库（下设 12 个专题子库）

紧扣人口、政治、外交、法律、教育、医疗卫生、资源环境等 12 个社会发展领域的前沿和热点，全面整合专业著作、智库报告、学术资讯、调研数据等类型资源，帮助用户追踪中国社会发展动态、研究社会发展战略与政策、了解社会热点问题、分析社会发展趋势。

中国经济发展数据库（下设 12 专题子库）

内容涵盖宏观经济、产业经济、工业经济、农业经济、财政金融、房地产经济、城市经济、商业贸易等 12 个重点经济领域，为把握经济运行态势、洞察经济发展规律、研判经济发展趋势、进行经济调控决策提供参考和依据。

中国行业发展数据库（下设 17 个专题子库）

以中国国民经济行业分类为依据，覆盖金融业、旅游业、交通运输业、能源矿产业、制造业等 100 多个行业，跟踪分析国民经济相关行业市场运行状况和政策导向，汇集行业发展前沿资讯，为投资、从业及各种经济决策提供理论支撑和实践指导。

中国区域发展数据库（下设 4 个专题子库）

对中国特定区域内的经济、社会、文化等领域现状与发展情况进行深度分析和预测，涉及省级行政区、城市群、城市、农村等不同维度，研究层级至县及县以下行政区，为学者研究地方经济社会宏观态势、经验模式、发展案例提供支撑，为地方政府决策提供参考。

中国文化传媒数据库（下设 18 个专题子库）

内容覆盖文化产业、新闻传播、电影娱乐、文学艺术、群众文化、图书情报等 18 个重点研究领域，聚焦文化传媒领域发展前沿、热点话题、行业实践，服务用户的教学科研、文化投资、企业规划等需要。

世界经济与国际关系数据库（下设 6 个专题子库）

整合世界经济、国际政治、世界文化与科技、全球性问题、国际组织与国际法、区域研究 6 大领域研究成果，对世界经济形势、国际形势进行连续性深度分析，对年度热点问题进行专题解读，为研判全球发展趋势提供事实和数据支持。

法律声明

"皮书系列"（含蓝皮书、绿皮书、黄皮书）之品牌由社会科学文献出版社最早使用并持续至今，现已被中国图书行业所熟知。"皮书系列"的相关商标已在国家商标管理部门商标局注册，包括但不限于LOGO（▨）、皮书、Pishu、经济蓝皮书、社会蓝皮书等。"皮书系列"图书的注册商标专用权及封面设计、版式设计的著作权均为社会科学文献出版社所有。未经社会科学文献出版社书面授权许可，任何使用与"皮书系列"图书注册商标、封面设计、版式设计相同或者近似的文字、图形或其组合的行为均系侵权行为。

经作者授权，本书的专有出版权及信息网络传播权等为社会科学文献出版社享有。未经社会科学文献出版社书面授权许可，任何就本书内容的复制、发行或以数字形式进行网络传播的行为均系侵权行为。

社会科学文献出版社将通过法律途径追究上述侵权行为的法律责任，维护自身合法权益。

欢迎社会各界人士对侵犯社会科学文献出版社上述权利的侵权行为进行举报。电话：010-59367121，电子邮箱：fawubu@ssap.cn。

社会科学文献出版社